Bruchrechnung für Dummies

Schummelseiten

Viele Schülerinnen und Schüler empfinden das Rechnen mit Brüchen als Herausforderung. Diese Schummelseiten zeigen einige grundlegende Schritte, die im Mathematikunterricht hilfreich sein können.

Brüche in äquivalente Formen umwandeln

Bei der Arbeit mit Brüchen kann es erforderlich sein, einen Bruch in eine andere, äquivalente Form zu überführen. Dies geschieht, indem man Zähler und Nenner des Bruchs mit derselben Zahl multipliziert oder dividiert.

Brüche vereinfachen

Das *Vereinfachen* eines Bruchs bedeutet, ihn in eine äquivalente Form mit kleineren Zähler- und Nennerwerten zu überführen. Hierzu werden Zähler und Nenner durch denselben Wert dividiert.

Um den Bruch $\frac{8}{14}$ zu vereinfachen, können Zähler und Nenner durch 2 geteilt werden:

$$\frac{8 \div 2}{14 \div 2} = \frac{4}{7}$$

Jeder Bruch besitzt eine *einfachste Form*, in der Zähler und Nenner die kleinsten ganzen Zahlen darstellen, die den Wert des Bruchs unverändert lassen. Wenn Sie aufgefordert werden, einen Bruch zu vereinfachen, wird in der Regel erwartet, dass Sie ihn in dieser einfachsten Form angeben. Dies kann die wiederholte Anwendung des im vorherigen Beispiel gezeigten Divisionsprozesses erfordern.

Um den Bruch $\frac{42}{60}$ in seine einfachste Form zu überführen, gehen Sie wie folgt vor:

1. **Teilen Sie Zähler und Nenner durch 2.**

   Da sowohl 42 als auch 60 durch 2 teilbar sind, können Sie diesen Faktor herausdividieren:

   $$\frac{42 \div 2}{60 \div 2} = \frac{21}{30}$$

2. **Teilen Sie Zähler und Nenner durch 3.**

   Da sowohl 21 als auch 30 durch 3 teilbar sind, können Sie diesen Faktor herausdividieren:

   $$\frac{21}{30} = \frac{21 \div 3}{30 \div 3} = \frac{7}{10}$$

Das Ergebnis ist der Bruch $\frac{7}{10}$, die einfachste Form, in die der Bruch umgewandelt werden kann. Das bedeutet, er lässt sich nicht weiter vereinfachen, indem ein weiterer gemeinsamer Faktor herausdividiert wird.

Brüche durch Multiplikation von Zähler und Nenner erweitern

Bei der Addition und Subtraktion von Brüchen ist es häufig erforderlich, einen Bruch durch Multiplikation des Zählers und des Nenners mit demselben Faktor in einen äquivalenten Bruch zu überführen. Dieser Vorgang wird als *Erweitern des Bruchs* bezeichnet.

In den meisten Fällen, in denen eine Erweiterung erforderlich ist (zum Beispiel um Brüche mit gleichem Nenner für die Addition oder Subtraktion zu erhalten), sind der Ausgangsbruch und der Zielnenner gegeben. Die Aufgabe besteht darin, den entsprechenden Zähler des neuen Bruchs zu ermitteln.

Um beispielsweise den Bruch $\frac{3}{4}$ in einen gleichwertigen Bruch mit dem Nenner 20 umzuwandeln, multiplizieren Sie den aktuellen Nenner 4 mit 5, um den Zielnenner 20 zu erhalten:

$$\frac{3}{4 \times 5} = \frac{\square}{20}$$

Um sicherzustellen, dass der neue Bruch denselben Wert wie der Ausgangsbruch $\frac{3}{4}$ hat, multiplizieren Sie auch den Zähler 3 mit 5:

$$\frac{3 \times 5}{4 \times 5} = \frac{15}{20}$$

Schummelseiten

Unechte Brüche in gemischte Zahlen umwandeln – und umgekehrt

Jede gemischte Zahl kann in einen unechten Bruch umgewandelt werden. Ein einfacher Trick, der manchmal als »Popcorn-Methode« bezeichnet wird, macht diesen Vorgang besonders anschaulich. Die Methode verdankt ihren Namen der grafischen Darstellung, die an ein Stück Popcorn erinnert. Betrachten Sie die Umwandlung von $2\frac{3}{4}$ als Beispiel:

1. **Multiplikation:** Multiplizieren Sie den Nenner des Bruchteils (4) mit der ganzen Zahl (2):

$$4 \times 2 = 8$$

2. **Addition:** Addieren Sie das Ergebnis (8) zum Zähler des Bruchteils (3):

$$8 + 3 = 11$$

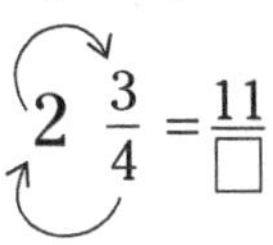

3. **Nenner beibehalten:** Der Nenner des unechten Bruchs ist derselbe wie der des Bruchteils der gemischten Zahl (4).

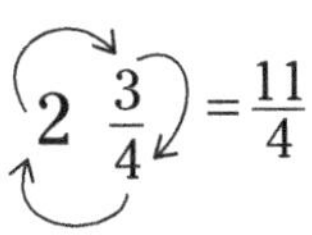

Die grafische Darstellung dieser Schritte, bei der die Verbindungslinien an ein Stück Popcorn erinnern, macht die Methode besonders einprägsam.

Schummelseiten

Für die Umwandlung unechter Brüche in gemischte Zahlen gibt es zwei gängige Methoden:

- **Die Subtraktionsmethode:** Besonders geeignet, wenn der Zähler nur geringfügig größer als der Nenner ist. Sie ermöglicht eine schnelle Umwandlung durch einfache Subtraktion.
- **Die Divisionsmethode:** Empfehlenswert, wenn der Zähler deutlich größer als der Nenner ist. Hierbei wird eine Divisionsaufgabe mit Rest verwendet, um das Ergebnis zu ermitteln.

Die Subtraktionsmethode im Detail

Diese Methode eignet sich hervorragend für die schnelle Umwandlung kleinerer unechter Brüche in gemischte Zahlen. Befolgen Sie einfach diese Schritte:

1. **Schreiben Sie die Zahl 1 als ganzzahligen Teil der gemischten Zahl auf.**

   Beispiel: $\frac{11}{6} = 1\frac{\square}{\square}$

2. **Subtrahieren Sie den Nenner des unechten Bruchs vom Zähler.**

   $11 - 6 = 5$

3. **Verwenden Sie das Ergebnis der Subtraktion als Zähler des Bruchteils.**

   $\frac{11}{6} = 1\frac{5}{\square}?$

4. **Der Nenner des Bruchteils entspricht dem Nenner des ursprünglichen unechten Bruchs.**

   $\frac{11}{6} = 1\frac{5}{6}$

Die Methode der Division

Wenn ein unechter Bruch sehr groß wird, das heißt, wenn der Zähler den Nenner deutlich übersteigt, ist die Divisionsmethode oft effizienter als die wiederholte

Schummelseiten

Subtraktion. Betrachten Sie beispielsweise die Umwandlung von $\frac{53}{4}$ in eine gemischte Zahl:

$$\frac{53}{4} = 1\frac{49}{4} = 2\frac{45}{4} = 3\frac{41}{4} = 4\frac{37}{4} = 5\frac{33}{4} = \ldots$$

In solchen Fällen bietet die Divisionsmethode eine direkte und elegante Lösung. Folgen Sie diesen Schritten:

1. **Schreiben Sie den unechten Bruch als Divisionsaufgabe:**

   $$\frac{53}{4} = 53 \div 4$$

2. **Führen Sie eine Division mit Rest durch.**

   Das Ergebnis ist 13 mit einem Rest von 1.

   $$\frac{53}{4} = 13 \text{ r } 1$$

3. **Drücken Sie den Rest als Bruch aus, indem Sie den gleichen Nenner wie für den unechten Bruch verwenden, mit dem Sie begonnen haben.**

   $$\frac{53}{4} = 13\frac{1}{4}$$

Brüche addieren und subtrahieren

Dieser Abschnitt bietet Ihnen einen Überblick über die Grundlagen der Addition und Subtraktion von Brüchen. Ziel ist es, Ihnen ein sicheres Gefühl zu vermitteln und Sie auf die Lösung verschiedenster Bruchaufgaben vorzubereiten.

Trotz der zahlreichen Regeln, die das Addieren und Subtrahieren von Brüchen umgeben, verlieren viele Menschen den Überblick, wenn sie mit einer konkreten Aufgabe konfrontiert werden. Tatsächlich lassen sich jedoch alle Aufgaben dieser Art auf maximal drei Schritte reduzieren:

1. **Bevor Sie Brüche addieren oder subtrahieren können, müssen Sie einen gemeinsamen Nenner für alle beteiligten Brüche finden.**

Um einen gemeinsamen Nenner zu finden, müssen Sie möglicherweise einen, zwei oder sogar drei oder mehr Nenner anpassen. Techniken wie die Kreuzmultiplikation oder das kleinste gemeinsame Vielfache (kgV) können hierbei hilfreich sein.

Wenn die Brüche bereits denselben Nenner haben, können Sie diesen Schritt überspringen.

2. **Führen Sie die Addition oder Subtraktion durch.**

   Dieser Schritt ist immer notwendig. Nachdem Sie einen gemeinsamen Nenner gefunden haben, werden lediglich die Zähler addiert oder subtrahiert. Der Nenner bleibt unverändert.

3. **Bringen Sie das Ergebnis in die korrekte Form.**

   Überprüfen Sie, ob das Ergebnis vereinfacht werden kann (zum Beispiel durch Umwandlung von $\frac{2}{4}$ in $\frac{1}{2}$) oder ein unechter Bruch in eine gemischte Zahl umgewandelt werden muss (zum Beispiel $\frac{5}{4}$ in $1\frac{1}{4}$).

   Wenn das Ergebnis bereits in der korrekten Form vorliegt, können Sie diesen Schritt überspringen.

Brüche multiplizieren und dividieren

Die meisten Menschen empfinden das Multiplizieren und Dividieren von Brüchen als einfacher als das Addieren oder Subtrahieren. Ein Hauptgrund dafür ist, dass kein gemeinsamer Nenner gefunden werden muss!

So multiplizieren Sie zwei Brüche:

1. **Multiplizieren Sie die beiden *Zähler* (oberen Zahlen) und verwenden Sie das Ergebnis als Zähler Ihrer Antwort.**
2. **Multiplizieren Sie die beiden *Nenner* (unteren Zahlen) und verwenden Sie das Ergebnis als Nenner Ihrer Antwort.**

Um beispielsweise das Ergebnis von $\frac{4}{9} \times \frac{2}{3}$ zu berechnen, gehen Sie wie folgt vor:

$$\frac{4}{9} \times \frac{2}{3} = \frac{4 \times 2}{9 \times 3} = \frac{8}{27}$$

Bruchrechnung für Dummies

Schummelseiten

Die Multiplikation von Brüchen durch das Kürzen gemeinsamer Faktoren erleichtern

Beim Multiplizieren von Brüchen können Sie sich die Arbeit oft erleichtern, indem Sie *gemeinsame Faktoren* vor der eigentlichen Multiplikation kürzen. Das bedeutet, Sie teilen Zähler und Nenner durch denselben Wert, um die Zahlen kleiner zu machen.

Nehmen wir das Beispiel $\frac{8}{25} \times \frac{15}{22}$. Hier sehen Sie, dass 8 und 22 jeweils durch 2 teilbar sind. Sie kürzen also:

$$\frac{8}{25} \times \frac{15}{22} = \frac{{}^{4}\cancel{8}}{25} \times \frac{15}{{}^{11}\cancel{22}}$$

Nun steht statt 8 die Zahl 4 (weil $8 \div 2 = 4$) und statt 22 die Zahl 11 (weil $22 \div 2 = 11$).

Als Nächstes fällt auf, dass 15 und 25 beide durch 5 teilbar sind ($15 \div 5 = 3$ und $25 \div 5 = 5$). Sie kürzen erneut:

$$\frac{8}{25} \times \frac{15}{22} = \frac{{}^{4}\cancel{8}}{{}^{5}\cancel{25}} \times \frac{{}^{3}\cancel{15}}{{}^{11}\cancel{22}}$$

Jetzt gibt es keine gemeinsamen Teiler mehr. Wir können also die Multiplikation durchführen:

$$\frac{8}{25} \times \frac{15}{22} = \frac{4 \times 3}{5 \times 11} = \frac{12}{55}$$

Der Bruch $\frac{12}{55}$ ist bereits die einfachste Form, da Sie alle gemeinsamen Faktoren im Vorfeld gekürzt haben.

Brüche mithilfe der Kehrwertmethode dividieren

Die Division von Brüchen unterscheidet sich nur geringfügig von der Multiplikation. Der entscheidende Unterschied liegt in der Anwendung der »Kehrwertmethode«, mit der eine Division von Brüchen in eine Multiplikation von Brüchen umgewandelt wird.

Um beispielsweise $\frac{2}{7} \div \frac{3}{8}$ zu berechnen, folgen Sie diesen Schritten:

1. **Der erste Bruch bleibt unverändert.**

   $$\frac{2}{7}$$

2. **Wandeln Sie das Divisionszeichen in ein Multiplikationszeichen um.**

   $\frac{2}{7} \times$

3. **Wandeln Sie den zweiten Bruch in seinen *Kehrwert*, indem Sie die Positionen von Zähler und Nenner vertauschen.**

   $\frac{2}{7} \times \frac{8}{3}$

   Somit gilt: $\frac{2}{7} \div \frac{3}{8} = \frac{2}{7} \times \frac{8}{3}$

4. **Um die Aufgabe fertigzustellen, multiplizieren Sie die resultierenden Brüche.**

   $\frac{2 \times 8}{7 \times 3} = \frac{16}{21}$

Wie bei der Multiplikation können Sie auch bei der Division gemeinsame Faktoren kürzen, um die Berechnung zu vereinfachen.

Wandeln Sie Divisionsaufgaben immer zuerst in Multiplikationsaufgaben um, *bevor* Sie mit dem Kürzen von Faktoren beginnen! Wenn Sie Faktoren kürzen, bevor Sie die Division in eine Multiplikation umwandeln, kürzen Sie Zähler mit Zähler und Nenner mit Nenner. Dies ändert den Wert des Bruchs und führt mit hoher Wahrscheinlichkeit zu einem falschen Ergebnis.

So vereinfachen Sie $\frac{21}{22} \div \frac{27}{28}$:

1. **Wenden Sie die Kehrwertmethode an, um die Division in eine Multiplikation umzuwandeln.**

   $\frac{21}{22} \div \frac{27}{28} = \frac{21}{22} \times \frac{28}{27}$

2. **Kürzen Sie gemeinsame Faktoren in den Zählern und Nennern.**

   $\frac{{}^{7}\cancel{21}}{{}^{11}\cancel{22}} \times \frac{{}^{14}\cancel{28}}{{}^{9}\cancel{27}} = \frac{7}{11} \times \frac{14}{9}$

3. **Multiplizieren Sie die verbleibenden Zähler und Nenner.**

   $\frac{7 \times 14}{11 \times 9} = \frac{98}{99}$

Bruchrechnung für Dummies

Mark Zegarelli

Bruchrechnung für dummies®

Übersetzung aus dem
Amerikanischen von Isolde Kommer

Fachkorrektur von
Regine Freudenstein

WILEY
WILEY-VCH GmbH

Bruchrechnung für Dummies

Bibliografische Information der Deutschen Nationalbibliothek

Die Deutsche Nationalbibliothek verzeichnet diese Publikation in der Deutschen Nationalbibliografie; detaillierte bibliografische Daten sind im Internet über http://dnb.d-nb.de abrufbar.

1. Auflage 2025

Coverfoto: © Natali - stock.adobe.com
Korrektur: Geesche Kieckbusch
Satz: Straive, Chennai, India
Druck und Bindung: CPI Group (UK) Ltd, Croydon, CR0 4YY

Print ISBN: 978-3-527-72361-4
ePub ISBN: 978-3-527-85346-5

C9783527723614_260625

Über den Autor

Mark Zegarelli ist der Autor von *Grundlagen der Mathematik für Dummies, Mathe kompakt für Dummies* und weiteren Büchern der Reihe »... für Dummies«. Er hat einen Abschluss in Englisch und Mathematik und lehrt an der Rutgers University. In letzter Zeit bietet er Online-Unterricht für Kinder ab vier Jahren an und zeigt ihnen einfache Methoden, um Quadratzahlen und Quadratwurzeln, Faktoren, Primzahlen, Brüche und sogar grundlegende algebraische Konzepte zu verstehen – und dabei Spaß zu haben! Darüber hinaus hat er ShortStack ins Leben gerufen, eine Online-App, um Mathematik zu lernen (mehr dazu unter `shortstacklearn.com`).

李光耀, 永远。

Und für Joseph Bavaresco, der dort weitermacht, wo Schwester Helen-Claire aufgehört hat!

Danksagung des Autors

Seit nun 20 Jahren schreibe ich Bücher für die Reihe »... Für Dummies«, und ich kann mich wirklich glücklich schätzen! Ich habe einen tollen Job, der mir Spaß macht, und arbeite mit Menschen, deren Gesellschaft ich schätze und die auf ihrem Fachgebiet kompetent sind.

Deshalb möchte ich es erneut betonen und werde nicht müde, es zu wiederholen: Mein herzlicher Dank gilt meinen Wiley-Lektorinnen Lindsay Berg, Leah Michael, Laura K. Miller, Kristie Pyles, Amy Nicklin und Saikarthick Kumarasamy. Ein besonderer Dank geht auch an Chris Mark für seine Unterstützung bei der Korrektur der Druckfahnen.

Einen besonderen Dank möchte ich Aaron und Orion aussprechen, zwei außergewöhnlichen Studenten der Mathematik und Lebensweisheit. Sie haben mir genauso viel beigebracht, wie ich ihnen hoffentlich vermitteln konnte.

Und weil ich dieses Mal unterwegs schreibe, danke ich meinem besten Freund, dass er mir eine tragbare Kaffeemühle und eine French Press besorgt hat, die ich jederzeit bei mir tragen kann!

Auf einen Blick

Inhaltsverzeichnis

Einleitung

Als Mathematik- und Nachhilfelehrer höre ich oft, wie schwer sich viele Schülerinnen und Schüler mit Brüchen tun. Daher bin ich sehr froh, dass mir dieses Buch, *Bruchrechnen für Dummies,* die Möglichkeit bietet, mich ausschließlich auf Brüche, Brüche und noch mehr Brüche zu konzentrieren – ganz zu schweigen von den eng verwandten Themen Dezimalzahlen und Prozentrechnung.

Ich habe mein Bestes getan, um einen wirklich behutsamen und stetigen Ansatz für das Thema Brüche zu entwickeln. Teil I dieses Buches bietet einen umfassenden Überblick über Brüche und legt eine solide Grundlage der wichtigsten mathematischen Kenntnisse.

In Teil II finden Sie fünf Kapitel, die sich ausschließlich mit den wichtigsten Kompetenzen im Bereich Brüche befassen. Dazu gehören das Vereinfachen von Brüchen, das Finden eines gemeinsamen Nenners, das Umwandeln zwischen unechten Brüchen und gemischten Zahlen sowie das Addieren, Subtrahieren, Multiplizieren und Dividieren von Brüchen.

In den Teilen III und IV werden Dezimalzahlen und Prozentsätze behandelt. Zur Abrundung gibt es in Teil V zwei nützliche Top-Ten-Listen zu Brüchen.

Über dieses Buch

Dieses Buch bietet leicht verständliche Anleitungen zur Arbeit mit Brüchen sowie den verwandten Themen Dezimalzahlen und Prozentangaben. Jedes Kapitel gliedert sich in mehrere Abschnitte, die jeweils Folgendes bereithalten:

- **eine verständliche Erläuterung** des jeweiligen Themas
- **eine Vielzahl von Beispielaufgaben**, die jeweils mit einer schrittweisen Lösung versehen sind
- **Übungsaufgaben**, deren Lösungen am Ende des Abschnitts bereitgestellt werden

Ich präsentiere die Themen in einer Reihenfolge, die nach meiner Überzeugung das beste Verständnis für Brüche, Dezimalzahlen und Prozentsätze vermittelt. Dennoch sind Sie nicht verpflichtet, diesem Verlauf von Anfang bis Ende zu folgen! Sie können jederzeit zu dem Thema wechseln, an dem Sie gerade arbeiten möchten.

Jedes Kapitel enthält Querverweise, die es Ihnen ermöglichen, bei der Verwendung eines Begriffs, Ausdrucks oder Konzepts, das Ihnen möglicherweise nicht vertraut ist, zu dem entsprechenden Abschnitt zu blättern und eine Erklärung zu finden. Diese Querverweise weisen auf die Stellen im Buch hin, an denen ich den betreffenden Punkt einführe oder näher erläutere.

Konventionen in diesem Buch

Damit alle Unklarheiten beseitigt werden, hier auch ein paar Hinweise zum Gebrauch von Begriffen und Zeichen:

Viele der in diesem Buch verwendeten Schlüsselbegriffe und Zeichen gibt es in verschiedenen Varianten. Sie wissen wahrscheinlich, dass man bei der Multiplikation sowohl den *Punkt* (·) als auch das *Kreuz* (×) verwenden kann. Bei der Division sind im Allgemeinen der *Doppelpunkt* (:), der *Schrägstrich* (/) und das *Geteilt-Zeichen* (÷) aus der digitalen Darstellung gebräuchlich. Genauso verhält es sich bei bestimmten Begriffen. Ein Produkt setzt sich aus *Faktoren* zusammen, genauso gebräuchlich ist aber der Begriff *Teiler*, der das Gleiche bedeutet und den Sie vielleicht im Zusammenhang mit dem *größten* und *kleinsten gemeinsamen Teiler* (*ggT* und *kgT*) kennen.

Keine Sorge – ich beginne hier noch nicht mit Rechnungen! Aber ich möchte Sie darauf hinweisen, dass in den folgenden Kapiteln manche Begriffe parallel verwendet werden. Sie wollen ja schließlich vorbereitet sein, wenn Sie im Alltag (und bei der Anwendung des hier Gelernten) auf abweichende Formulierungen treffen!

Törichte Annahmen

Meine erste Annahme ist, dass Sie Ihr Wissen über Brüche, Dezimalzahlen und Prozentsätze vertiefen möchten, möglicherweise aus einem der folgenden Gründe:

- ✔ Sie sind Schülerin oder Schüler und möchten ein fundiertes Verständnis von Brüchen erlangen, sei es zur Erledigung von Hausaufgaben oder zur Vorbereitung auf einen bevorstehenden Test.
- ✔ Sie sind ein Erwachsener, der Klarheit über bestimmte Aspekte von Brüchen sucht, um Unsicherheiten auszuräumen und sicherzustellen, dass die Mathematik Ihre Bildungs- oder Karriereziele nicht behindert.

- Sie sind Eltern, Verwandte oder Freunde einer Person aus einer der oben genannten Gruppen und möchten diese bei der Bewältigung von Bruchrechnungen unterstützen.

Unabhängig von Ihrem Beweggrund, dieses Buch zu lesen, möchte ich versuchen, Ihnen bestmöglich zu helfen. Vorausgesetzt, Sie verfügen über ein grundlegendes Verständnis von Addition, Subtraktion, Multiplikation und Division mit ganzen Zahlen, sollten Sie startklar sein. Hier ist ein kurzer Test, um zu überprüfen, ob Sie bereit sind:

$8 + 4 =$ ________ $14 - 7 =$ ________ $7 \times 5 =$ ________ $30 \div 6 =$ ________

Wenn Sie diese vier Fragen beantworten können (die Antworten lauten 12, 7, 35 und 5), sind Sie bereit.

In diesem Buch verwendete Symbole

Im gesamten Buch begegnen Ihnen die folgenden Symbole, die Ihnen die Navigation erleichtern.

Dieses Symbol kennzeichnet wichtige Informationen, die Sie verstehen und sich einprägen sollten. Vergewissern Sie sich, dass Sie diese Inhalte verinnerlicht haben, bevor Sie fortfahren. Sie können diese Symbole auch nutzen, um sich auf einen Test vorzubereiten.

Tipps bieten einfachere und in der Regel schnellere Wege, um Probleme zu lösen. Schauen Sie sie sich an, um die Übungsaufgaben leichter zu bewältigen.

Dieses Symbol warnt Sie vor häufigen Fehlern, die aus Unachtsamkeit geschehen. Achten Sie darauf und handeln Sie mit Bedacht!

Übungsaufgaben bieten Ihnen die Gelegenheit, die neu erlernten Kenntnisse anzuwenden und zu überprüfen, ob Sie sie vollständig verstanden haben. Sollten Sie auf Schwierigkeiten stoßen, blättern Sie einfach zum Ende des Kapitels, wo die Antworten auf die Fragen auf Sie warten – in einigen Fällen sogar mit einer schrittweisen Anleitung zur Lösung.

Materialien zum Buch

Bruchrechnen für Dummies ist nicht nur ein Buch, sondern darüber hinaus habe ich mehrere englischsprachige YouTube-Playlists erstellt, die Ihnen bei der Arbeit mit Brüchen Unterstützung bieten können. Sie finden diese unter den folgenden Links:

- ✔ Mathematik – Brüche 1: `https://tinyurl.com/5yh7dcpc`
- ✔ Mathematik – Brüche 2: `https://tinyurl.com/y9x6nmn7`
- ✔ Mathematik – Brüche 3: `https://tinyurl.com/4vkvj2cj`

Wie geht es weiter?

Sie können dieses Buch auf vielfältige Weise nutzen. Wenn Sie es in Ruhe lesen, ohne den Druck von Hausaufgaben oder Tests, können Sie gerne am Anfang beginnen und sich Schritt für Schritt vorarbeiten.

Kapitel 1 bietet Ihnen einen umfassenden Überblick über Brüche, Dezimalzahlen und Prozentrechnung. In den Kapiteln 2 und 3 werden verschiedene Fähigkeiten vermittelt, die Ihnen auf vielfältige Weise zum Erfolg verhelfen können.

Wenn Sie jedoch gleich *jetzt* dringend Informationen benötigen, um mit Ihrem aktuellen Mathematikunterricht Schritt zu halten, können Sie im Index oder Inhaltsverzeichnis nachschlagen und direkt zu dem entsprechenden Thema springen. In jedem Kapitel gebe ich mein Bestes, um Sie in das jeweilige Thema einzuführen, und stelle zahlreiche durchgerechnete Beispiele bereit, damit Sie nicht nur verstehen, was Sie wissen müssen, sondern auch, wie Sie es selbst anwenden können.

Egal, in welcher Reihenfolge Sie dieses Buch lesen, ich verspreche Ihnen, dass Sie auf jeder Seite wertvolle Informationen finden werden, die Ihr Verständnis von Brüchen vertiefen.

Teil I

Überblick über Brüche, Dezimalzahlen und Prozentzahlen

IN DIESEM TEIL …

- Sich mit Brüchen, Dezimalzahlen und Prozentzahlen vertraut machen
- Die für die Arbeit mit Brüchen benötigten Grundrechenarten auffrischen
- Mit Faktoren und Vielfachen als wichtigen Bestandteilen von Brüchen arbeiten

IN DIESEM KAPITEL

Brüche als Quotient aus Zähler und Nenner darstellen

Das Stellenwertsystem bei Dezimalzahlen anwenden

Prozentsätze als Anteile von Hundert verstehen

Teilmengen eines Ganzen durch Brüche, Dezimalzahlen oder Prozentsätze darstellen

Kapitel 1
Was sind Brüche, Dezimalzahlen und Prozentsätze?

Willkommen auf Ihrer Reise in die faszinierende Welt der Brüche! Wenn Sie dieses Buch in die Hand nehmen, fühlen Sie sich möglicherweise etwas unsicher im Umgang mit Brüchen. Das ist vollkommen verständlich, denn viele Menschen empfinden Brüche als Herausforderung. Doch die gute Nachricht ist: Wie alle neuen Kenntnisse ist auch der Umgang mit Brüchen erlernbar. So wie Sie vielleicht gelernt haben, das Gleichgewicht zu halten, um Fahrrad zu fahren, oder die Regeln eines neuen Spiels verinnerlicht haben, können Sie auch die Konzepte und Berechnungen rund um Brüche meistern. Mit Geduld, Übung und der richtigen Anleitung werden Sie bald sicher im Umgang mit Brüchen sein.

Dieses Buch ist Ihr freundlicher Begleiter auf der Entdeckungsreise durch die Welt der Brüche sowie ihrer engen Verwandten, den Dezimalzahlen und Prozenten. Ich werde Ihnen die Grundlagen vermitteln und erklären, was Brüche sind und warum sie von Bedeutung sind. Zudem unterstütze ich Sie dabei, Probleme Schritt für Schritt anzugehen, und biete Ihnen zahlreiche Beispiele, hilfreiche Tipps und Ermutigungen auf Ihrem Weg. Mein Ziel ist es, dass Sie sich bei der Arbeit mit Brüchen niemals verloren oder überfordert fühlen.

Denken Sie daran, dass jeder in seinem eigenen Tempo lernt. Nehmen Sie sich also die Zeit, die Sie brauchen, stellen Sie Fragen und scheuen Sie sich nicht, Fehler zu machen – das gehört zum Lernen dazu. Mit der Unterstützung, die Ihnen dieses Buch bietet, werden Sie nicht nur Brüche besser verstehen, sondern vielleicht auch feststellen, dass sie gar nicht so beängstigend sind.

Ein erster Blick auf Brüche

Auf einer grundlegenden Ebene ermöglichen Brüche, Teile eines Ganzen darzustellen. Stellen Sie sich vor, Sie schneiden eine Pizza in acht gleich große Stücke. Wenn Sie eines der acht Stücke essen, haben Sie den achten Teil der Pizza gegessen – oder $\frac{1}{8}$ der Pizza. Das ist ein Bruch! Brüche helfen uns, Teile eines Ganzen zu verstehen und damit zu arbeiten, egal, ob es sich um Lebensmittel, Zeit, Geld oder andere Dinge handelt, die in gleich große Teile geteilt werden können.

In den folgenden Abschnitten werde ich erklären, wie Brüche funktionieren, wie man sie liest und schreibt, wie man sie in Berechnungen verwendet und warum sie so nützlich sind.

Verstehen, wie Brüche funktionieren

Bei Brüchen werden zwei Zahlen verwendet, um anzugeben, wie viel von einem Gegenstand übrig bleibt, nachdem man ihn in gleich große Teile geteilt hat. Wenn Sie zum Beispiel einen Schokoriegel in 4 gleich große Stücke teilen und dann 3 Stücke essen, lautet der Bruch, der angibt, wieviel Sie gegessen haben: $\frac{3}{4}$. In diesem Bruch stehen die beiden Zahlen 3 und 4 übereinander und sind durch eine vertikale Linie getrennt.

Die Bezeichnungen für diese beiden Zahlen lauten:

- **Zähler:** die obere Zahl in einem Bruch (in unserem Schokoriegelbeispiel 3), die angibt, wie viele der gleich großen Teile man konkret betrachtet (in diesem Fall, wie viele Stücke man gegessen hat).
- **Nenner:** die untere Zahl in einem Bruch (in unserem Schokoriegelbeispiel 4), die die Gesamtzahl der gleich großen Teile angibt, in die das Ganze geteilt wird.

Ein weiteres Beispiel: Stellen Sie sich vor, Sie haben ein 10 Meter langes Seil und schneiden ein 7 Meter langes Stück davon ab. Der Bruch, der den abgeschnittenen Teil des Seils darstellt, lautet $\frac{7}{10}$. Der Zähler ist 7 (weil Sie 7 Meter abgeschnitten haben), und der Nenner ist 10 (weil das gesamte Seil 10 Meter lang war).

Äquivalente Brüche sinnvoll einsetzen

Im Gegensatz zu ganzen Zahlen, bei denen unterschiedlichen Zahlen immer unterschiedliche Werte entsprechen (zum Beispiel ist 3 immer kleiner als 5), sind Brüche flexibler. Zwei Brüche können unterschiedlich aussehen, weil sie verschiedene *Zähler* (obere Zahl) und *Nenner* (untere Zahl) haben, aber dennoch den gleichen Wert darstellen.

Verschiedene Zahlenkombinationen können denselben Wert repräsentieren, da Brüche auf dem Verhältnis zwischen Zähler und Nenner basieren. So mögen $\frac{1}{2}$ und $\frac{2}{4}$ auf den ersten Blick unterschiedlich erscheinen, doch sie stellen tatsächlich denselben Betrag dar. In beiden Fällen handelt es sich um die Hälfte von etwas – egal, ob es 1 von 2 Teilen oder 2 von 4 Teilen sind.

Solche Paare $\left(\text{wie } \frac{1}{2} \text{ und } \frac{2}{4}\right)$ nennt man *gleichwertige* oder *äquivalente* Brüche. Obwohl die Zähler und Nenner aus unterschiedlichen Zahlen bestehen, bleibt der Wert, den sie darstellen, gleich. Diesen Gedanken müssen Sie unbedingt im Hinterkopf behalten, wenn Sie Brüche addieren, subtrahieren oder vergleichen! (In Kapitel 4 erkläre ich äquivalente Brüche ausführlich, also schauen Sie dort nach, wenn Sie mehr darüber erfahren möchten.)

Unechte Brüche verstehen

Beim Gedanken an Brüche haben Sie vielleicht Zahlen im Kopf, die kleiner als 1 sind, also solche, die zwischen 0 und 1 auf der Zahlenreihe liegen. Diese Art von Brüchen, bei denen der Zähler kleiner ist als der Nenner, nennt man *echte Brüche*. Zum Beispiel ist $\frac{4}{5}$ ein echter Bruch, weil 4 kleiner als 5 ist, was bedeutet, dass sein Wert kleiner als 1 ist.

Es gibt jedoch auch Brüche, die gleich oder größer als 1 sind, und dann spricht man von *unechten Brüchen*. Bei einem unechten Bruch ist der Zähler gleich oder größer als der Nenner; der Bruch stellt also eine ganze Zahl oder mehr dar.

Unechte Brüche kommen in der Praxis häufig vor. Zum Beispiel ist $\frac{5}{4}$ ein unechter Bruch. Er zeigt an, dass es 5 Teile gibt, während jedes Ganze nur aus 4 Teilen besteht. Wenn Sie also $\frac{5}{4}$ eines Kuchens haben, haben Sie 1 ganzen Kuchen und zusätzlich $\frac{1}{4}$ eines anderen identischen Kuchens.

Wenn Sie 7 Meter Stoff in 2-Meter-Abschnitte unterteilen, erhalten Sie $\frac{7}{2}$, also 3 und einen halben Abschnitt.

Der Zusammenhang zwischen unechten Brüchen und gemischten Zahlen

Im vorherigen Abschnitt haben Sie sich mit unechten Brüchen beschäftigt – also mit Brüchen, bei denen der Zähler gleich oder größer als der Nenner ist. In diesem Abschnitt erfahren Sie, wie Sie diese Brüche auch als gemischte Zahlen darstellen können. Eine *gemischte Zahl* ist einfach eine Kombination aus einer ganzen Zahl und einem echten Bruch. Sie bietet Ihnen eine andere Möglichkeit, denselben Wert wie einen unechten Bruch darzustellen, jedoch in einer Form, die oft leichter zu visualisieren oder zu verstehen ist.

Ich gehe noch einmal auf den unechten Bruch $\frac{5}{4}$ aus dem vorigen Abschnitt ein. Dieser Bruch zeigt, dass es mehr als eine ganze Zahl gibt, aber wie viel mehr? Um $\frac{5}{4}$ als gemischte Zahl auszudrücken, zerlegt man diesen Bruch in eine ganze Zahl ($\frac{4}{4}$) und den Rest ($\frac{1}{4}$). Somit ist $\frac{5}{4}$ dasselbe wie die gemischte Zahl $1\frac{1}{4}$. Beide stellen die gleiche Menge dar – 1 Ganzes und $\frac{1}{4}$ eines anderen Ganzen.

Im Alltag kommen gemischte Zahlen häufig vor. Stellen Sie sich vor, Sie backen etwas (sehr, sehr) Süßes und verwenden 2 volle Tassen plus eine halbe Tasse Zucker. Anstatt zu sagen, dass Sie $2\frac{1}{2}$ Tassen Zucker haben, können Sie auch sagen, dass Sie $\frac{5}{2}$ Tassen Zucker verwenden. Beide Ausdrücke sind korrekt, aber die gemischte Zahl ist in einer praktischen Situation oft leichter zu verstehen.

Betrachten wir noch ein Beispiel für die Längenmessung: Ein Brett ist 3 ganze Meter plus zusätzlich $\frac{1}{10}$ Meter lang. Sie könnten dies als $\frac{31}{10}$ Meter ausdrücken. Dieser Wert ist jedoch wahrscheinlich leichter zu verstehen, wenn Sie die entsprechende gemischte Zahl $3\frac{1}{10}$ Meter angeben.

Eine gemischte Zahl ist einfach eine andere Möglichkeit, einen unechten Bruch auszudrücken. Sie hilft uns, besser zu verstehen, wie viele ganze Teile und wie viele Bruchstücke wir haben, was bei einem unechten Bruch nicht so deutlich ist.

Warum sich Dezimalzahlen so leicht anwenden lassen

In diesem Abschnitt zeige ich Ihnen, wie Sie Werte, die zwischen ganzen Zahlen liegen, ohne Brüche darstellen können. (Eine Einführung in Brüche finden Sie im Abschnitt »Ein erster Blick auf Brüche« weiter oben in diesem Kapitel.) *Dezimalzahlen* sind eine benutzerfreundlichere Alternative zu Brüchen, da sie sich nahtlos in unser Zehnersystem einfügen und dadurch im Alltag leichter zu verstehen und zu verwenden sind.

Brüche wie $\frac{1}{2}$ oder $\frac{3}{4}$ beschreiben Teile eines Ganzen. Dezimalzahlen drücken dasselbe aus, aber in einem anderen Format. Statt $\frac{1}{2}$ sagen wir 0,5 und statt $\frac{3}{4}$ sagen wir 0,75.

Die Ziffern hinter dem Komma in einer Dezimalzahl nennen wir *Nachkommastellen*. Ich beschreibe sie in den beiden folgenden Abschnitten.

Nachkommastellen sind in Bereichen wie Geld, Maße (vor allem im metrischen System) und Technik besonders nützlich, wo es auf Genauigkeit ankommt. Egal, ob Sie die Gesamtkosten von Artikeln im Laden berechnen, Zutaten für ein Rezept abmessen oder eine digitale Waage ablesen – Dezimalzahlen bieten eine einfache und präzise Möglichkeit, Zahlen darzustellen, die keine ganzen Zahlen sind. Zudem erleichtern sie das Rechnen im Vergleich zu Brüchen, da komplizierte Schritte wie das Finden eines gemeinsamen Nenners und die Kürzung des Bruchs entfallen (siehe Kapitel 4 für weitere Informationen zu diesen Feinheiten).

In den folgenden Abschnitten erfahren Sie, wie Dezimalzahlen funktionieren, wie man zwischen Brüchen und Dezimalzahlen umrechnet und wie man Dezimalzahlen in verschiedenen realen Situationen verwendet. Und Sie lernen, wie vielseitig und hilfreich Dezimalzahlen sein können.

Dezimalzahlen mit einer Nachkommastelle

Der Stellenwert der Nachkommastellen, also ihr Abstand zum Komma, hilft uns, den Wert der Ziffern in einer Dezimalzahl zu verstehen. Bei einer Dezimalzahl mit nur einer Nachkommastelle, d. h. einer Stelle rechts vom Komma) steht jede Ziffer für ein *Zehntel* des Ganzen.

Zum Beispiel bedeutet 0,9, dass die 9 an der Zehntelstelle steht und 9 von 10 gleichen Teilen eines Ganzen darstellt. Also ist 0,9 dasselbe wie $\frac{9}{10}$ eines Ganzen.

Hier folgen einige Beispiele aus dem Alltag:

- ✔ **Gewicht:** Eine Tüte Nägel wiegt 2,3 Kilogramm. Die 3 an der Zehntelstelle stellt $\frac{3}{10}$ eines Kilogramms dar (oder 300 Gramm, da ein Kilogramm 1000 Gramm entspricht). Die Tüte mit den Nägeln wiegt also 2 Kilogramm und zusätzlich $\frac{3}{10}$ von einem Kilogramm.
- ✔ **Länge:** Ein Stück Band ist 3,4 Meter lang. Die 4 an der Zehntelstelle stellt $\frac{4}{10}$ eines Meters dar (oder 40 Zentimeter, da ein Meter 100 Zentimeter enthält). Das Band ist also 3 Meter plus $\frac{4}{10}$ eines Meters lang.
- ✔ **Kochen:** In einem Rezept werden 1,5 Tassen Mehl verlangt. Die 5 an der Zehntelstelle stellt $\frac{5}{10}$ einer Tasse dar, was einer halben Tasse entspricht (weil 5 die Hälfte von 10 ist). Wir haben also eine und eine halbe Tasse Mehl.

Diese Beispiele zeigen, dass Dezimalzahlen den Stellenwert nutzen, um Brüche darzustellen, ähnlich wie bei ganzen Zahlen. Dadurch werden Berechnungen und Vergleiche einfacher als mit Brüchen.

Dezimalzahlen mit zwei Nachkommastellen

Nachdem Sie das Konzept der Dezimalzahlen mit einer Nachkommastelle – der Zehntelstelle, die ein Ganzes in zehn gleich große Teile gliedert (siehe vorhergehender Abschnitt) – verstanden haben, können Sie sich nun den Dezimalzahlen mit zwei Nachkommastellen zuwenden. Diese unterteilen ein Ganzes in hundert gleich große Teile, die *Hundertstel* genannt werden.

Bei zwei Dezimalstellen repräsentiert die zweite Ziffer die Hundertstel. So steht beispielsweise 0,01 für 1 von 100 gleich großen Teilen eines Ganzen, während 0,25 25 von 100 Teilen bedeutet. Man kann sich das vorstellen, als würde man etwas in 100 kleine Stücke zerteilen und dann zählen, wie viele Stücke man hat.

Hier sind einige praktische Beispiele, die veranschaulichen, was Dezimalzahlen mit zwei Nachkommastellen bedeuten:

- **Geld zählen:** In Deutschland werden im Zahlungsverkehr häufig Dezimalzahlen mit zwei Nachkommastellen verwendet. Ein Euro lässt sich in 100 Cent unterteilen, wobei jeder Cent als Dezimalzahl von 0,01 € dargestellt wird. Wenn Sie also 0,25 Euro besitzen, entspricht dies $\frac{25}{100}$ oder 25 Cent.
- **Längen messen:** Eine weitere gängige Anwendung von Dezimalzahlen ist die Längenmessung im metrischen System. Stellen Sie sich vor, Sie messen die Höhe eines Papierstapels, etwa Ihrer Hausarbeit, und diese beträgt 0,08 Zentimeter. Das bedeutet, dass der Papierstapel $\frac{8}{100}$ Zentimeter hoch ist, oder anders ausgedrückt, 8 von 100 gleich großen Teilen eines Zentimeters.
- **Gewicht messen:** Bei metrischen Gewichtsmessungen kommen häufig Dezimalzahlen zum Einsatz. Wenn Sie beispielsweise einen kleinen Gegenstand wiegen und feststellen, dass er ein Gewicht von 0,35 Kilogramm hat, bedeutet dies, dass der Gegenstand $\frac{35}{100}$ Kilogramm wiegt, oder anders ausgedrückt, 35 von 100 gleich großen Teilen eines Kilogramms.

Die Äquivalenz von Brüchen und Dezimalzahlen

Brüche (siehe den Abschnitt »Ein erster Blick auf Brüche« weiter oben in diesem Kapitel) und Dezimalzahlen sind zwei unterschiedliche, jedoch mathematisch gleichwertige Weisen, Teile eines Ganzen darzustellen. Auch wenn sie unterschiedlich aussehen, vermitteln sie beide dasselbe Konzept: das Verhältnis eines Teils zum Ganzen.

Da Brüche und Dezimalzahlen dasselbe Konzept repräsentieren, ist es möglich, zwischen ihnen umzurechnen. Folgendermaßen können Sie diese Umrechnung vornehmen:

- **Von Brüchen zu Dezimalzahlen:** Um einen Bruch in eine Dezimalzahl umzuwandeln, teilen Sie einfach den Zähler durch den Nenner. Um zum Beispiel den Bruch $\frac{3}{5}$ in eine Dezimalzahl umzuwandeln, teilen Sie 3 durch 5, was 0,6 ergibt.
- **Von Dezimalzahlen zu Brüchen:** Schreiben Sie den Dezimalwert als Bruch, wobei der Nenner auf dem Stellenwert basiert. So kann beispielsweise 0,46 als $\frac{46}{100}$ dargestellt werden, was sich weiter zu $\frac{23}{50}$ vereinfacht. (Wie man einen Bruch vereinfacht, erfahren Sie in Kapitel 4.)

Da Brüche und Dezimalzahlen zwei Seiten derselben Medaille darstellen, können Sie je nach Bedarf zwischen diesen Darstellungen wechseln. Dies erleichtert den Umgang mit Teilen eines Ganzen in unterschiedlichen Kontexten erheblich.

Prozente in die richtige Perspektive rücken

Neben Brüchen (wie im Abschnitt »Ein erster Blick auf Brüche« erläutert) und Dezimalzahlen (siehe Abschnitt »Warum sich Dezimalzahlen so leicht anwenden lassen«) gibt es eine weitere, ebenso aussagekräftige Methode, um Anteile eines Ganzen zu beschreiben: die Prozentangabe. *Prozente* bieten eine alternative Möglichkeit, um auszudrücken, welchen Anteil eines Ganzen wir betrachten.

Sie können einen Teil eines Ganzen sowohl als Bruch (zum Beispiel $\frac{1}{2}$) als auch als entsprechende Dezimalzahl (0,5) darstellen, und zudem den gleichen Betrag als Prozentsatz (50 %) angeben. Prozentzahlen bieten eine nützliche und oft intuitive Möglichkeit, Proportionen zu kommunizieren, insbesondere in alltäglichen Kontexten wie Preisnachlässen, Immobilien- und Investitionsberechnungen sowie in der Statistik und Wahrscheinlichkeitsrechnung.

In den folgenden Abschnitten erkunden wir, wie Sie Prozentwerte in unterschiedlichen Situationen verstehen, berechnen und anwenden können. Dabei werden Sie Verbindungen zwischen Brüchen, Dezimalzahlen und Prozentsätzen herstellen und erkennen, wie Sie Prozente als effektives Werkzeug nutzen können, um Teile eines Ganzen zu vergleichen und besser zu verstehen.

Der Sinn von Prozentsätzen

Das Wort *Prozent* stammt vom lateinischen Ausdruck *per centum*, was wörtlich *pro hundert* bedeutet. Prozentzahlen geben demnach an, wie viele Teile von 100 gleich großen Teilen in Betracht gezogen werden.

Wenn ein bestimmter Wert beispielsweise 75 % des Ganzen ausmacht, bedeutet dies, dass Sie 75 von 100 gleich großen Teilen zählen. Diese Vorstellung, Dinge in 100 Teile zu unterteilen, macht Prozentzahlen (ähnlich wie Dezimalzahlen) besonders nützlich, um Proportionen zu verstehen und Vergleiche in der realen Welt anzustellen. Einige Beispiele:

- **Verkäufe und Rabatte:** Angenommen, in einem Geschäft wird ein Preisnachlass von 20 % gewährt. Wenn ein Artikel ursprünglich 50 € kostet, bedeutet ein Rabatt von 20 %, dass Sie 20 von 100 Teilen des ursprünglichen Preises weniger bezahlen. Um dies zu berechnen, müssen Sie 20 % von 50 € berechnen, was 10 € entspricht: $50\text{ €} \times \frac{20}{100} = \frac{1.000}{100} = 10\text{ €}$

  Der Artikel kostet jetzt also 40 € (50 € – 10 € = 40 €).

- **Testergebnisse:** Stellen Sie sich vor, Sie absolvieren einen Test und erzielen eine Punktzahl von 85 %. Dies bedeutet, dass Sie 85 von 100 Fragen korrekt beantwortet haben. Enthielt der Test 100 Fragen, haben Sie demnach 85 richtig beantwortet. Hätte der Test jedoch 200 Fragen umfasst (was hoffentlich nicht der Fall ist!), hätten Sie 170 Fragen richtig beantwortet (da $\frac{85}{100} = \frac{170}{200}$ gilt, sind diese Brüche äquivalent; mehr zu diesem Thema finden Sie in Kapitel 4).

- **Akkulaufzeit:** Angenommen, Ihr Handy zeigt an, dass der Akku noch 60 % seiner Kapazität hat. Dieser Prozentsatz bedeutet, dass mehr als die Hälfte der gesamten Akkukapazität des Geräts noch verfügbar ist. Anders ausgedrückt: 60 von 100 gleich großen Teilen der Akkuladung stehen Ihnen noch zur Verfügung.

Diese Beispiele verdeutlichen, wie häufig Prozentzahlen im Alltag vorkommen und wie sie das Verständnis sowie den Vergleich verschiedener Mengen erleichtern.

Prozentsätze in Dezimalzahlen und Brüche umrechnen

Da Prozente Teile eines Ganzen repräsentieren – ebenso wie Brüche und Dezimalzahlen – wird das Verständnis und die Berechnung dieser drei Darstellungsformen erheblich erleichtert, wenn Sie wissen, wie Sie zwischen diesen gleichwertigen Ausdrücken umrechnen können. Diese Umrechnungen ermöglichen es Ihnen, je nach Kontext zwischen verschiedenen Darstellungen desselben Wertes zu wechseln, sodass Sie die jeweils passendste Form wählen können. Wenn Sie in der Lage sind, zwischen diesen Formen zu wechseln, können Sie Werte vergleichen, Berechnungen anstellen und die Beziehungen zwischen unterschiedlichen Größen besser nachvollziehen.

Prozentsätze in Dezimalzahlen umrechnen und umgekehrt

Prozent- und Dezimalzahlen stellen im Dezimalsystem äquivalente Darstellungen von Anteilen dar, was ihre wechselseitige Umrechnung erleichtert.

Um einen Prozentwert in eine Dezimalzahl umzuwandeln, gehen Sie wie folgt vor:

1. **Entfernen Sie das Prozentzeichen (%).**

   Beispielsweise wird aus 75 % einfach 75.

2. **Teilen Sie die Zahl durch 100.**

   Dies können Sie ganz einfach erreichen, indem Sie den Dezimalpunkt um zwei Stellen nach links verschieben. So wird aus 75 die Dezimalzahl 0,75, weil $75 \div 100 = 0{,}75$ ist.

Um eine Dezimalzahl in eine Prozentzahl umzuwandeln, befolgen Sie diese Schritte:

1. **Multiplizieren Sie die Dezimalzahl mit 100.**

   Verschieben Sie dazu den Dezimalpunkt um zwei Stellen nach rechts.

   Beispielsweise wird aus 0,25 die Zahl 25, weil $0{,}25 \times 100 = 25$ ist.

2. **Fügen Sie das Prozentzeichen (%) hinzu.**

   Somit ergibt sich aus der in Schritt 1 berechneten Zahl 25 die Angabe 25 %.

Prozentsätze in Brüche umrechnen und umgekehrt

Es ist ebenfalls möglich, Prozente in Brüche umzuwandeln. Da sowohl Prozente als auch Brüche Teile eines Ganzen repräsentieren, erleichtert dies die Berechnung und den Vergleich von Werten in unterschiedlichen Kontexten.

Um Prozente in Brüche umzurechnen, gehen Sie wie folgt vor:

1. **Entfernen Sie das Prozentzeichen.**

   Beispielsweise wird aus 40 % einfach die Zahl 40.

2. **Erstellen Sie einen Bruch, der die Prozentzahl über der 100 darstellt.**

   In diesem Fall erstellen Sie den Bruch $\frac{40}{100}$.

3. **Vereinfachen Sie den Bruch, wenn möglich.**

   Zum Beispiel: $\frac{40}{100} = \frac{40 \div 20}{100 \div 20} = \frac{2}{5}$

   Weitere Informationen zur Vereinfachung von Brüchen finden Sie in Kapitel 4.

Um einen Bruch in einen Prozentwert umzurechnen, befolgen Sie diese Schritte:

1. **Dividieren Sie den Zähler durch den Nenner, um eine Dezimalzahl zu erhalten.**

   Nehmen wir als Beispiel $\frac{4}{5}$:

   $4 \div 5 = 0{,}8$

2. **Multiplizieren Sie die in Schritt 1 berechnete Dezimalzahl mit 100.**

   In diesem Beispiel gilt: $0{,}8 \times 100 = 80$

3. **Fügen Sie das Prozentzeichen (%) zu dem Ergebnis aus Schritt 2 hinzu.**

   So wird aus der Zahl 80 die Angabe 80 %.

IN DIESEM KAPITEL

Einen mathematischen Grundwortschatz kennenlernen

Mit natürlichen Zahlen, ganzen Zahlen und rationalen Zahlen umgehen

Werte korrekt anordnen

Die Division ganzer Zahlen und die Division mit Rest

Kapitel 2
Die Grundkenntnisse ausbauen

In diesem Kapitel stelle ich grundlegende mathematische Konzepte vor, die als Basis für das Verständnis von Brüchen, Dezimalzahlen und Prozenten dienen. Zunächst erläutere ich einige häufig verwendete mathematische Begriffe, die oft zu Missverständnissen führen.

Zudem stelle ich wichtige Zahlenreihen vor und erkläre deren Zusammensetzung. Ich veranschauliche, dass die zehn Ziffern von 0 bis 9 mithilfe des Stellenwertsystems eine Vielzahl von Zahlen darstellen können. Des Weiteren erläutere ich den Unterschied zwischen führenden und nachfolgenden Nullen.

Abschließend wiederholen wir die Division ganzer Zahlen, einschließlich der Division mit Rest, und beschäftigen uns mit dem zyklischen Charakter von Resten bei bestimmten Divisionen.

Mathematische Grundbegriffe

Häufig wenden sich Schülerinnen und Schüler an mich mit der Bitte um Unterstützung bei der Erklärung von Begriffen, die ihre Mathe-Lehrkraft seit Jahren verwendet und die sie als bekannt voraussetzt. Diese kleinen Verständnislücken können sowohl für die Lernenden als auch für die Lehrenden frustrierend sein. In den folgenden Abschnitten werde ich einige dieser mathematischen Begriffe entmystifizieren.

Zahlen und Ziffern

Was ist denn eigentlich der Unterschied zwischen einer Zahl und einer Ziffer? Hier folgt eine kurze Erklärung:

- Eine **Zahl** gibt an, wie viele oder wie viel von etwas vorhanden sind. Wenn eine Familie drei Kinder hat, beschreibt die Zahl 3 präzise die Anzahl der Kinder in dieser Familie.
- Eine **Ziffer** hingegen ist eine willkürliche Darstellungsart einer Zahl. In der modernen Welt verwenden wir überwiegend indisch-arabische Ziffern (zum Beispiel die »3«), die ich im Abschnitt »Stellenwert bei ganzen Zahlen überprüfen« weiter unten in diesem Kapitel vorstelle. Im antiken Rom hätte eine Familie mit drei Kindern dieselbe Anzahl Kinder, man hätte die Zahl jedoch durch die römischen Ziffern »III« dargestellt.

Kulturen und Sprachen ändern sich im Laufe der Zeit – und das gilt auch für die Ziffern. Zahlen sind jedoch beständiger. Und obwohl sich die Mathematik auf unvorhersehbare Weise entwickelt und erweitert hat, ist die Zahl »drei« – wie auch immer man sie schreiben mag – bemerkenswert widerstandsfähig und unveränderlich.

Ziffern sortieren

Eine *Ziffer* ist ein einzelnes numerisches Symbol, das eine Zahl ausdrückt. Zum Beispiel:

- Das indo-arabische Zahlensystem, mit dem Sie am besten vertraut sind, umfasst genau zehn Ziffern: 0, 1, 2, 3, 4, 5, 6, 7, 8 und 9 (eine ausführliche Erklärung finden Sie im Abschnitt »Stellenwert bei ganzen Zahlen überprüfen« weiter hinten in diesem Kapitel).
- Im Gegensatz dazu umfasst das römische Zahlensystem sechs Ziffern: I, V, X, L, C und D.

Beide Systeme nutzen unterschiedliche Kombinationen von Ziffern, um eine Vielzahl von Zahlen zu bilden, die jeweils bestimmte Werte repräsentieren.

Werte und Zahlen

In der Mathematik sind die Begriffe »Zahl« und »Wert« im Wesentlichen synonym.

Wenn Ihre Lehrkraft Sie beispielsweise auffordert, den Wert von 78 + 46 zu bestimmen, führen Sie eine Addition durch und erhalten die Zahl 124.

Ganze Zahlen

Eine *ganze Zahl* ist eine Zahl ohne Nachkommastellen, die sowohl positiv als auch negativ sein kann. Die Menge der ganzen Zahlen umfasst:

$\{\ldots, -3, -2, -1, 0, 1, 2, 3, \ldots\}$

Wie die obige Menge verdeutlicht, zeichnen sich ganze Zahlen durch das Fehlen von Dezimalstellen und ihre unendliche Ausdehnung in beide Richtungen aus.

Eine alternative visuelle Darstellung bietet der Zahlenstrahl, der ausschließlich positive und negative ganze Zahlen sowie die Null umfasst, wie in Abbildung 2.1 illustriert.

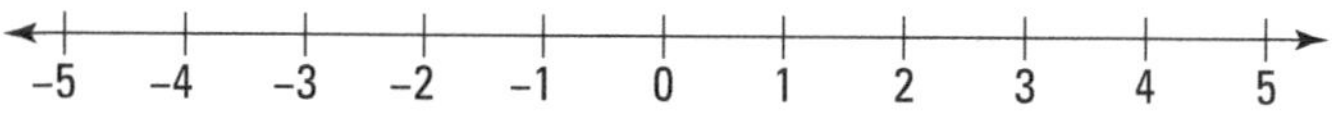

Abbildung 2.1: Darstellung der ganzen Zahlen von –5 bis 5 auf dem Zahlenstrahl

Auf dieser Zahlengeraden sind ausschließlich die explizit als solche gekennzeichneten Werte als ganze Zahlen repräsentiert. Bruchzahlen, die also zwischen diesen Werten liegen, sind somit nicht Bestandteil der Menge der ganzen Zahlen.

Die Beziehungen zwischen ganzen Zahlen und anderen Zahlentypen werden im Abschnitt »Die Grundlagen der Zahlenreihen kennenlernen« im weiteren Verlauf dieses Kapitels detailliert erläutert.

Mathematische Operationen

In der Mathematik bezeichnet eine *Operation* eine präzise definierte Rechenvorschrift, die eine oder mehrere Zahlen in eine andere überführt.

Die vier Grundoperationen, die Sie auf Zahlen anwenden können, sind Addition, Subtraktion, Multiplikation und Division. Die Symbole, die diese Operationen kennzeichnen (+, –, × und ÷), sind die *Operatoren.*

Die Zahlen, auf die diese Operatoren angewendet werden, sind die *Eingabewerte*, während das Resultat der Operation als *Ausgabewert* bezeichnet wird.

Der Operator wird gewöhnlich zwischen die Eingabewerte gesetzt und durch ein Gleichheitszeichen vom Ausgabewert getrennt, wodurch eine Gleichung entsteht. Als Beispiel dient die Gleichung $6 + 2 = 8$:

- ✔ 6 und 2 sind die Eingabewerte,
- ✔ + ist der Additionsoperator,
- ✔ 8 ist der Ausgabewert.

Hier sind einige Beispiele für die vier Grundrechenarten:

Gleichung	Eingabewerte	Operator	Gleichheitszeichen	Ausgabewerte
$6 + 2 = 8$	6, 2	+	=	8
$9 - 4 = 5$	9, 4	–	=	5
$7 \times 3 = 21$	7, 3	×	=	21
$30 \div 5 = 6$	30, 5	÷	=	6

Das Zusammenspiel der vier Grundrechenarten

Jede der vier Grundrechenarten (siehe vorheriger Abschnitt) erfordert mindestens zwei Eingabewerte und liefert einen Ausgabewert. Diese drei Werte haben spezifische Bezeichnungen, die für das Verständnis der Rechenoperationen von Bedeutung sind:

- ✔ **Addition:** Summand + Summand = Summe
- ✔ **Subtraktion:** Minuend - Subtrahend = Differenz
- ✔ **Multiplikation:** Multiplikand × Multiplikator = Produkt
- ✔ **Division:** Dividend ÷ Divisor = Quotient

Das Verständnis der Zusammenhänge zwischen den vier Grundrechenarten (Addition, Subtraktion, Multiplikation und Division) und ihren jeweiligen Ergebnissen (Summe, Differenz, Produkt und Quotient) ist in der Mathematik von großem Vorteil, insbesondere bei der Lösung von Textaufgaben.

1. Beurteilen Sie, ob die folgenden Aussagen wahr oder falsch sind, und begründen Sie Ihre Antwort mit einem Beispiel oder einer Erklärung.

   a. Zwei verschiedene Ziffern können denselben Zahlenwert darstellen.

   b. Jede Ziffer ist zugleich eine Zahl.

   c. Eine Zahl und ihr Wert können voneinander abweichen.

   d. Jede Zahl ist eine ganze Zahl.

2. Ordnen Sie die folgenden Begriffe den entsprechenden Rechenarten (Addition, Subtraktion, Multiplikation oder Division) zu:

   a. Differenz

   b. Produkt

   c. Quotient

   d. Summe

Die Grundlagen der Zahlenreihen kennenlernen

Mathe-Lehrkräfte werfen häufig mit Begriffen wie »ganze Zahlen« und »rationale Zahlen« um sich, sodass man das Gefühl bekommt, dass man als Einziger oder Einzige in der Klasse nicht folgen kann. In den folgenden Abschnitten erläutere ich, wie man diese und andere Zahlenmengen sinnvoll betrachtet.

Zahlenmengen

Man definiert eine *Menge* als eine klar abgegrenzte Zusammenfassung von Objekten. Zum Beispiel bildet die Menge

(Löffel, Gabel, Messer)

eine solche Zusammenfassung, bestehend aus drei *Elementen* (in diesem Fall Besteckteilen).

Analog dazu bezeichnet eine Zahlenmenge eine definierte Zusammenstellung von Zahlen. So repräsentiert die Menge

$\{3, 6, 9\}$

die ersten drei Zahlen in der Sequenz der Vielfachen von 3. Besitzt eine Zahlenmenge unendlich viele Elemente, spricht man von einer *unendlichen Menge.* Diese kann durch Auslassungspunkte (...), auch *Ellipse* genannt, gekennzeichnet werden, wie in der Menge

$\{2, 4, 6, 8, 10, \ldots\}$

dargestellt, die die unendliche Folge der geraden Zahlen repräsentiert.

Da die Menge der positiven geraden Zahlen unendlich ist, wird sie üblicherweise durch die Angabe ihrer ersten Elemente dargestellt, sodass man die Regel, nach der die Menge gebildet wird, erkennen kann.

Ganze Zahlen

Ganze Zahlen bilden eine unendliche Menge, die sowohl positive als auch negative Zahlen umfasst:

$\{\ldots, -3, -2, -1, 0, 1, 2, 3, \ldots\}$

Jeder Bruch setzt sich aus zwei ganzen Zahlen zusammen: dem *Zähler* (der oberen Zahl) und dem *Nenner* (der unteren Zahl). Ein solides Verständnis der ganzen Zahlen ist wichtig, um den Umgang mit Brüchen zu erlernen.

In Tabelle 2.1 sind verschiedene Zahlenmengen aufgeführt, die als *Teilmengen* der ganzen Zahlen betrachtet werden können. Es ist nicht erforderlich, diese Mengen auswendig zu lernen, jedoch können Sie bei Bedarf auf die Tabelle zurückgreifen, wenn Ihre Lehrkraft auf diese Teilmengen verweist.

Name	Beschreibung	Beispiele	Alternative Bezeichnungen
Natürliche Zahlen	Die Zahlen, die man als Kind kennenlernt	$\{1, 2, 3, 4, 5, \ldots\}$	Zählzahlen, positive ganze Zahlen
Ganze Zahlen	Die natürlichen Zahlen, erweitert um die Null	$\{0, 1, 2, 3, 4, \ldots\}$	Nichtnegative ganze Zahlen
Negative ganze Zahlen	Die Menge der ganzen Zahlen kleiner als Null	$\{\ldots, -5, -4, -3, -2, -1\}$	Negative natürliche Zahlen

Tabelle 2.1: Definition verschiedener Mengen

Rationale Zahlen

Rationale Zahlen sind eng mit *Brüchen* verbunden – sie stellen Verhältnisse von Zahlen dar, bei denen eine Zahl durch eine andere geteilt wird. Die Begriffe *rationale Zahlen* und *Brüche* sind somit gleichbedeutend.

Die Menge der *rationalen Zahlen* umfasst alle ganzen Zahlen sowie alle Zahlen, die als Brüche dargestellt werden können. Um zu verstehen, warum ganze Zahlen zu den rationalen Zahlen gehören, ist es wichtig zu wissen, dass jeder Bruch aus zwei ganzen Zahlen besteht: einem Zähler und einem Nenner.

Sie können also jede ganze Zahl als Bruch darstellen, indem Sie 1 in den Nenner setzen. Zum Beispiel gilt:

$$3 = \frac{3}{1} \quad 10 = \frac{10}{1} \quad 0 = \frac{0}{1} \quad -7 = \frac{-7}{1}$$

Irrationale Zahlen

Einige Zahlen können nicht als Brüche geschrieben werden.

Die Zahl π (*pi*) ist in der Geometrie das Verhältnis des Umfangs eines Kreises zu seinem Durchmesser und beträgt ungefähr 3,14. Man kann π auch durch die Brüche $3\frac{7}{50}$ oder $\frac{22}{7}$ annähern.

Allerdings lässt sich der genaue Wert von π nicht als Bruch darstellen. Solche nicht rationalen Zahlen werden als *irrationale Zahlen* bezeichnet. Zu den irrationale Zahlen, die Sie vielleicht in Ihren Mathematikkursen kennengelernt haben, gehören die Quadratwurzeln von nicht-quadratischen Zahlen, wie $\sqrt{2}$ und $\sqrt{3}$, sowie die Zahl *e*, die Basis des natürlichen Logarithmus.

Beim Lernen von Brüchen müssen Sie sich jedoch keine Gedanken über irrationale Zahlen machen, denn alle Brüche sind rational. Sie können irrationale Zahlen also getrost beiseite lassen, wenn Sie mit Brüchen arbeiten.

Reelle Zahlen

Die *reellen Zahlen* umfassen sowohl rationale als auch irrationale Zahlen. Man kann sich die reellen Zahlen als die Werte auf einer durchgehenden Zahlengeraden vorstellen, die sich unendlich in beide Richtungen erstreckt.

Da Brüche rationale Zahlen sind, müssen Sie sich beim Arbeiten mit ihnen nicht allzu viele Gedanken über die reellen Zahlen machen. (Beachten Sie jedoch, dass in der Trigonometrie die meisten Mathematikstudierenden viel Zeit mit Radikalen (wie $\sqrt{2}$ oder $\sqrt{3}$) und anderen wichtigen irrationalen Werten (wie π oder *e*) verbringen.

3. Entscheiden Sie für jede der folgenden Zahlen, ob es sich um eine natürliche Zahl, eine ganze Zahl oder eine rationale Zahl handelt. (Jede Zahl kann in mehrere dieser Gruppen gehören oder in keine von ihnen.)

a. 100

b. –6

c. $\frac{2}{3}$

d. 0,7

e. $-\frac{5}{7}$

f. π

Den Stellenwert bei ganzen Zahlen überprüfen

Das weltweit am häufigsten verwendete Zahlensystem ist das *indo-arabische Ziffernsystem*. Vor fast 2.000 Jahren wurden die ersten Formen dieser Ziffern in Indien erfunden, bevor sie von arabischen Mathematikern um das Jahr 900 n. Chr. weiterentwickelt wurden. Seitdem hat sich dieses System zu dem entwickelt, das Sie heute nutzen.

Die indisch-arabischen Ziffern gehören zu einem *Basis-Zehn-Stellenwertsystem*, in dem zehn Ziffern (0 bis 9) verwendet werden. Die Position jeder Ziffer innerhalb einer Zahl bestimmt ihren Wert. Zum Beispiel enthalten die Zahlen 123 und 312 zwar dieselben Ziffern, repräsentieren jedoch unterschiedliche Werte.

In Teil III dieses Buches bespreche ich *Dezimalzahlen*, die die indisch-arabischen Ziffern um Werte erweitern, die zwischen den ganzen Zahlen liegen. In den folgenden Abschnitten wird Ihr Wissen aufgefrischt, um sicherzustellen, dass Sie gut vorbereitet sind, wenn Sie mit dem Studium der Dezimalzahlen beginnen.

Werte an ihren Platz stellen

Die zehn Ziffern des modernen Zahlensystems ermöglichen es uns, von 0 bis 9 zu zählen. Der *Stellenwert* erlaubt es, höhere Werte ohne feste Obergrenze zu bilden, indem den Ziffern je nach ihrer Position in einer Zahl unterschiedliche Werte zugewiesen werden.

Das allgemein verwendete Zahlensystem ist ein Basis-Zehn-Stellenwertsystem. Dabei wird die erste Ziffer einer Zahl, beginnend von rechts, mit 1 multipliziert, die zweite mit 10, die dritte mit 100 und so weiter.

Um die Bedeutung des Begriffs Stellenwert zu veranschaulichen, betrachten Sie die Zahl 2.579.364 in der ersten Mini-Tabelle.

Millionen	Hunderttausender	Zehntausender	Tausender	Hunderter	Zehner	Einer
2	5	7	9	3	6	4

Sie haben 2 Millionen, 5 Hunderttausender, 7 Zehntausender, 9 Tausender, 3 Hunderter, 6 Zehner und 4 Einer. Die Tabelle zeigt, dass die Zahl 2.579.364 in die folgende Summe zerlegt werden kann:

$$2.579.364 = 2.000.000 + 500.000 + 70.000 + 9.000 + 300 + 60 + 4$$

Diese Aufschlüsselung verdeutlicht, dass Sie Zahlen jeder Größe mit zehn verschiedenen Ziffern und dem Stellenwertsystem zur Basis 10 darstellen können.

Führende Nullen und Platzhalter-Nullen

In einigen Fällen kann man Nullen weglassen, während sie in anderen Fällen als Platzhalter benötigt werden. Beachten Sie die folgenden Punkte bei der Aufschlüsselung der Zahl 0.030.207, die in der zweiten Mini-Tabelle dargestellt ist:

- **Platzhalter-Nullen:** Obwohl die Nullen in den Zehner- und Tausenderspalten der Zahl keinen Wert hinzufügen, handelt es sich um Platzhalter-Nullen, die es ermöglichen, dass die Ziffer 2 in der Hunderterspalte und die Ziffer 3 in der Zehntausenderspalte erscheint.
- **Führende Nullen:** Im Gegensatz dazu sind die beiden Nullen in den Millionen- und Hunderttausender-Spalten *führende Nullen*, die weder der Zahl einen Wert hinzufügen noch einen Platz für eine andere Ziffer bieten.

Millionen	Hunderttausender	Zehntausender	Tausender	Hunderter	Zehner	Einer
0	0	3	0	2	0	7

Die folgende Mini-Tabelle zeigt die Zahl 0.030.207, die fälschlicherweise ohne Nullen dargestellt ist. Wie ersichtlich, beeinträchtigt das Weglassen der führenden Nullen den Wert nicht, während das Entfernen der Platzhalter-Nullen den Wert von 30.207 in 327 verändert.

Millionen	Hunderttausende	Zehntausend	Tausende	Hunderte	Zehner	Einer
-	-	-	-	3	2	7

4. Betrachten Sie die Zahl 0.005.670.809.

   a. Wie viele führende Nullen hat diese Zahl?

   b. Wie viele Platzhalter-Nullen hat sie?

Die Division ganzer Zahlen

Die Division und Brüche sind eng miteinander verbunden. Bevor wir uns komplexeren Divisionen widmen, beginnen wir mit der *Division ganzer Zahlen mit Rest*. Diese liefert einen ganzzahligen Quotienten und einen *Rest*, der ebenfalls eine ganze Zahl ist und stets kleiner als der Teiler.

Division mit Rest

Im Abschnitt »Mathematische Grundbegriffe« haben wir folgende vier Operationen kennengelernt: Addition, Subtraktion, Multiplikation und Division. Bei den ersten drei Operationen führt die Verknüpfung ganzer Zahlen immer zu einer anderen ganzen Zahl.

Die Division bildet hier eine Ausnahme. Teilt man zwei ganze Zahlen durch einander, ist das Ergebnis nicht zwangsläufig wieder eine ganze Zahl. In manchen Fällen bleibt ein Rest übrig. Ein Beispiel: $11 \div 2 = 5$ r 1.

Die Schreibweise »5 r 1« bedeutet, dass das Ergebnis der Division ein Quotient von 5 und ein Rest von 1 ist.

Dem Kreislauf der Reste folgen

Bei jeder Division ist der Rest stets kleiner als der Divisor, also die Zahl, durch die geteilt wird.

Hier sind zwei Beispiele für Divisionen durch 5:

$9 \div 5 = 1 \text{ r } 4$ $\qquad$ $10 \div 5 = 2 \text{ r } 0$

Im ersten Beispiel ergibt 9 geteilt durch 5 das Ergebnis 1 Rest 4. Der Rest 4 ist der größtmögliche Rest bei einer Division durch 5. Im zweiten Beispiel erhöhen wir die Zahl auf 10 und erhalten 10 geteilt durch 5, was 2 Rest 0 ergibt. Der Quotient steigt, und der Rest wird null.

Da der Rest immer kleiner als der Teiler sein muss, wiederholen sich die Restbeträge in einem Zyklus, wenn wir die zu teilende Zahl erhöhen.

Um diese Periodizität der Reste zu veranschaulichen, fahre ich fort, durch 5 zu teilen, wobei ich den Dividenden schrittweise um 1 erhöhe, um die folgenden Ergebnisse zu erhalten:

$$9 \div 5 = 1 \text{ r } 4$$

$$10 \div 5 = 2 \text{ r } 0$$

$$11 \div 5 = 2 \text{ r } 1$$

$$12 \div 5 = 2 \text{ r } 2$$

$$13 \div 5 = 2 \text{ r } 3$$

$$14 \div 5 = 2 \text{ r } 4$$

$$15 \div 5 = 3 \text{ r } 0$$

$$16 \div 5 = 3 \text{ r } 1$$

Wie wir sehen, steigt der Rest mit jedem erhöhten Dividenden, bis er mit 4 seinen Höchstwert erreicht, der genau 1 unter dem Divisor von 5 liegt. Danach springt der Rest wieder auf 0, und der Quotient erhöht sich um 1.

Dieser Zyklus ist regelmäßig und vorhersehbar, wenn wir eine Division ganzer Zahlen durchführen.

5. Was ist der größtmögliche Rest, wenn man eine Division ganzer Zahlen mit einem Divisor von 12 durchführt?

6. Teilen Sie 17 durch 3. Teilen Sie dann 18 durch 3.

   a. Was passiert mit dem Quotienten?

   b. Was geschieht mit dem Rest?

Lösungen zu den Übungsaufgaben

1. **a.** Richtig. Die Anzahl der Bundesstaaten der Vereinigten Staaten kann zum Beispiel durch die indisch-arabische Zahl 50 oder die römische Zahl L dargestellt werden.

   b. Richtig. Jede der zehn Ziffern (0 bis 9) ist auch eine Zahl.

   c. Falsch. In der Mathematik bedeuten die Begriffe *Zahl* und *Wert* im Wesentlichen dasselbe.

   d. Falsch. Zum Beispiel ist $\frac{1}{2}$ eine Zahl, aber keine ganze Zahl.

2. **a.** Differenz; Subtraktion

   b. Produkt; Multiplikation

   c. Quotient; Division

   d. Summe; Addition

3. **a.** Natürliche Zahl, ganze Zahl, rationale Zahl

   b. Ganzzahlige, rationale Zahl

   c. Rationale Zahl

   d. Rationale Zahl

   e. Rationale Zahl

   f. Keine

4. **a.** 3 führende Nullen

   b. 2 Platzhalter-Nullen

5. 11; denn $12 - 1 = 11$

6. $17 \div 3 = 5 \text{ r } 2$ $18 \div 3 = 6 \text{ r } 0$

   a. Der Quotient steigt auf 6.

   b. Der Restbetrag wird auf 0 zurückgesetzt.

IN DIESEM KAPITEL

Die Teilbarkeit von Zahlen kennenlernen

Die Faktoren und Vielfachen einer Zahl ermitteln

Den größten gemeinsamen Faktor zweier Zahlen bestimmen

Das kleinste gemeinsame Vielfache eines Zahlenpaares berechnen

Kapitel 3
Faktoren und Multiplikatoren verstehen

Dieses Kapitel vermittelt Ihnen grundlegende Kenntnisse, die für den Umgang mit Brüchen unerlässlich sind. Ich beginne mit der Teilbarkeit und zeige Ihnen, wie Sie erkennen, wann eine Zahl durch eine andere teilbar ist.

Anschließend widmen wir uns den Faktoren und erklären, wie diese mit der Teilbarkeit zusammenhängen. Sie lernen, wie Sie alle Faktoren einer Zahl durch Bildung von Faktorenpaaren auflisten, Primzahlen von zusammengesetzten Zahlen unterscheiden und die Primfaktorzerlegung einer Zahl größer als 1 durchführen.

Außerdem führe ich Sie in das Konzept der Vielfachen ein. Während die Anzahl der Faktoren einer Zahl stets *endlich* ist, gibt es unendlich viele Vielfache jeder Zahl (außer 0). Darauf aufbauend entwickeln Sie zwei wichtige Fähigkeiten, die Ihnen beim Bruchrechnen helfen: das Finden des größten gemeinsamen Faktors (ggF) und des kleinsten gemeinsamen Vielfachen (kgV) eines Zahlenpaares.

Teilbarkeit verstehen

Die *Teilbarkeit*, also die Eigenschaft einer Zahl, ohne Rest teilbar zu sein, ist ein grundlegendes Konzept der Mathematik und insbesondere beim Umgang mit Brüchen von Bedeutung. In den folgenden Abschnitten erfahren Sie, wann eine

Zahl durch eine andere teilbar ist, und lernen einige nützliche Tricks kennen, mit denen Sie die Teilbarkeit erkennen können, ohne eine Division durchzuführen.

Eine Zahl ist durch eine andere *teilbar*, wenn die Division keinen Rest ergibt. (Für eine Auffrischung der Division mit und ohne Rest siehe Kapitel 2.)

- ✔ 8 ist durch 2 teilbar, da $8 \div 2 = 4$.
- ✔ 15 ist durch 3 teilbar, da $15 \div 3 = 5$.
- ✔ 21 ist durch 7 teilbar, da $21 \div 7 = 3$.

Und hier sind einige Beispiele für Unteilbarkeit:

- ✔ 9 ist nicht durch 2 teilbar, da $9 \div 2 = 4$ r 1.
- ✔ 17 ist nicht durch 3 teilbar, da $17 \div 3 = 5$ r 2.
- ✔ 34 ist nicht durch 7 teilbar, da $34 \div 7 = 4$ r 6.

Jede Zahl ist durch 1 teilbar, zum Beispiel gilt:

7 ist durch 1 teilbar, weil $7 \div 1 = 7$.

Jede Zahl (außer 0) ist durch sich selbst teilbar. Zum Beispiel gilt:

13 ist durch 13 teilbar, weil $13 \div 13 = 1$.

Nützliche Tricks zur Teilbarkeit

Wenn Sie das Konzept der Teilbarkeit verstanden haben, können Sie in der Regel leicht erkennen, ob eine kleine Zahl durch eine andere teilbar ist. Bei größeren Zahlen wird dies jedoch schwieriger. In den folgenden Abschnitten stelle ich Ihnen einige nützliche Tricks vor, mit denen Sie die Teilbarkeit erkennen können, ohne die Division tatsächlich durchzuführen.

Teilbarkeit durch Zehnerpotenzen: Ein Blick auf die Nullen

Eine Zahl ist genau dann durch 10 teilbar, wenn ihre letzte Ziffer eine 0 ist.

Teilbar durch 10			Nicht teilbar durch 10		
30	230	1.380	61	708	2.005

Eine Zahl ist genau dann durch 100 teilbar, wenn ihre letzten beiden Ziffern Nullen sind.

Teilbar durch 100			Nicht teilbar durch 100		
500	4.200	84.300	990	3.003	21.090

Eine Zahl ist genau dann durch 1.000 teilbar, wenn ihre letzten drei Ziffern Nullen sind.

Teilbar durch 1.000			Nicht teilbar durch 1.000		
3.000	24.000	179.000	5.300	24.990	46.005

Allgemein gilt: Eine Zahl, die mit *n* Nullen endet, wobei *n* eine beliebige natürliche Zahl ist, ist durch 10^n teilbar:

- ✔ 70.000 ist durch 10.000 teilbar (vier Nullen, 10^4)
- ✔ 800.000 ist durch 100.000 teilbar (fünf Nullen, 10^5)
- ✔ 5.000.000 ist durch 1.000.000 teilbar (sechs Nullen, 10^6)

Blick auf die letzte Ziffer: Teilbarkeit durch 5 und 2

Eine Zahl ist genau dann durch 5 teilbar, wenn ihre letzte Ziffer eine 5 oder eine 0 ist.

Teilbar durch 5			Nicht teilbar durch 5		
85	370	8.495	91	457	2.192

Eine Zahl ist genau dann durch 2 teilbar, wenn ihre letzte Ziffer eine 0, 2, 4, 6 oder 8 ist. Solche Zahlen werden als *gerade Zahlen* bezeichnet.

Teilbar durch 2			Nicht teilbar durch 2		
98	342	8.170	99	501	33.805

Addieren der Ziffern: Teilbarkeit durch 3 und 9

Um die Teilbarkeit einer Zahl durch 3 zu prüfen, addieren Sie die einzelnen Ziffern. Ist die Summe durch 3 teilbar, so ist auch die ursprüngliche Zahl durch 3 teilbar.

Teilbar durch 3	Nicht teilbar durch 3
84 (8 + 4 = 12)	91 (9 + 1 = 10)
513 (5 + 1 + 3 = 9)	628 (6 + 2 + 8 = 16)

Um die Teilbarkeit einer Zahl durch 9 zu prüfen, addieren Sie die einzelnen Ziffern. Ist die Summe durch 9 teilbar, so ist auch die ursprüngliche Zahl durch 9 teilbar.

Teilbar durch 9	Nicht teilbar durch 9
387 (3 + 8 + 7 = 18)	593 (5 + 9 + 3 = 17)
2.403 (2 + 4 + 0 + 3 = 9)	4.639 (4 + 6 + 3 + 9 = 22)

1. Bestimmen Sie für jede der folgenden vier Zahlen, ob sie durch 3 teilbar ist.

   a. 89

   b. 117

   c. 284

   d. 5.895

2. Bestimmen Sie für jede der folgenden vier Zahlen, ob sie durch 9 teilbar ist.

   a. 288

   b. 435

   c. 1.278

   d. 83.196

Alternierende Ziffernsummen: Teilbarkeit durch 11

Sie wissen vielleicht bereits, dass Zahlen zwischen 1 und 99 genau dann durch 11 teilbar sind, wenn ihre Einer- und Zehnerstelle identisch sind.

Teilbar durch 11			Nicht teilbar durch 11		
22	55	99	32	57	81

Eine Zahl zwischen 100 und 200 ist genau dann durch 11 teilbar, wenn die Summe ihrer ersten und letzten Ziffer der mittleren Ziffer entspricht.

Teilbar durch 11	Nicht durch 11 teilbar
132 $(1 + 2 = 3)$	142 $(1 + 2 \neq 4)$
165 $(1 + 5 = 6)$	177 $(1 + 7 \neq 7)$
198 $(1 + 8 = 9)$	189 $(1 + 9 \neq 8)$

Um die Teilbarkeit von Zahlen größer als 200 durch 11 zu prüfen, gehen Sie wie folgt vor:

1. **Markieren Sie die alternierenden Ziffern der Zahl, beginnend mit der ersten Ziffer.**

   Beispiel: Die Zahl 769.384 markieren Sie als $\boxed{7}6\boxed{9}3\boxed{8}4$

2. **Addieren Sie die markierten Ziffern.**

   $7 + 9 + 8 = 24$

3. **Addieren Sie die nicht markierten Ziffern.**

   $6 + 3 + 4 = 13$

4. **Ziehen Sie die kleinere der beiden Zahlen, die Sie in den Schritten 2 und 3 berechnet haben, von der größeren Zahl ab.**

   Wenn das Ergebnis 0, 11, 22 oder ein beliebiges Vielfaches von 11 ist, ist die Zahl durch 11 teilbar; andernfalls ist sie nicht teilbar.

   $24 - 13 = 11$, also ist 769.384 durch 11 teilbar.

3. Bestimmen Sie für jede der folgenden vier Zahlen, ob sie durch 11 teilbar ist.

a. 143

b. 178

c. 814

d. 3.828

Subtraktion bei großen Zahlen: Teilbarkeit durch 4 und 8

Um die Teilbarkeit einer beliebigen Zahl durch 4 zu prüfen, entfernen Sie alle Ziffern bis auf die letzten beiden und subtrahieren wiederholt 20, bis das Ergebnis zwischen 1 und 20 liegt. Ist dieses Ergebnis durch 4 teilbar, so ist auch die ursprüngliche Zahl durch 4 teilbar; andernfalls nicht.

Um die Teilbarkeit einer Zahl durch 8 zu prüfen, entfernen Sie alle Ziffern bis auf die letzten drei und subtrahieren wiederholt 200. Sobald die Differenz kleiner als 200 ist, subtrahieren Sie wiederholt 40, bis das Ergebnis zwischen 1 und 40 liegt. Ist dieses Ergebnis durch 8 teilbar, so ist auch die ursprüngliche Zahl durch 8 teilbar; andernfalls nicht.

Betrachten Sie diese Beispiele:

- **Teilbarkeit durch 4:** Um die Teilbarkeit von 39.576 durch 4 zu prüfen, entfernen Sie alle Ziffern bis auf die letzten beiden und subtrahieren so oft wie möglich 20:

  39.576 → 76 → 56 → 36 → 16

  Das Ergebnis 16 ist durch 4 teilbar, also ist auch 39.576 durch 4 teilbar.

- **Teilbarkeit durch 8:** Um die Teilbarkeit von 219.752 durch 8 zu prüfen, entfernen Sie alle Ziffern bis auf die letzten drei und subtrahieren so oft wie möglich 200, dann 40:

  219.752 → 752 → 552 → 352 → 152 → 112 → 72 → 32

  Das Ergebnis 32 ist durch 8 teilbar, also ist auch 219.752 durch 8 teilbar.

4. Bestimmen Sie für jede der folgenden Zahlen, ob sie durch 4 teilbar ist:

a. 318

b. 956

c. 8.542

d. 74.894

5. Bestimmen Sie für jede der folgenden vier Zahlen, ob sie durch 8 teilbar ist.

a. 248

b. 484

c. 6.504

d. 17.892

Kombinierte Teilbarkeitskriterien für 6, 12, 15 und 18

Nachdem Sie die grundlegenden Teilbarkeitskriterien für einzelne Teiler verinnerlicht haben, können Sie diese zu kombinierten Kriterien für zusammengesetzte Teiler erweitern. Tabelle 3.1 gibt Ihnen einen Überblick über diese Kombinationen.

Teilbarkeit prüfen durch	Teilbarkeit nachweisen durch
6	2 und 3
12	3 und 4
15	3 und 5
18	2 und 9

Tabelle 3.1: Kombinierte Teilbarkeitskriterien

Ein kombinierter Teilbarkeitstest ist nur dann erfüllt, wenn die zu prüfende Zahl *sämtliche* Einzelkriterien erfüllt. Andernfalls ist die Zahl nicht durch den zusammengesetzten Teiler teilbar.

In den folgenden Beispielen wird die Teilbarkeit durch andere Teiler geprüft:

✔ **Teilbarkeit durch 6:** Um die Teilbarkeit von 768 durch 6 zu verifizieren, sind die Teilbarkeiten durch 2 und 3 zu prüfen:

- *Teilbar durch 2:* Da die Einerstelle von 768 eine gerade Ziffer (8) ist, ist 768 durch 2 teilbar.
- *Teilbar durch 3:* Die Quersumme von 768 beträgt $7 + 6 + 8 = 21$. Da 21 durch 3 teilbar ist, ist auch 768 durch 3 teilbar.

Folglich ist 768 als durch 2 und 3 teilbare Zahl auch durch 6 teilbar.

- **Teilbarkeit durch 15:** Um die Teilbarkeit von 865 durch 15 zu untersuchen, sind die Teilbarkeitskriterien für 5 und 3 zu prüfen:
  - *Teilbar durch 5:* Da die Einerstelle von 865 eine 5 ist, ist 865 durch 5 teilbar.
  - *Teilbar durch 3:* Die Quersumme von 865 beträgt $8 + 6 + 5 = 19$. Da 19 nicht durch 3 teilbar ist, ist auch 865 nicht durch 3 teilbar.

  Folglich ist 865, da es nicht durch 3 teilbar ist, auch nicht durch 15 teilbar.

6. Welche der beiden Zahlen 698 und 726 ist durch 6 teilbar?
7. Welche der beiden Zahlen 786 und 852 ist durch 12 teilbar?
8. Welche der beiden Zahlen 975 und 1370 ist durch 15 teilbar?
9. Welche der beiden Zahlen 1746 und 2512 ist durch 18 teilbar?

Einführung in Faktoren und Vielfache

Die Konzepte von *Faktoren* und *Vielfachen* stehen in enger Beziehung zur Teilbarkeit. Daher ist es für ein tieferes Verständnis von Brüchen unerlässlich, sich mit diesen Begriffen vertraut zu machen. In den folgenden Abschnitten werden Sie eine detaillierte Einführung in beide Konzepte erhalten.

Zum Einstieg werden wir gemeinsam alle *Faktoren* (oder *Teiler*) einer gegebenen Zahl ermitteln, indem wir Faktorenpaare bilden. Des Weiteren werden wir die Konzepte von *Primzahlen* und *zusammengesetzten Zahlen* erkunden (Definitionen folgen im Abschnitt »Primzahlen kennenlernen«). Im Anschluss daran werden wir das eng verwandte Konzept der Vielfachen untersuchen und einige wesentliche Aspekte beleuchten.

Faktoren kennenlernen

Faktoren stehen in unmittelbarem Zusammenhang mit dem Konzept der Teilbarkeit, das ich im Abschnitt »Teilbarkeit verstehen« weiter oben in diesem Kapitel erläutert habe. Wenn eine Zahl durch eine zweite Zahl teilbar ist, dann ist die zweite Zahl ein *Faktor* der ersten Zahl. Hier sind einige Beispiele:

- **10 ist durch 2 teilbar,** daher ist 2 ein Faktor von 10.
- **12 ist durch 3 teilbar,** daher ist 3 ein Faktor von 12.

- ✔ **15 ist durch 5 teilbar,** daher ist 5 ein Faktor von 15.

Jede Zahl ist durch 1 teilbar, daher ist 1 ein Faktor jeder Zahl. Ebenso ist jede Zahl (außer 0) durch sich selbst teilbar, somit ist jede Zahl ein Faktor von sich selbst.

Folglich hat jede ganze Zahl größer als 1 mindestens zwei Faktoren: 1 und sich selbst. Zum Beispiel gilt:

- ✔ Sowohl **1 als auch 7** sind Faktoren von 7.
- ✔ Sowohl **1 als auch 34** sind Faktoren von 34.
- ✔ Sowohl **1 als auch 121** sind Faktoren von 121.

Bei positiven ganzen Zahlen sind alle Faktoren einer Zahl immer kleiner oder gleich der Zahl selbst. Achten Sie darauf, eine Zahl und ihre Faktoren nicht zu verwechseln. Zum Beispiel gilt:

- ✔ **2 ist ein Faktor von 12,** aber 12 ist kein Faktor von 2.
- ✔ **3 ist ein Faktor von 18,** aber 18 ist kein Faktor von 3.
- ✔ **7 ist ein Faktor von 35,** aber 35 ist kein Faktor von 7.

10. Beantworten Sie die folgenden Fragen.

a. Ist 3 ein Faktor von 78?

b. Ist 4 ein Faktor von 94?

c. Ist 5 ein Faktor von 6.785?

d. Ist 10.000 ein Faktor von 10?

Bestimmung von Faktorenpaaren

Eine effektive Methode zur Ermittlung der Faktoren einer Zahl besteht darin, alle Faktorenpaare dieser Zahl aufzulisten. Ein *Faktorenpaar* einer Zahl ist definiert als ein Paar von Zahlen, deren Produkt die ursprüngliche Zahl ergibt.

Tabelle 3.2 veranschaulicht die Faktorenpaare und Faktoren der Zahlen von 1 bis 12. Zusätzlich kennzeichnet sie jede Zahl als *Primzahl* (teilbar nur durch 1 und sich selbst) oder als *zusammengesetzte* Zahl (teilbar durch eine positive ganze Zahl kleiner als sie selbst, außer 1).

Zahl	Faktorenpaare	Faktoren	Prim- oder zusammengesetzte Zahl?
1	1 × 1	1	Weder Prim- noch zusammengesetzte Zahl
2	1 × 2	1 und 2	Primzahl
3	1 × 3	1 und 3	Primzahl
4	1 × 4 und 2 × 2	1, 2 und 4	Zusammengesetzte Zahl
5	1 × 5	1 und 5	Primzahl
6	1 × 6 und 2 × 3	1, 2, 3 und 6	Zusammengesetzte Zahl
7	1 × 7	1 und 7	Primzahl
8	1 × 8 und 2 × 4	1, 2, 4 und 8	Zusammengesetzte Zahl
9	1 × 9 und 3 × 3	1, 3 und 9	Zusammengesetzte Zahl
10	1 × 10 und 2 × 5	1, 2, 5 und 10	Zusammengesetzte Zahl
11	1 × 11	1 und 11	Primzahl
12	1 × 12, 2 × 6, und 3 × 4	1, 2, 3, 4, 6 und 12	Zusammengesetzte Zahl

Tabelle 3.2: Faktorenpaare zur Charakterisierung von Zahlen

Jede ganze Zahl ist durch 1 und sich selbst teilbar. Ganze Zahlen, die größer als 1 sind, haben daher mindestens diese beiden Faktoren.

Um die Faktorenpaare einer beliebigen Zahl zu ermitteln, beginnen Sie, indem Sie die Zahl 1 und die Zahl selbst notieren. Anschließend prüfen Sie die Zahl systematisch auf Teilbarkeit durch 2, 3, 4 usw., bis Sie alle Möglichkeiten ausgeschöpft haben. Falls weitere Faktorenpaare existieren, müssen diese im Bereich zwischen dem kleinsten gefundenen Faktor und seinem Gegenstück liegen.

Beispiel: Die Zahl 28 ist durch 2 teilbar und besitzt somit das Faktorenpaar 2 und 14. Alle weiteren Faktorenpaare müssen folglich zwischen diesen beiden Zahlen liegen. Um alle Faktorenpaare von 28 zu finden, gehen Sie wie folgt vor:

1. **Notieren Sie 1 und die Zahl selbst:**

   Jede Zahl hat das Faktorenpaar aus 1 und sich selbst. 28 = 1 × 28

2. **Prüfen Sie die Teilbarkeit durch 2:**

   Da 28 durch 2 teilbar ist, notieren Sie das Faktorenpaar 2 und 14: 28 = 2 × 14.

3. **Prüfen Sie die Teilbarkeit durch 3:**

   28 ist nicht durch 3 teilbar, daher existiert kein Faktorenpaar mit 3.

4. **Prüfen Sie die Teilbarkeit durch 4:**

   Ein Faktorenpaar von 28 ist 4 und 7: $28 = 4 \times 7$.

5. **Wiederholen Sie die Prüfung, bis Sie auf einen Faktor stoßen, der bereits in einem Ihrer Faktorenpaare enthalten ist:**

   Fahren Sie mit der Prüfung fort, bis Sie die Zahl 7 erreichen, die bereits Teil des Faktorenpaares 4×7 ist.

Da 28 nicht durch 5 oder 6 teilbar ist, können Sie sicher sein, dass 28 nur die drei Faktorenpaare 1×28, 2×14 und 4×7 besitzt.

11. Bestimmen Sie alle Faktorenpaare der folgenden Zahlen.

a. 18

b. 24

c. 27

d. 37

e. 42

f. 49

Primzahlen kennenlernen

Der vorangegangene Abschnitt hat gezeigt, dass jede ganze Zahl größer als 1 mindestens zwei Faktoren besitzt: 1 und die Zahl selbst. Zahlen, die genau zwei Faktoren haben (1 und sich selbst), werden als *Primzahlen* bezeichnet.

Ganze Zahlen, die mehr als zwei Faktoren aufweisen, d. h. zwei oder mehr Faktorenpaare, werden als *zusammengesetzte Zahlen* klassifiziert.

Tabelle 3.3 enthält eine Liste der 25 Primzahlen, die kleiner als 100 sind. Beachten Sie, dass 2, 3, 5 und 7 die ersten vier Primzahlen darstellen. Die Vertrautheit mit diesen Zahlen erleichtert die Arbeit in der Mathematik, insbesondere in der Bruchrechnung, erheblich.

Wertebereich	Primzahlen
0 bis 10	2 3 5 7
10 bis 20	11 13 17 19
20 bis 40	23 29 31 37
40 bis 60	41 43 47 53 59
60 bis 80	61 67 71 73 79
80 bis 100	83 89 97

Tabelle 3.3: Die 25 Primzahlen kleiner als 100

12. Zeigen Sie, dass jede der folgenden zusammengesetzten Zahlen keine Primzahl ist, indem Sie ein von 1 und der Zahl selbst verschiedenes Faktorenpaar angeben.

a. 4

b. 15

c. 39

d. 57

e. 81

f. 91

Die eindeutige Primfaktorzerlegung

Jede ganze Zahl größer als 1 lässt sich eindeutig als Produkt von Primzahlen darstellen. Diese fundamentale Idee ist so bedeutend, dass sie als *Fundamentalsatz der Arithmetik* bezeichnet wird.

Tabelle 3.4 veranschaulicht die Primfaktorzerlegungen aller ganzen Zahlen von 2 bis 25. Wie die Tabelle zeigt, ist jede Primzahl ihre eigene Primfaktorzerlegung, und jede zusammengesetzte Zahl lässt sich in ein Produkt von Primzahlen zerlegen, dessen Wert der ursprünglichen Zahl entspricht.

Ein hilfreiches Werkzeug zur Bestimmung der Primfaktorzerlegung einer Zahl ist der sogenannte *Faktorenbaum*. Dabei handelt es sich um ein Diagramm, das die schrittweise Zerlegung einer Zahl in ihre Primfaktoren veranschaulicht.

Zahl	Primfaktorzerlegung	Zahl	Primfaktorzerlegung	Zahl	Primfaktorzerlegung
2	2	10	2 × 5	18	2 × 3 × 3
3	3	11	11	19	19
4	2 × 2	12	2 × 2 × 3	20	2 × 2 × 5
5	5	13	13	21	3 × 7
6	2 × 3	14	2 × 7	22	2 × 11
7	7	15	3 × 5	23	23
8	2 × 2 × 2	16	2 × 2 × 2 × 2	24	2 × 2 × 2 × 3
9	3 × 3	17	17	25	5 × 5

Tabelle 3.4: Primfaktorzerlegungen der Zahlen 2 bis 25

Betrachten wir als Beispiel die Primfaktorzerlegung der Zahl 40:

1. **Schreiben Sie die Zahl 40 mit zwei Strichen darunter und verbinden Sie sie mit einem beliebigen Zahlenpaar, das sich mit 40 multiplizieren lässt.**

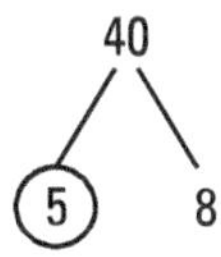

   In diesem Fall wurde das Faktorenpaar (5, 8) gewählt. Beachten Sie, dass 5 eingekreist wurde, da es sich um eine Primzahl handelt und nicht weiter zerlegt werden kann. 8 hingegen ist eine zusammengesetzte Zahl und muss weiter zerlegt werden.

2. **Zerlegen Sie den zusammengesetzten Faktor (8) weiter, indem Sie ihn mit seinem Faktorenpaar verbinden.**

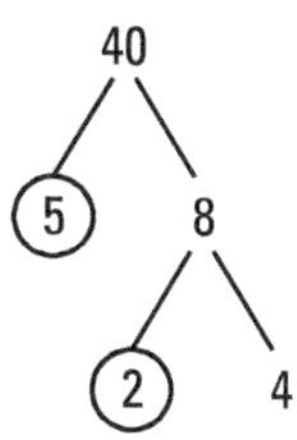

   2 ist eine Primzahl und wurde eingekreist, während 4 weiter zerlegt werden muss.

3. **Wiederholen Sie den zweiten Schritt für den verbleibenden zusammengesetzten Faktor (4), bis alle Faktoren Primzahlen sind.**

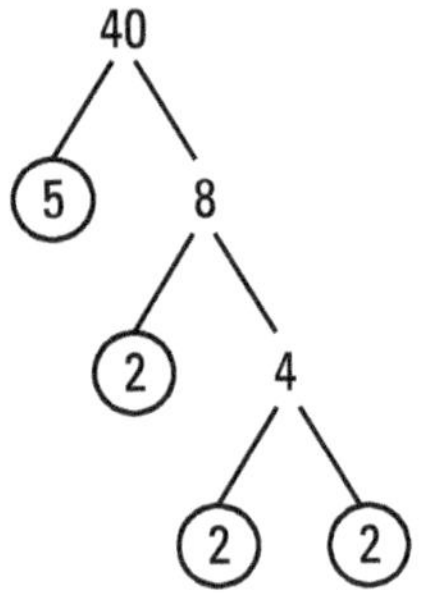

In diesem Schritt sind beide resultierenden Zahlen (Faktoren von 4) Primzahlen, also wurden sie beide eingekreist.

Sobald alle Zahlen am Ende des Faktorenbaums eingekreist sind, was bedeutet, dass sie Primzahlen darstellen, ist die Primfaktorzerlegung abgeschlossen. Die Primfaktorzerlegung von 40 lässt sich somit wie folgt darstellen: $2 \times 2 \times 2 \times 5$.

Bei der schriftlichen Darstellung der Primfaktorzerlegung ist es üblich, die Faktoren in aufsteigender Reihenfolge, also von der kleinsten zur größten Zahl, anzuordnen.

Warum ist die 1 keine Primzahl?

Lernende verwirrt es oft, das 1 weder eine Primzahl noch eine zusammengesetzte Zahl ist. Sie *scheint* doch wie eine Primzahl auszusehen, oder nicht? Die kurze Antwort, die Mathematiklehrkräfte manchmal geben, lautet: Die Zahl 1 ist *per Definition* weder eine Primzahl noch eine zusammengesetzte Zahl. Aber diese Antwort wirft die Frage auf, *warum* Mathematiker sie so definiert haben.

Wenn man versteht, wie man eine zusammengesetzte Zahl in ihre Primfaktoren zerlegt, wird diese Definition plötzlich klar: Wäre 1 eine Primzahl, könnte man an jede Primfaktorzerlegung einfach eine endlose Reihe von Einsen anhängen, da die Multiplikation mit 1 den Wert nicht verändert. Die Primfaktorzerlegungen von 4, 6, 8 und 9 sähen zum Beispiel wie folgt aus:

$4 = 2 \times 2 \times 1 \times 1 \times 1 \times 1 \times 1 \times \ldots$	$6 = 3 \times 2 \times 1 \times 1 \times 1 \times 1 \times 1 \times \ldots$
$8 = 2 \times 2 \times 2 \times 1 \times 1 \times 1 \times 1 \times \ldots$	$9 = 3 \times 3 \times 1 \times 1 \times 1 \times 1 \times 1 \times \ldots$

Wie diese Beispiele zeigen, ist die Hinzufügung einer unendlichen Reihe von Einsen am Ende jeder Primfaktorzerlegung nicht besonders hilfreich. Aus diesem Grund haben Mathematiker die Primzahlen so definiert, dass die 1 ausgeschlossen ist, was erklärt, warum die 1 wirklich die einsamste Zahl ist.

13. Bestimmen Sie die Primfaktorzerlegung der folgenden Zahlen:

a. 26

b. 33

c. 36

d. 48

e. 63

f. 100

Vielfache: Eine Einführung

Nachdem Sie sich mit dem Konzept der Faktoren auseinandergesetzt haben (siehe Abschnitt »Faktoren kennenlernen« weiter oben in diesem Kapitel), werden Sie feststellen, dass Vielfache deutlich einfacher zu bestimmen sind. Um die *Vielfachen* einer Zahl zu finden, multiplizieren Sie die Zahl einfach mit den natürlichen Zahlen (1, 2, 3 usw.). Hier sind die ersten 10 Vielfachen der Zahlen 2 bis 5:

- **Vielfache von 2:** 2, 4, 6, 8, 10, 12, 14, 16, 18, 20
- **Vielfache von 3:** 3, 6, 9, 12, 15, 18, 21, 24, 27, 30
- **Vielfache von 4:** 4, 8, 12, 16, 20, 24, 28, 32, 36, 40
- **Vielfache von 5:** 5, 10, 15, 20, 25, 30, 35, 40, 45, 50

Die Menge der Vielfachen einer Zahl ist *unendlich*.

14. Bestimmen Sie die ersten fünf Vielfachen der folgenden Zahlen:

a. 7

b. 11

c. 13

d. 15

e. 21

f. 35

Der Zusammenhang zwischen Faktoren und Vielfachen

In diesem Abschnitt möchte ich Ihnen den Zusammenhang zwischen den Konzepten der Faktoren (siehe Abschnitt »Faktoren kennenlernen« weiter oben in diesem Kapitel) und der Vielfachen (die im vorangegangenen Abschnitt erläutert wurden) verdeutlichen.

Faktoren und Vielfache sind inverse Konzepte: Wenn eine Zahl ein Faktor einer zweiten Zahl ist, dann ist die zweite Zahl ein Vielfaches der ersten Zahl.

Beispiele:

- ✔ **2 ist ein Faktor von 14,** also ist 14 ein Vielfaches von 2.
- ✔ **5 ist ein Faktor von 35,** also ist 35 ein Vielfaches von 5.
- ✔ **9 ist ein Faktor von 90,** also ist 90 ein Vielfaches von 9.

15. Vervollständigen Sie die folgenden Sätze für jedes der nachstehenden Zahlenpaare: _____ ist ein Faktor von _____, und _____ ist ein Vielfaches von _____.

a. 2 und 8

b. 3 und 24

c. 7 und 42

d. 25 und 75

Mit dem größten gemeinsamen Teiler groß rauskommen

In den folgenden Abschnitten erfahren Sie, wie Sie den größten gemeinsamen Teiler (ggT) von zwei oder mehr Zahlen bestimmen können (*Teiler* oder *Faktoren* werden im Abschnitt »Einführung in Faktoren und Vielfache« weiter oben in diesem Kapitel behandelt). Die Bestimmung des ggT kann anfangs aufwendig erscheinen, aber mit etwas Übung können Sie viele grundlegende Berechnungen im Kopf durchführen.

Die Fähigkeit, den ggT zu bestimmen, ist besonders hilfreich bei der Arbeit mit Brüchen. Ich werde mein Bestes tun, Ihnen eine klare und verständliche Einführung in dieses Konzept zu geben.

Gemeinsame Faktoren bestimmen

Ein guter Ausgangspunkt für das Verständnis des größten gemeinsamen Teilers (ggT) ist die Ermittlung der *gemeinsamen Teiler* eines Zahlenpaares, das heißt der Faktoren, die beide Zahlen teilen.

Betrachten wir als Beispiel die gemeinsamen Faktoren der Zahlen 12 und 16:

1. **Listen Sie alle Faktoren der beiden Zahlen auf.**

   Wie Sie die Teiler bestimmen, wird im Abschnitt »Faktoren kennenlernen« weiter oben in diesem Kapitel erläutert.

   - *Faktoren von 12:* 1, 2, 3, 4, 6, 12
   - *Faktoren von 16:* 1, 2, 4, 8, 16

2. **Identifizieren Sie die Faktoren, die beide Zahlen gemeinsam haben.**

   Die gemeinsamen Faktoren sind die Zahlen, die in beiden Listen vorkommen. In diesem Fall sind die gemeinsamen Faktoren von 12 und 16: 1, 2 und 4.

Die Zahl 1 ist ein Faktor jeder positiven ganzen Zahl und somit immer ein gemeinsamer Faktor eines beliebigen Zahlenpaares oder einer Zahlengruppe.

Mit etwas Übung können Sie die gemeinsamen Faktoren eines Paares relativ kleiner Zahlen oft ohne formale Auflistung ermitteln.

Betrachten wir als Beispiel die Zahlen 18 und 20. Die gemeinsamen Faktoren dieser beiden Zahlen umfassen offensichtlich 1. Da beide Zahlen gerade sind, ist auch 2 ein gemeinsamer Faktor. Wenn Sie über weitere mögliche Faktoren nachdenken, werden Sie feststellen, dass keine anderen Zahlen infrage kommen. Die einzigen gemeinsamen Faktoren von 18 und 20 sind somit 1 und 2.

16. Bestimmen Sie die gemeinsamen Faktoren der folgenden Zahlenpaare. Sie können entweder die Faktoren beider Zahlen formal auflisten oder durch Nachdenken die gemeinsamen Faktoren informell ermitteln.

a. 4 und 10

b. 15 und 20

c. 16 und 24

d. 18 und 21

e. 27 und 28

f. 36 und 48

Den größten gemeinsamen Teiler (ggT) finden

Nachdem Sie die gemeinsamen Faktoren eines Zahlenpaares ermitteln können (siehe vorheriger Abschnitt), ist die Bestimmung des größten gemeinsamen Teilers (ggT) unkompliziert: Der ggT ist einfach der größte Faktor in der Liste der gemeinsamen Faktoren.

Im vorangegangenen Abschnitt wurde festgestellt, dass die gemeinsamen Faktoren von 12 und 16 die Zahlen 1, 2 und 4 sind. Der ggT von 12 und 16 ist folglich 4.

17. Bestimmen Sie den ggT aller sechs Zahlenpaare aus Aufgabe 16.

Tricks zur Bestimmung des ggT

Mit etwas Übung können Sie den ggT vieler Zahlenpaare ohne großen Aufwand ermitteln. Mit einigen hilfreichen Tricks können Sie diese Fähigkeit fast zu einer Superkraft ausbauen.

Beachten Sie diese Tricks zur Bestimmung des ggT:

- **Vergessen Sie nicht die Zahl 1.** Sie ist ein gemeinsamer Faktor jedes Zahlenpaares. In vielen Fällen ist 1 sogar der *einzige* gemeinsame Faktor und somit der ggT.

Sind zwei Zahlen aufeinanderfolgend, wie beispielsweise 7 und 8, ist ihr ggT *immer* 1.

- **Differenz als obere Grenze:** Der ggT zweier Zahlen ist niemals größer als die Differenz zwischen diesen Zahlen. Daher ist der ggT zweier aufeinanderfolgender gerader Zahlen (zum Beispiel 2 und 4 oder 10 und 12) immer 2, der ggT zweier aufeinanderfolgender Zahlen, die beide durch 3 teilbar sind (zum Beispiel 3 und 6 oder 12 und 15), immer 3 usw.
- **Nutzen Sie die Multiplikationstabelle.** Wenn Sie den ggT eines Zahlenpaares suchen, überlegen Sie, wo jede Zahl in der Multiplikationstabelle vorkommt.

Beispiel: Um den ggT von 35 und 49 zu finden, erkennen Sie, dass beide Zahlen in der 7er-Multiplikationstabelle vorkommen ($35 = 7 \times 5$ und $49 = 7 \times 7$). Da 5 und 7 Primzahlen sind, ist 7 der größte gemeinsame Faktor von 35 und 49, also ist der ggT von 35 und 49 gleich 7.

18. Bestimmen Sie den ggT der folgenden Zahlenpaare:

a. 10 und 11

b. 18 und 20

c. 25 und 27

d. 5 und 30

e. 36 und 42

f. 40 und 64

Mit dem kleinsten gemeinsamen Vielfachen spielen

Ähnlich wie der größte gemeinsame Teiler (ggT) (siehe Abschnitt »Den größten gemeinsamen Teiler (ggT) finden« weiter oben in diesem Kapitel) ist auch das kleinste gemeinsame Vielfache (kgV) ein wichtiges mathematisches Konzept, das besonders bei der Arbeit mit Brüchen nützlich ist. In den folgenden Abschnitten erfahren Sie, wie Sie das kleinste gemeinsame Vielfache eines Zahlenpaares bestimmen können.

Bestimmung des kleinsten gemeinsamen Vielfachen (kgV)

Um das kgV zweier Zahlen zu finden, die nicht zu groß und unheimlich sind (zum Beispiel kleiner als 12), können Sie die Vielfachen beider Zahlen auflisten und die erste Zahl finden, die in beiden Listen vorkommt.

Folgen Sie diesen einfachen Schritten, um das kgV von 6 und 8 zu finden:

1. **Listen Sie die Vielfachen der einzelnen Zahlen auf:**
   - *Vielfache von 6:* 6, 12, 18, **24**, 30, …
   - *Vielfache von 8:* 8, 16, **24**, 32, 40, …
2. **Identifizieren Sie das kleinste gemeinsame Vielfache:**

   Die erste Zahl, die in beiden Listen vorkommt, ist 24. Somit ist das kgV von 6 und 8 gleich 24.

19. Bestimmen Sie das kgV der folgenden Zahlenpaare:

a. 2 und 8

b. 3 und 5

c. 4 und 6

d. 6 und 9

e. 8 und 10

f. 9 und 12

Tricks zur Berechnung des kgV

Wenn die Zahlen, mit denen Sie arbeiten, größer als 12 sind, kann die Bestimmung des kgV schwieriger sein als die des ggT. Hier sind einige Tipps, die Ihnen helfen können:

- **Vielfache einer Zahl:** Wenn eine Zahl ein Vielfaches einer anderen Zahl ist, ist die erste Zahl auch das kgV der beiden Zahlen.

  Beispiel: Da 24 ein Vielfaches von 8 ist, ist 24 das kgV von 8 und 24.

- **ggT gleich 1:** Wenn der ggT zweier Zahlen 1 ist, ist das kgV dieser beiden Zahlen ihr Produkt.

  Beispiel: Der ggT von 10 und 13 ist 1, also ist das kgV von 10 und 13 gleich $10 \times 13 = 130$.

- **Verwendung des ggT:** In schwierigeren Fällen kann das kgV durch Division des Produkts der beiden Zahlen durch ihren ggT berechnet werden.

  Beispiel: Um das kgV von 8 und 18 zu finden, multiplizieren Sie 8 mit 18 und dividieren das Ergebnis durch den ggT von 8 und 18, der 2 ist: $8 \times 18 \div 2 = 72$.

20. Bestimmen Sie das kleinste gemeinsame Vielfache (kgV) der folgenden Zahlenpaare:

a. 6 und 14

b. 7 und 28

c. 8 und 15

d. 9 und 21

e. 10 und 17

f. 25 und 35

Lösungen zu den Übungsaufgaben

1. **a.** Nein; $8 + 9 = 17$ und $17 \div 3 = 5r2$

   b. Ja; $1 + 1 + 7 = 9$ und $9 \div 3 = 3$

   c. Nein; $2 + 8 + 4 = 14$ und $14 \div 3 = 4r2$

   d. Ja; $5 + 8 + 9 + 5 = 27$ und $27 \div 3 = 9$

2. **a.** Ja; $2 + 8 + 8 = 18$ und $18 \div 9 = 2$

   b. Nein; $4 + 3 + 5 = 12$ und $12 \div 9 = 1r3$

   c. Ja; $1 + 2 + 7 + 8 = 18$ und $18 \div 9 = 2$

   d. Ja; $8 + 3 + 1 + 9 + 6 = 27$ und $27 \div 3 = 9$

3. **a.** Ja; $1 + 3 = 4$

   b. Nein; $1 + 8 \neq 7$

   c. Ja; $8 + 4 = 12$; $12 - 1 = 11$; $11 \div 11 = 1$

   d. Ja; $3 + 2 = 5$; $8 + 8 = 16$;

   $16 - 5 = 11$; $11 \div 11 = 1$

4. **a.** Nein; $318 \rightarrow 18$; $18 \div 4 = 4r2$

   b. Ja; $956 \rightarrow 56$; $56 - 20 = 36$; $36 - 20 = 16$; $16 \div 4 = 4$

   c. Nein; $8.542 \rightarrow 42$; $42 - 20 = 22$; $22 - 20 = 2$; $2 \div 4 = 0r2$

   d. Nein; $74.894 \rightarrow 94$; $94 - 20 = 74$; $74 - 20 = 54$; $54 - 20 = 34$; $34 - 20 = 14$; $14 \div 4 = 3r2$

5. **a.** Ja; $248 - 200 = 48$; $48 - 40 = 8$; $8 \div 8 = 1$

   b. Nein; $484 - 200 = 284$; $284 - 200 = 84$; $84 - 40 = 44$; $44 - 40 = 4$; $4 \div 8 = 0r2$

   c. Ja; $6.504 \rightarrow 504$; $504 - 200 = 304$; $304 - 200 = 104$; $104 - 40 = 64$; $64 - 40 = 24$; $24 \div 8 = 3$

   d. Nein; $17.892 \rightarrow 892$; $892 - 200 = 692$; $692 - 200 = 492$; $492 - 200 = 292$; $292 - 200 = 92$; $92 - 40 = 52$; $52 - 40 = 12$; $12 \div 8 = 1r4$

6. 726

Beide Zahlen sind durch 2 teilbar:

$698 \div 2 = 349; 726 \div 2 = 363$

Nur 726 ist durch 3 teilbar:

$6 + 9 + 8 = 23$ und $23 \div 3 = 7r2$

$7 + 2 + 6 = 15$ und $15 \div 3 = 5$

7. 852

Beide Zahlen sind durch 3 teilbar:

$7 + 8 + 6 = 21; 21 \div 3 = 7$

$8 + 5 + 2 = 15; 15 \div 3 = 5$

Nur 852 ist durch 4 teilbar:

$786 \rightarrow 86; 86 - 20 = 66; 66 - 20 = 46; 46 - 20 = 26; 26 - 20 = 6;$
$6 \div 4 = 1r2$

$852 \rightarrow 52; 52 - 20 = 32; 32 - 20 = 12; 12 \div 4 = 3$

8. 975

Beide Zahlen sind durch 5 teilbar:

$975 \div 5 = 195; 1370 \div 5 = 274$

Nur 975 ist durch 3 teilbar:

$9 + 7 + 5 = 21; 21 \div 3 = 7$

$1 + 3 + 7 + 0 = 11; 11 \div 3 = 3r2$

9. 1.746

Sowohl 1.746 als auch 2.512 sind durch 2 teilbar:

$1746 \div 2 = 873; 2512 \div 2 = 1256$

Nur 1.746 ist durch 9 teilbar:

$1 + 7 + 4 + 6 = 18; 18 \div 9 = 2$

$2 + 5 + 1 + 2 = 10; 10 \div 9 = 1r1$

10. **a.** Ja; $78 \div 3 = 26$

b. Nein; $94 \div 4 = 23r2$

c. Ja; 6.785 endet mit 5, ist also durch 5 teilbar.

d. Nein; 10.000 ist größer als 10. (10 ist jedoch ein Faktor von 10.000.)

11. **a.** 18: (1, 18), (2, 9), (3, 6)

b. 24: (1, 24), (2, 12), (3, 8), (4, 6)

c. 27: (1, 27), (3, 9)

d. 37: (1, 37)

e. 42: (1, 42), (2, 21), (3, 14), (6, 7)

f. 49: (1, 49), (7, 7)

12. **a.** 2×2

b. 3×5

c. 3×13

d. 3×19

e. 3×27 und 9×9

f. 7×13

13. **a.** 2×13

b. 3×11

c. $2 \times 2 \times 3 \times 3$

d. $2 \times 2 \times 2 \times 2 \times 3$

e. $3 \times 3 \times 7$

f. $2 \times 2 \times 5 \times 5$

14. **a.** 7, 14, 21, 28, 35

b. 11, 22, 33, 44, 55

c. 13, 26, 39, 52, 65

d. 15, 30, 45, 60, 75

e. 21, 42, 63, 84, 105

f. 35, 70, 105, 140, 175

15. **a.** 2 ist ein Faktor von 8, und 8 ist ein Vielfaches von 2.

b. 3 ist ein Faktor von 24, und 24 ist ein Vielfaches von 3.

c. 7 ist ein Faktor von 42, und 42 ist ein Vielfaches von 7.

d. 25 ist ein Faktor von 75, und 75 ist ein Vielfaches von 25.

16. **a.** 1 und 2

b. 1 und 5

c. 1, 2, 4 und 8

d. 1 und 3

e. 1

f. 1, 2, 3, 4, 6 und 12

17. **a.** 2

b. 5

c. 8

d. 3

e. 1

f. 12

18. **a.** 1

b. 2

c. 1

d. 5

e. 6

f. 8

19. **a.** 8

b. 15

c. 12

d. 18

e. 40

f. 36

20. **a.** ggT = 2; kgV = $6 \times 14 \div 2 = 42$

b. 28 (28 ist ein Vielfaches von 7)

c. ggT = 1; kgV = $8 \times 15 = 120$

d. ggT = 3; kgV = $9 \times 21 \div 3 = 63$

e. 170; der ggT von 10 und 17 ist 1, also ist der kgV $10 \times 17 = 170$

f. 175; der ggT von 25 und 35 ist 5, also ist der kgV $25 \times 35 \div 5 = 175$

Teil II

Brüche

IN DIESEM TEIL …

- Mit Brüchen arbeiten, inklusive Vereinfachen und Ermitteln eines gemeinsamen Nenners
- Brüche addieren, subtrahieren, multiplizieren und dividieren
- Die vier Grundrechenarten bei gemischten Zahlen anwenden
- Textaufgaben mit Brüchen lösen

IN DIESEM KAPITEL

- Visuelle Darstellung von Brüchen
- Einführung in die grundlegende Terminologie der Bruchrechnung
- Bestimmung der Gleichwertigkeit von Brüchen
- Umwandlung zwischen unechten Brüchen und gemischten Zahlen
- Vergleich relativer Werte von Brüchen

Kapitel 4
Darstellung von Brüchen

Brüche sind Zahlen, die Teile eines Ganzen repräsentieren. In der realen Welt ermöglichen Brüche die Berechnung von Teilen teilbarer Gegenstände, wie beispielsweise eines Kuchens oder eines Apfels. Auf dem *Zahlenstrahl*, der visuellen Darstellung von Zahlen auf einer linearen Achse, liegen Brüche zwischen den ganzen Zahlen.

In diesem Kapitel beginne ich mit der Wiederholung grundlegender Informationen über Brüche, die Ihnen möglicherweise bereits bekannt sind, die Sie aber noch nicht vollständig verinnerlicht haben. Ich mache Sie mit zwei einfachen, aber wesentlichen Modellen vertraut, die Ihr Verständnis von Brüchen und deren Anwendung vertiefen. Zudem wird das Vokabular der Bruchrechnung durch die Einführung relevanter Konzepte und deren zugehöriger Terminologie erläutert. Sie werden lernen, äquivalente oder gleichwertige Brüche zu identifizieren, und dieses Wissen nutzen, um die Darstellung eines Bruchs zu verändern, ohne dessen Wert zu beeinflussen.

Zur Vervollständigung Ihres Verständnisses von Brüchen werden Sie lernen, wie Sie zwischen *unechten Brüchen* (deren Wert einer ganzen Zahl plus eines Bruchteils einer ganzen Zahl entspricht) und *gemischten Zahlen* (dargestellt als ganze Zahl zuzüglich eines *echten Bruchs*, also eines Bruchs mit einem Wert zwischen 0 und 1) umrechnen. Sie werden sich auch mit negativen Brüchen auseinandersetzen und dieses Wissen anwenden, um die relative Größe von Brüchen zu bestimmen.

Visualisierung von Brüchen

Brüche sind ein präzises Mittel, um Teile eines Ganzen zu messen. In den folgenden Abschnitten werden zwei wesentliche Methoden zur Modellierung und zum Verständnis von Brüchen vorgestellt. Zudem werden Sie wichtige grundlegende Begriffe der Bruchrechnung kennenlernen, die in diesem Buch häufig verwendet werden.

Kreissegmente zur Darstellung von Teilen des Ganzen verwenden

Ein anschauliches Modell zum Verständnis von Brüchen ist ein Kreis, der in gleich große Teile geteilt ist. Betrachten wir als Beispiel einen Kreis, der in folgende Teile geteilt wird:

- ✔ **Zwei gleiche Teile:** Jeder Teil wird als *eine Hälfte* des gesamten Kreisdiagramms bezeichnet. Eine Hälfte eines Kreisdiagramms kann durch den Bruch $\frac{1}{2}$ dargestellt werden.
- ✔ **Drei gleiche Teile:** Jeder Teil wird als *ein Drittel* des gesamten Kreisdiagramms bezeichnet. Dieser Wert wird durch den Bruch $\frac{1}{3}$ dargestellt.
- ✔ **Vier gleiche Teile:** Jeder Teil wird als *ein Viertel* des gesamten Kreisdiagramms bezeichnet. Dieser Wert wird durch den Bruch $\frac{1}{4}$ dargestellt.

Wenn ein Ganzes in b gleich große Teile geteilt wird (wobei b eine *Variable* ist, das heißt, ein Symbol, dessen Wert sich ändern kann), repräsentiert der Bruch $\frac{1}{b}$ im Allgemeinen den Wert eines dieser gleich großen Teile.

Abbildung 4.1 zeigt die Brüche aus der vorangegangenen Liste – sowie einige weitere –, als unterteilte Kreisdiagramme dargestellt.

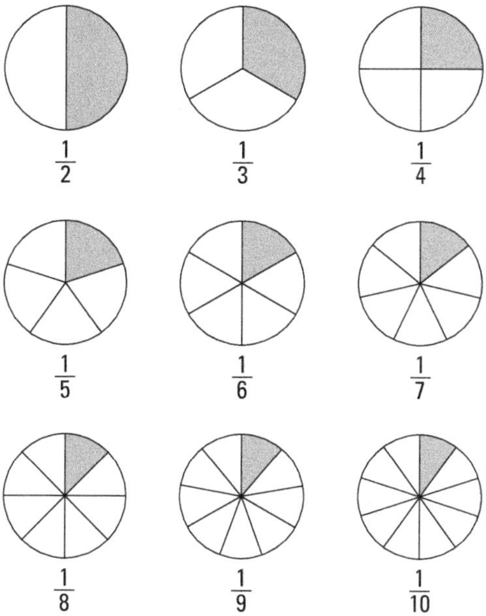

Abbildung 4.1: Unterteilte Kreisdiagramme, die die Brüche $\frac{1}{2}$ bis $\frac{1}{10}$ darstellen

Sie können dieses Modell weiterentwickeln, indem Sie eine bestimmte Anzahl von Teilen in jedem Kreis schattieren, um einen Bruch darzustellen, wie in Abbildung 4.2 gezeigt. Die folgende Mini-Tabelle veranschaulicht die Darstellung der Brüche.

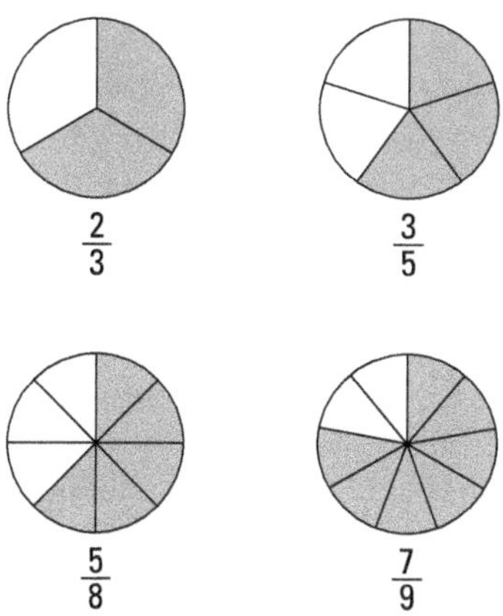

Abbildung 4.2: Kreisdarstellungen weiterer Bruchwerte, die kleiner als 1 sind

Bruch	Schattierung
$\frac{2}{3}$	Zwei von drei gleich großen Teilen des Kreisdiagramms sind schattiert.
$\frac{3}{5}$	Drei von fünf gleich großen Teilen des Kreisdiagramms sind schattiert.
$\frac{5}{8}$	Fünf von acht gleich großen Teilen des Kreisdiagramms sind schattiert.
$\frac{7}{9}$	Sieben von neun gleich großen Teilen des Kreisdiagramms sind schattiert.

1. Ermitteln Sie den Bruch, der durch jedes der folgenden vier Kreismodelle dargestellt wird.

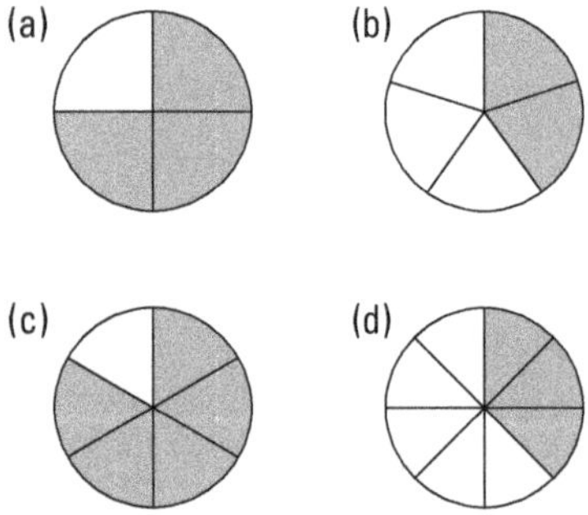

Arbeiten mit Brüchen auf dem Zahlenstrahl

Als Alternative zu den im vorangegangenen Abschnitt beschriebenen Modellen sind Zahlenstrahlen eine weitere nützliche Methode zur visuellen Darstellung von Brüchen. Möglicherweise sind Sie eher daran gewöhnt, ganze Zahlen wie 0, 1, 2 usw. auf einem Zahlenstrahl darzustellen. In diesem Abschnitt zeige ich Ihnen, wie Sie Brüche in einen Zahlenstrahl einfügen können.

Bei der Erstellung eines Zahlenstrahls für Brüche ist es ratsam, sich zunächst auf den Bereich zwischen 0 und 1 auf einem Zahlenstrahl für ganze Zahlen zu konzentrieren. Anschließend können Sie, analog zum Unterteilen von Kreisdiagrammen in gleich große Teile (siehe vorheriger Abschnitt), dieses Segment des Zahlenstrahls in 2, 3, 4 oder mehr gleich große Teile unterteilen, wie in Abbildung 4.3 dargestellt.

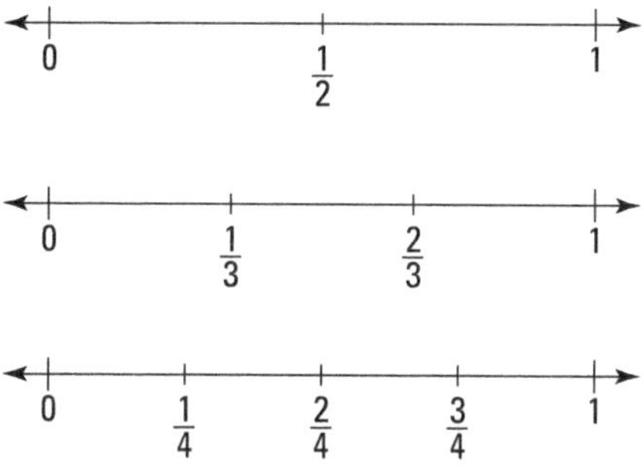

Abbildung 4.3: Segmentierung eines Zahlenstrahls

Ein Vorteil eines Zahlenstrahls ist, dass es neben der Unterteilung in gleich große Abschnitte weitere Möglichkeiten gibt. In Abbildung 4.4 wird der Zahlenstrahl beispielsweise in Hälften, Drittel und Viertel unterteilt, die auf diesem Zahlenstrahl angeordnet werden.

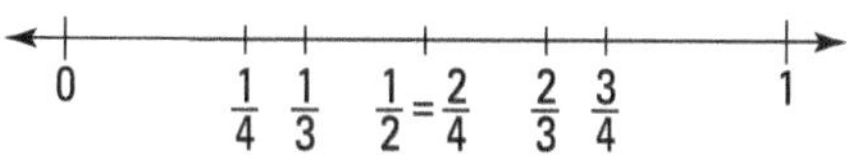

Abbildung 4.4: Unterteilung eines Zahlenstrahls mit verschiedenen gleich großen Abschnitten

In Abbildung 4.4 werden zwei äquivalente Brüche $\left(\frac{1}{2} \text{ und } \frac{2}{4}\right)$ durch dieselbe vertikale Markierung auf dem Zahlenstrahl dargestellt. (Weitere Informationen zu äquivalenten Brüchen finden Sie im Abschnitt »Äquivalente Brüche verstehen« weiter unten in diesem Kapitel.) Beachten Sie auch, dass alle anderen Werte auf dem Zahlenstrahl in der Reihenfolge vom kleinsten (links) zum größten (rechts) erscheinen.

2. Bestimmen Sie den Bruchwert, der durch den schwarzen Kreis auf jedem der folgenden Zahlenstrahlen dargestellt wird.

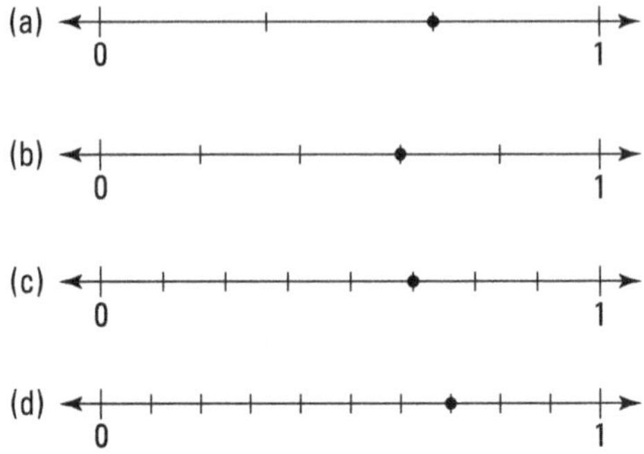

Die grundlegende Terminologie der Bruchrechnung verstehen

Sobald Sie die Bedeutung eines Bruchs verinnerlicht haben, können Sie Brüche auch ohne visuelle Hilfsmittel verwenden (siehe Abschnitt »Visualisierung von Brüchen« weiter oben in diesem Kapitel). In den folgenden Abschnitten erläutere ich grundlegende Begriffe, die Ihnen die Arbeit mit Brüchen erleichtern.

Zähler und Nenner

Die obere Zahl eines Bruchs (oberhalb des Bruchstrichs) wird als *Zähler*, die untere Zahl (unterhalb des Bruchstrichs) als *Nenner* bezeichnet. Beispielsweise ist im Bruch $\frac{3}{8}$ die Zahl 3 der Zähler und die Zahl 8 der Nenner.

Der Zähler gibt die Anzahl der gleich großen Teile an, die durch den Bruch dargestellt werden (in diesem Fall 3 schattierte Teile), während der Nenner die Gesamtzahl der gleich großen Teile angibt, in die das Ganze unterteilt ist (insgesamt 8 Teile).

3. Bestimmen Sie für jeden der folgenden vier Brüche den Zähler und den Nenner.

a. $\frac{1}{5}$

b. $\frac{3}{7}$

c. $\frac{9}{10}$

d. $\frac{17}{50}$

Echte und unechte Brüche

Ein *echter Bruch* ist ein Bruch, dessen Zähler kleiner als sein Nenner ist. Ein positiver echter Bruch repräsentiert stets einen Wert zwischen 0 und 1 auf dem Zahlenstrahl.

Im Gegensatz dazu ist ein *unechter Bruch* ein Bruch, dessen Zähler entweder größer oder gleich dem Nenner ist. Ein positiver unechter Bruch repräsentiert stets einen Wert von 1 oder mehr.

4. Bestimmen Sie für jeden der folgenden Brüche, ob es sich um einen echten oder unechten Bruch handelt.

a. $\frac{8}{9}$

b. $\frac{11}{7}$

c. $\frac{101}{100}$

d. $\frac{23}{23}$

Darstellung von ganzen Zahlen als Brüche

Jede ganze Zahl und jede negative ganze Zahl kann als Bruch dargestellt werden, indem Sie diese Zahl als Zähler eines Bruchs mit dem Nenner 1 schreiben. Zum Beispiel gilt:

$$7 = \frac{7}{1} \quad 100 = \frac{100}{1}$$

$$0 = \frac{0}{1} \quad -5 = \frac{-5}{1} = -\frac{5}{1}$$

Hinweis: Die vorangegangenen Beispiele enthalten einen negativen Bruch, der üblicherweise mit einem Minuszeichen vor dem Bruchstrich und nicht als Teil des Zählers oder Nenners dargestellt wird.

5. Stellen Sie jede der folgenden ganzen Zahlen als Bruch dar.

a. 7

b. 100

c. 0

d. −3

Warum ist der Nenner Null nicht definiert?

Im vorangegangenen Abschnitt wurde erklärt, dass der Bruch $\frac{0}{1}$ gleich 0 ist. Ebenso ist jeder Bruch, dessen Zähler 0 ist, gleich 0, unabhängig von seinem Nenner. Beispiele sind:

$$\frac{0}{2} = 0 \quad \frac{0}{100} = 0 \quad \frac{0}{-8} = 0$$

Ein Bruch mit dem Zähler 0 ist stets definiert. Wenn nichts vorhanden ist (dargestellt durch 0), spielt es keine Rolle, in wie viele Teile man es aufteilen möchte – das Resultat bleibt stets null.

Der Nenner eines Bruchs darf jedoch niemals null sein. Mathematisch formuliert: Ein Bruch mit dem Nenner 0 ist *undefiniert*.

Ein einfacher Weg, um zu verstehen, warum der Nenner eines Bruchs nicht 0 sein darf, ist folgender: Der Nenner eines Bruchs gibt an, in wie viele gleich große Teile ein Ganzes unterteilt wird. Ein Ganzes kann in jede beliebige positive Anzahl von Teilen zerlegt werden, jedoch nicht in null Teile, da es stets mindestens ein Teil geben muss – nämlich das Ganze selbst.

6. Bestimmen Sie, ob die folgenden Brüche definiert oder undefiniert sind.

a. $\frac{1}{17}$

b. $\frac{5}{0}$

c. $\frac{0}{13}$

d. $\frac{0}{0}$

Brüche und ihre Kehrwerte

Der *Kehrwert* eines Bruchs (auch *Reziprokwert* genannt) ist der Bruch, der entsteht, wenn *Zähler* und *Nenner* vertauscht werden.

Tabelle 4.1 enthält einige Beispiele für Brüche und ihre Kehrwerte. Die Tabelle veranschaulicht, dass der Kehrwert einer positiven Zahl stets positiv und der Kehrwert einer negativen Zahl stets negativ ist. Darüber hinaus ist der Kehrwert eines Bruchs mit dem Zähler 1 eine ganze Zahl.

Bruch	Kehrwert
$\frac{2}{3}$	$\frac{3}{2}$
$\frac{7}{10}$	$\frac{10}{7}$
$-\frac{5}{11}$	$-\frac{11}{5}$
$\frac{1}{8}$	$\frac{8}{1} = 8$
$-3 = -\frac{3}{1}$	$-\frac{1}{3}$

Tabelle 4.1: Brüche und ihre Kehrwerte

Die einzige reelle Zahl ohne Kehrwert ist 0. Wie im vorangegangenen Abschnitt erläutert, führt ein Nenner von 0 (Division durch 0) zu einem undefinierten Wert.

7. Bilden Sie den Kehrwert der folgenden Zahlen.

a. $\frac{10}{7}$

b. $-\frac{4}{9}$

c. $\frac{1}{3}$

d. -11

Äquivalente Brüche verstehen

Zwei Brüche, die unterschiedliche Zähler und Nenner aufweisen, können dennoch denselben Wert repräsentieren. Solche Brüche werden als *äquivalente Brüche* bezeichnet.

In den folgenden Abschnitten erfahren Sie, wie Sie äquivalente Brüche erkennen und verstehen. Ich zeige Ihnen auch, wie Sie einen Bruch in eine äquivalente Form umwandeln können, entweder durch

- ***Kürzen* des Bruches,** wodurch sowohl Zähler als auch Nenner verkleinert werden oder
- ***Erweitern* des Bruchs,** wodurch sowohl Zähler als auch Nenner vergrößert werden.

Modelle zum Verständnis äquivalenter Brüche

Visuelle Modelle, wie unterteilte Kreisdiagramme und Zahlenstrahlen, können das Verständnis von Brüchen erleichtern. Informationen zu diesen Modellen finden Sie im Abschnitt »Visualisierung von Brüchen« weiter oben in diesem Kapitel. In den folgenden Abschnitten werden diese beiden Modelle verwendet, um das Konzept äquivalenter Brüche zu veranschaulichen.

Äquivalente Brüche durch Kreisdarstellungen veranschaulichen

Kreisdiagramme (wie im Abschnitt »Kreissegmente zur Darstellung von Teilen des Ganzen verwenden« erläutert) ermöglichen es, die Gleichwertigkeit von Brüchen mit unterschiedlichen Zählern und Nennern visuell zu erfassen.

In Abbildung 4.5 wird beispielsweise gezeigt, dass die Brüche $\frac{1}{2}$, $\frac{2}{4}$ und $\frac{3}{6}$ äquivalent sind, da sie jeweils denselben Anteil der schattierten Fläche in einem Kreisdiagramm darstellen.

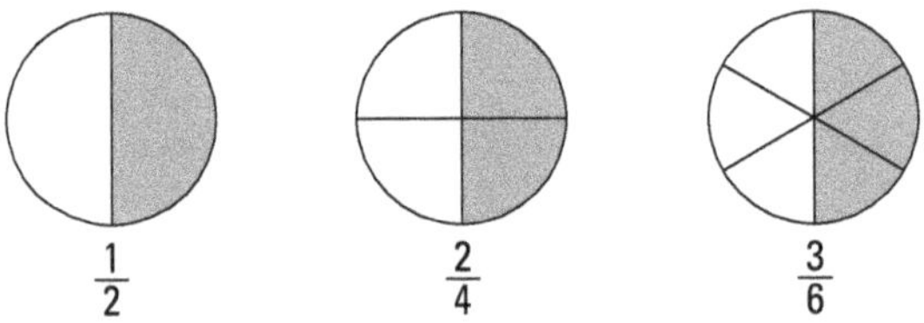

Abbildung 4.5: Visuelle Darstellung äquivalenter Brüche

In ähnlicher Weise veranschaulicht Abbildung 4.6, warum $\frac{2}{3}$, $\frac{4}{6}$ und $\frac{8}{12}$ äquivalente Brüche sind.

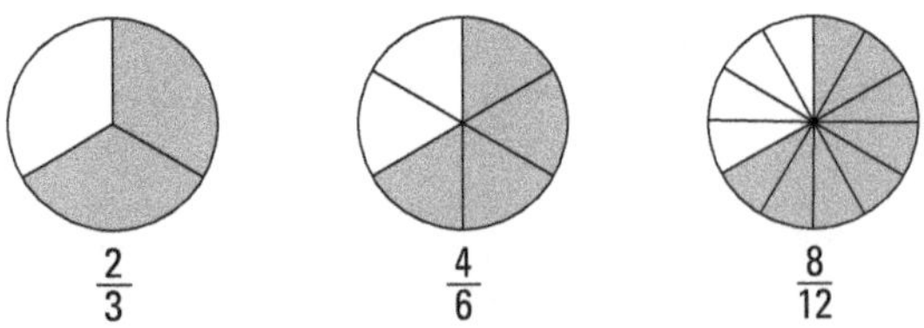

Abbildung 4.6: Weitere visuelle Darstellungen äquivalenter Brüche

8. Die acht Kreisdiagramme in dieser Aufgabe zeigen vier Paare äquivalenter Brüche. Bestimmen Sie den Bruch, der durch jedes Diagramm dargestellt wird, und ordnen Sie die äquivalenten Brüche einander zu.

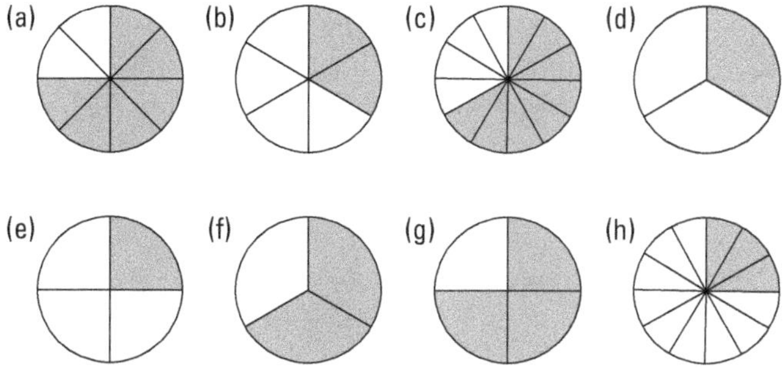

Äquivalente Brüche auf dem Zahlenstrahl darstellen

Der Abschnitt »Arbeiten mit Brüchen auf dem Zahlenstrahl« weiter oben in diesem Kapitel zeigt, dass die Brüche $\frac{1}{2}$ und $\frac{2}{4}$ äquivalent sind, da sie dieselbe Position auf dem Zahlenstrahl einnehmen (siehe Abbildung 4.4).

Abbildung 4.7 zeigt beispielsweise einen Zahlenstrahl, der in acht gleiche Teile unterteilt ist. Dieser Zahlenstrahl veranschaulicht drei Gruppen äquivalenter Brüche:

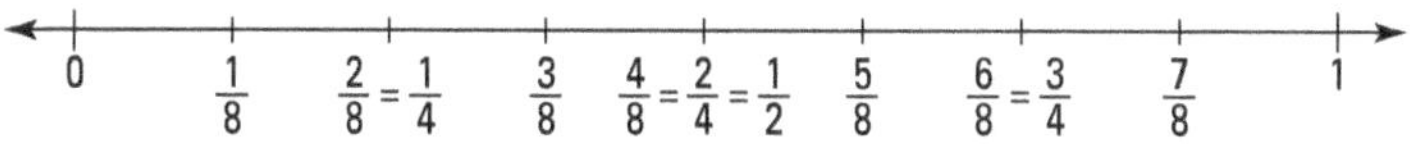

Abbildung 4.7: Äquivalente Brüche auf einem Zahlenstrahl, der in acht gleiche Teile unterteilt ist

$$\frac{2}{8} = \frac{1}{4} \qquad \frac{4}{8} = \frac{2}{4} = \frac{1}{2} \qquad \frac{6}{8} = \frac{3}{4}$$

In Abbildung 4.8 wird ein Zahlenstrahl gezeigt, der in zehn gleiche Teile unterteilt ist und fünf verschiedene Gruppen äquivalenter Brüche veranschaulicht:

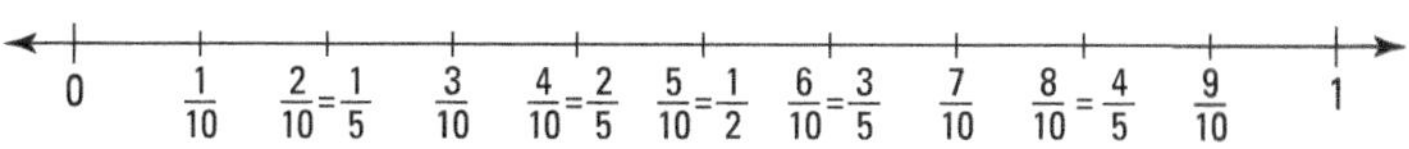

Abbildung 4.8: Äquivalente Brüche auf einem Zahlenstrahl, der in zehn gleiche Teile unterteilt ist

$$\frac{2}{10} = \frac{1}{5} \quad \frac{4}{10} = \frac{2}{5} \quad \frac{5}{10} = \frac{1}{2}$$

$$\frac{6}{10} = \frac{3}{5} \quad \frac{8}{10} = \frac{4}{5}$$

9. Die acht Zahlenstrahlen in dieser Aufgabe zeigen vier Paare äquivalenter Brüche. Bestimmen Sie den Bruch, der durch jeden Zahlenstrahl dargestellt wird, und ordnen Sie die äquivalenten Brüche einander zu.

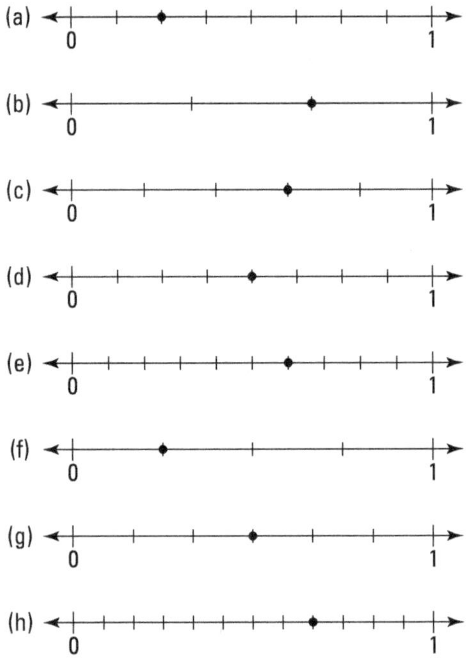

Einen Bruch in eine äquivalente Form umwandeln

Der Abschnitt »Modelle zum Verständnis äquivalenter Brüche« weiter oben in diesem Kapitel veranschaulicht, dass äquivalente Brüche unterschiedliche Zähler und Nenner aufweisen können, aber dennoch denselben Wert darstellen. Bei der Addition oder Subtraktion von Brüchen (siehe Kapitel 5) kann es erforderlich sein, einen Bruch in eine äquivalente Form umzuwandeln. Dabei müssen Sie Zähler und Nenner des Bruchs mit derselben Zahl multiplizieren oder durch dieselbe Zahl dividieren.

In den folgenden Abschnitten erläutere ich, wie Sie diese Umwandlung durchführen können.

Brüche kürzen

Beim *Kürzen* eines Bruchs wird dieser in eine äquivalente Form überführt, bei der sowohl Zähler als auch Nenner kleinere Werte annehmen. Zum Kürzen müssen Sie Zähler und Nenner durch denselben Wert dividieren.

Um den Bruch $\frac{15}{25}$ zu kürzen, dividieren Sie Zähler und Nenner durch 5: $\frac{15 \div 5}{25 \div 5} = \frac{3}{5}$

Jeder Bruch hat eine *einfachste Form*, in der Zähler und Nenner die kleinstmöglichen ganzen Zahlen sind. Wenn Sie aufgefordert werden, einen Bruch zu kürzen, wird in der Regel erwartet, dass Sie ihn in seiner einfachsten Form angeben. Gegebenenfalls müssen Sie eine weitere Division durchführen.

Um den Bruch $\frac{30}{75}$ in seiner einfachsten Form darzustellen, gehen Sie wie folgt vor:

1. **Dividieren Sie sowohl Zähler als auch Nenner durch 5.**

   Da sowohl 30 als auch 75 durch 5 teilbar sind, können Sie diesen Faktor aus beiden Zahlen herauskürzen: $\frac{30 \div 5}{75 \div 5} = \frac{6}{15}$

2. **Dividieren Sie sowohl Zähler als auch Nenner durch 3.**

   Da sowohl 6 als auch 15 durch 3 teilbar sind, können Sie diesen Faktor herauskürzen: $= \frac{6 \div 3}{15 \div 3} = \frac{2}{5}$

Das Ergebnis ist der Bruch $\frac{2}{5}$, der die einfachste Form des Bruchs $\frac{30}{75}$ darstellt, das heißt, er kann nicht weiter gekürzt werden.

10. Kürzen Sie jeden der folgenden sechs Brüche vollständig.

a. $\frac{14}{18}$

b. $\frac{6}{21}$

c. $\frac{15}{25}$

d. $\frac{18}{24}$

e. $\frac{32}{40}$

f. $\frac{36}{72}$

Erweitern von Brüchen

Bei der Arbeit mit Brüchen – insbesondere bei Berechnungen durch Addition und Subtraktion (siehe Kapitel 5) – kann es erforderlich sein, einen Bruch in eine äquivalente Form zu überführen, indem sowohl Zähler als auch Nenner vergrößert werden. Diesen Vorgang nennt man das *Erweitern eines Bruchs.*

In den meisten Aufgabenstellungen zum Erweitern von Brüchen sind der Ausgangsbruch und der Zielnenner gegeben. Sie müssen den Zähler des äquivalenten Bruchs bestimmen.

Um beispielsweise den Bruch $\frac{2}{5}$ in einen äquivalenten Bruch mit dem Nenner 15 umzuwandeln, müssen Sie den aktuellen Wert des Nenners mit 3 multiplizieren, um ihn auf den Zielnenner 15 zu erhöhen: $\frac{2}{5 \times 3} = \frac{\square}{15}$

Um sicherzustellen, dass der neue Bruch, den Sie berechnen, dem Ausgangsbruch $\frac{2}{5}$ entspricht, multiplizieren Sie den Zähler mit demselben Wert 3: $\frac{2 \times 3}{5 \times 3} = \frac{6}{15}$

11. Bestimmen Sie für jeden der folgenden sechs Brüche einen äquivalenten Bruch, indem Sie die ganze Zahl ermitteln, die in das jeweilige leere Feld passt.

a. $\frac{1}{3} = \frac{\square}{9}$

b. $\frac{4}{5} = \frac{\square}{20}$

c. $\frac{3}{8} = \frac{\square}{16}$

d. $\frac{7}{10} = \frac{\square}{50}$

e. $\frac{2}{9} = \frac{\square}{54}$

f. $\frac{7}{13} = \frac{\square}{52}$

Die Kreuzmultiplikation zur Ermittlung eines gemeinsamen Nenners verwenden

Bei der Addition und Subtraktion von Brüchen (siehe Kapitel 5) ist es häufig erforderlich, die Terme eines oder beider Brüche so zu erweitern, dass sie denselben Nenner aufweisen – einen *gemeinsamen Nenner.*

Der Begriff *Term* wird in der Mathematik häufig verwendet. Er bezeichnet einen Teil einer Gleichung, ein Summand ist beispielsweise ein Term in einer Gleichung.

Betrachten wir beispielsweise die Brüche $\frac{2}{3}$ und $\frac{1}{4}$. Um diese in äquivalente Brüche mit einem gemeinsamen Nenner umzuwandeln, ist es nicht möglich, den Ausdruck $\frac{2}{3}$ direkt zu erweitern, um $\frac{1}{4}$ zu erreichen, da 3 kein Teiler von 4 ist. Stattdessen folgt man diesem Verfahren:

1. **Multiplizieren Sie die beiden Nenner.**

   Das Produkt stellt den gemeinsamen Nenner dar: $3 \times 4 = 12$

   $$\frac{2}{3} = \frac{\square}{12} \quad \frac{1}{4} = \frac{\square}{12}$$

2. **Multiplizieren Sie den Zähler des ersten Bruchs mit dem Nenner des zweiten Bruchs.**

   Dies bedeutet, dass der Zähler mit 4 multipliziert wird, da der Nenner *bereits* mit 4 multipliziert wurde.

   Das Ergebnis dieser Berechnung ist der Zähler des ersten Bruchs: $2 \times 4 = 8$.

   $$\frac{2}{3} = \frac{8}{12} \quad \frac{1}{4} = \frac{\square}{12}$$

3. **Multiplizieren Sie den Zähler des zweiten Bruchs mit dem Nenner des ersten Bruchs.**

   Dies bedeutet, dass der Zähler mit 3 multipliziert wird, da der Nenner bereits mit 3 multipliziert wurde.

   Somit erhalten wir den Zähler des zweiten Bruches: $1 \times 3 = 3$

   $$\frac{2}{3} = \frac{8}{12} \quad \frac{1}{4} = \frac{3}{12}$$

Die resultierenden äquivalenten Brüche für das Ausgangspaar sind somit $\frac{8}{12}$ und $\frac{3}{12}$.

12. Wandeln Sie für jedes der folgenden Bruchpaare beide Brüche in äquivalente Formen mit einem gemeinsamen Nenner um.

a. $\frac{1}{2}$ und $\frac{3}{5}$

b. $\frac{1}{3}$ und $\frac{2}{7}$

c. $\frac{3}{4}$ und $\frac{7}{9}$

d. $\frac{5}{6}$ und $\frac{4}{11}$

Den gemeinsamen Nenner von mehr als zwei Brüchen bestimmen

Bei der Arbeit mit mehr als zwei Brüchen ist zu prüfen, ob alle kleineren Nenner Teiler des größten Nenners sind. Andernfalls ist das kleinste gemeinsame Vielfache (kgV) aller Nenner zu ermitteln, wie in Kapitel 3 erläutert.

Betrachten wir beispielsweise die Brüche $\frac{1}{4}$, $\frac{2}{5}$ und $\frac{3}{10}$. Um diese so zu erweitern, dass sie alle einen gemeinsamen Nenner haben, ist das kgV aller drei Nenner zu bestimmen. Dazu listen Sie die Vielfachen von 4, 5 und 10 auf, bis ein gemeinsames Vielfaches gefunden ist:

- ✔ Vielfache von 4: 4, 8, 12, 16, 20, …
- ✔ Vielfache von 5: 5, 10, 15, 20, …
- ✔ Vielfache von 10: 10, 20, …

Verwenden Sie nun diesen Wert (in diesem Fall 20) als gemeinsamen Nenner und erweitern Sie die Terme aller drei Brüche, wie im Abschnitt »Erweitern von Brüchen« weiter oben in diesem Kapitel erläutert:

$$\frac{1}{4} = \frac{5}{20} \quad \frac{2}{5} = \frac{8}{20} \quad \frac{3}{10} = \frac{6}{20}$$

13. Erweitern Sie die Terme von $\frac{4}{5}$, $\frac{1}{6}$ und $\frac{9}{10}$ so, dass sie alle einen gemeinsamen Nenner haben.

Mit unechten Brüchen und gemischten Zahlen arbeiten

Im Abschnitt »Echte und unechte Brüche« weiter oben in diesem Kapitel wurde erläutert, wie man *echte Brüche*, bei denen der Zähler kleiner als der Nenner ist, von *unechten Brüchen* unterscheidet, bei denen der Zähler größer oder gleich dem Nenner ist.

Der Wert eines richtigen Bruchs ist immer kleiner als 1. Im Gegensatz dazu ist jeder positive unechte Bruch größer oder gleich 1.

In den folgenden Abschnitten werden unechte Brüche und gemischte Zahlen, zwei Darstellungsformen von Brüchen mit Werten von 1 oder größer, vorgestellt. Zudem wird erläutert, wie man gemischte Zahlen in unechte Brüche umwandelt und umgekehrt.

Unechte Brüche berechnen

Ein *unechter Bruch* ist definiert als ein Bruch, dessen Zähler größer oder gleich dem Nenner ist. Beispiele hierfür sind:

$$\frac{3}{2} \quad \frac{7}{3} \quad \frac{15}{8} \quad \frac{10}{10}$$

Analog zu echten Brüchen können unechte Brüche visuell durch Kreisdiagramme, die in gleiche Teile unterteilt sind, oder durch eine Darstellung auf dem Zahlenstrahl veranschaulicht werden (siehe Abschnitt »Visualisierung von Brüchen« weiter oben in diesem Kapitel). In den folgenden Abschnitten werden beide Darstellungsformen näher betrachtet.

Darstellung unechter Brüche durch Kreisdiagramme

Bei der Modellierung eines unechten Bruchs mithilfe von Kreisdiagrammen ist mindestens ein vollständiger Kreis im Modell enthalten, wie in Abbildung 4.9 dargestellt. Jede Zeile von Kreisen in der Abbildung repräsentiert einen spezifischen unechten Bruch.

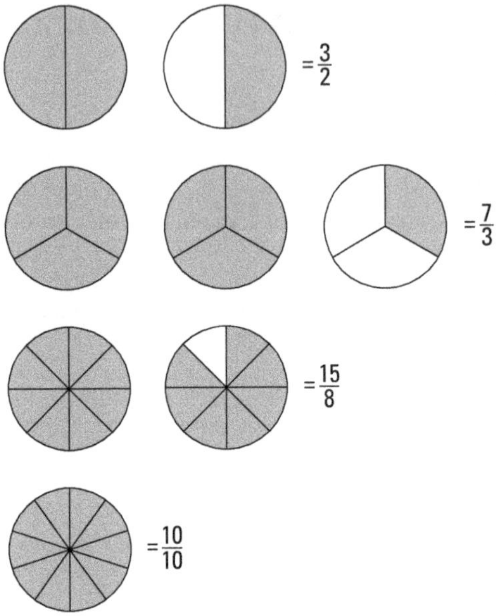

Abbildung 4.9: Kreisdarstellungen unechter Brüche

14. Bestimmen Sie den unechten Bruch, der durch jedes der folgenden vier Kreismodelle dargestellt wird:

(a)

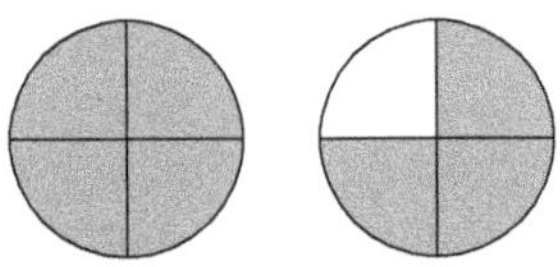

(b)

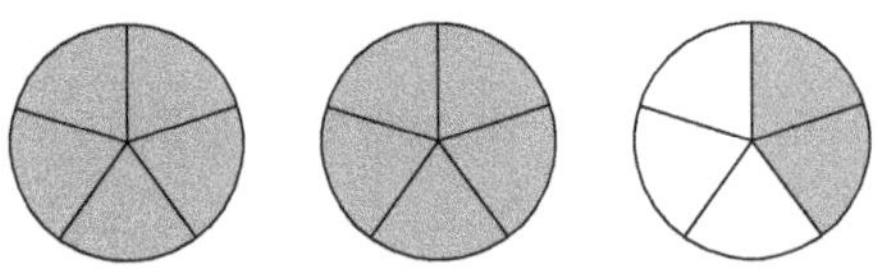

(c)

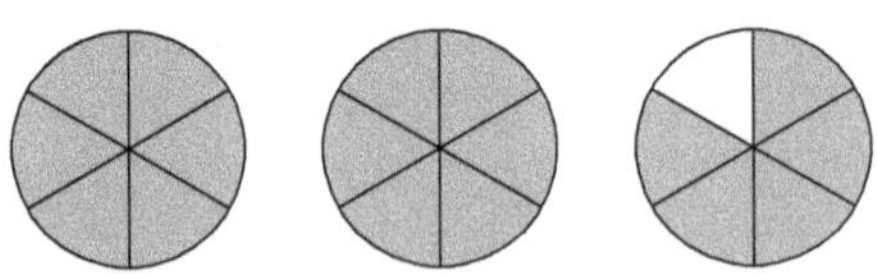

(d)

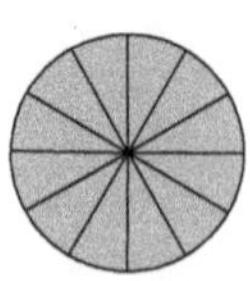

Visualisierung unechter Brüche auf dem Zahlenstrahl

Wie in Abbildung 4.10 dargestellt, kann der Zahlenstrahl zur Veranschaulichung unechter Brüche verwendet werden. Jeder Zahlenstrahl in der Abbildung repräsentiert einen anderen unechten Bruch.

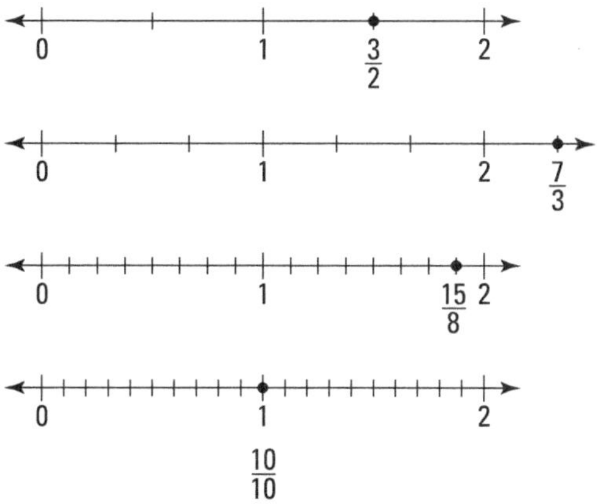

Abbildung 4.10: Darstellung unechter Brüche auf dem Zahlenstrahl

15. Identifizieren Sie den unechten Bruch, der auf den folgenden Zahlenstrahlen abgebildet ist.

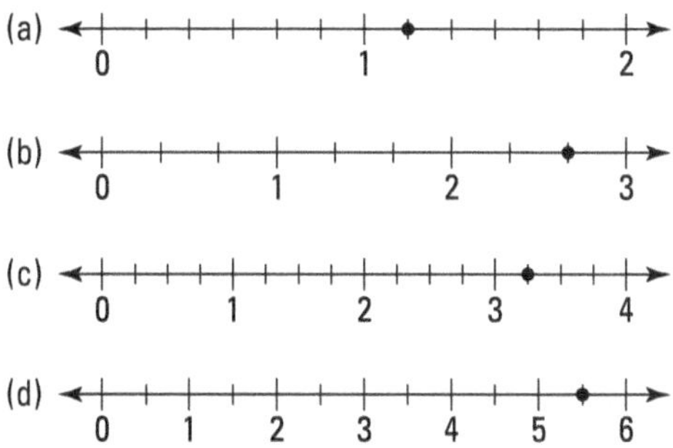

Umwandlung in gemischte Zahlen

Gemischte Zahlen stellen eine alternative Darstellung für Brüche dar, die größer als 1 sind. Eine *gemischte Zahl* setzt sich aus einer ganzen Zahl und einem *echten Bruch* zusammen (wobei der Zähler kleiner als der Nenner ist). Beispiele sind:

$$1\frac{2}{3} \quad 2\frac{1}{6} \quad 2\frac{5}{8} \quad 3\frac{1}{2}$$

Darstellung gemischter Zahlen durch Kreisdiagramme

Bei der Modellierung einer gemischten Zahl mithilfe von Kreisdiagrammen sind mindestens ein vollständiger Kreis und ein Teil eines weiteren Kreises erforderlich, ähnlich wie bei der Darstellung unechter Brüche. In Abbildung 4.11 repräsentiert jede der vier Reihen von Kreisdiagrammen eine andere gemischte Zahl.

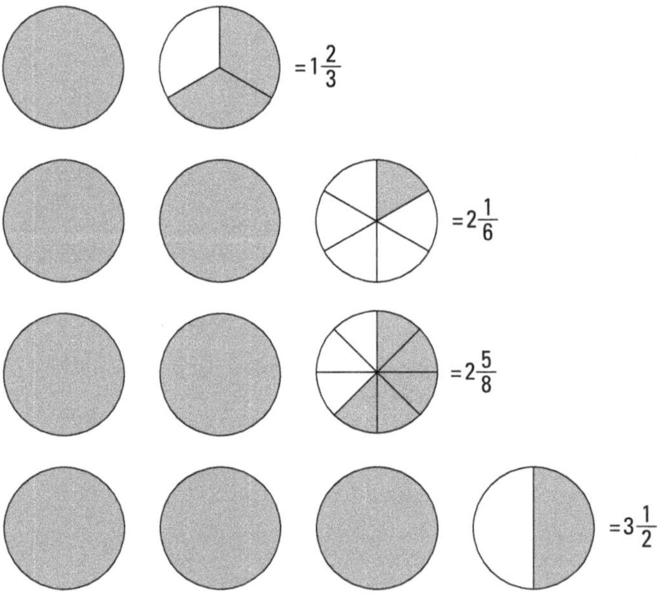

Abbildung 4.11: Zuordnung gemischter Zahlen zu Kreisdiagrammen

16. Bestimmen Sie die gemischte Zahl, die durch jedes der folgenden vier Kreismodelle dargestellt wird.

(a)

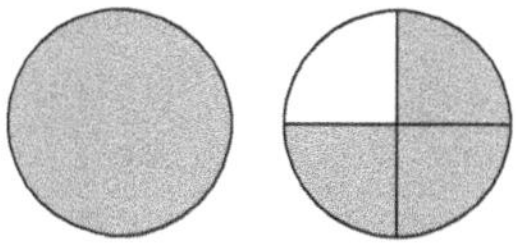

(b)

(c)

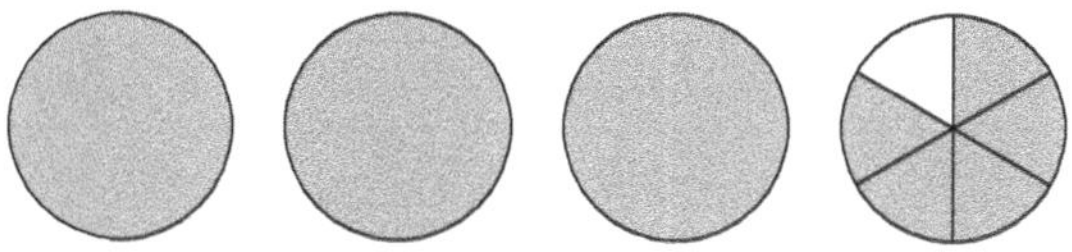

(d)

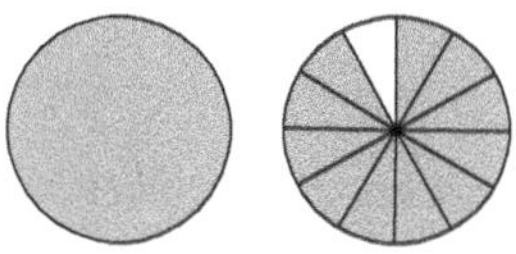

Positionierung gemischter Zahlen auf dem Zahlenstrahl

Der Zahlenstrahl kann zur Veranschaulichung gemischter Zahlen verwendet werden, wie in Abbildung 4.12 dargestellt. Dies ähnelt der Darstellung unechter

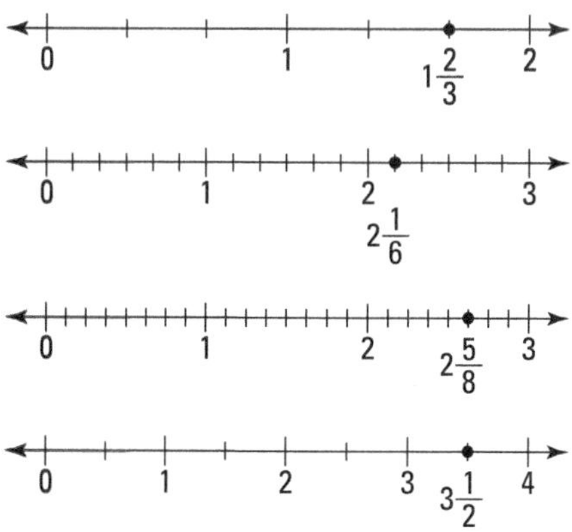

Abbildung 4.12: Darstellung von gemischten Zahlen mithilfe des Zahlenstrahls

Brüche auf dem Zahlenstrahl, die im Abschnitt »Äquivalente Brüche auf dem Zahlenstrahl darstellen« weiter oben in diesem Kapitel beschrieben wird. Jeder Zahlenstrahl in der Abbildung repräsentiert eine bestimmte gemischte Zahl, die entsprechend beschriftet ist.

17. Identifizieren Sie die gemischte Zahl, die auf jedem der folgenden Zahlenstrahlen markiert ist.

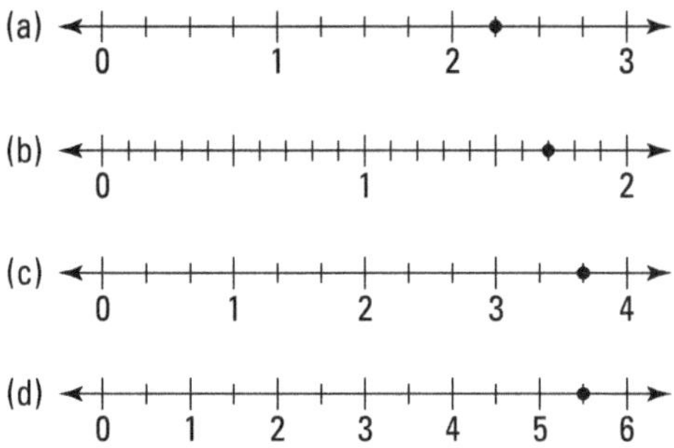

Umwandlung gemischter Zahlen in unechte Brüche mittels der »Popcorn-Methode«

Jede gemischte Zahl kann mit einer dreischrittigen Abfolge in ihren äquivalenten unechten Bruch umgewandelt werden. Manche Mathe-Lehrkräfte bezeichnen dies als »Popcorn-Methode«, weil die resultierende Linienführung bei der Durchführung der Schritte um die gemischte Zahl herum an ein Stück Popcorn erinnert.

Befolgen Sie die Schritte in diesem Beispiel, um die gemischte Zahl $2\frac{3}{4}$ in einen unechten Bruch umzuwandeln und die »Popcorn«-Darstellung zu vervollständigen:

1. **Multiplizieren Sie den Nenner des Bruchs mit der ganzen Zahl.**

$$2\frac{3}{4}$$

$$4 \times 2 = 8$$

2. **Addieren Sie das Ergebnis aus Schritt 1 zum Zähler des ursprünglichen Bruchs.**

$$8 + 3 = 11$$

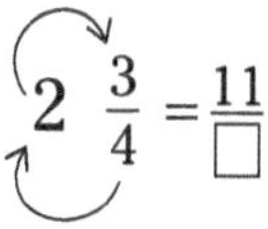

3. **Der Nenner des ursprünglichen gemischten Bruchs wird als Nenner des resultierenden unechten Bruchs beibehalten.**

Ergänzen Sie die »Popcorn«-Darstellung, indem Sie den ursprünglichen Nenner 4 wieder hinzufügen.

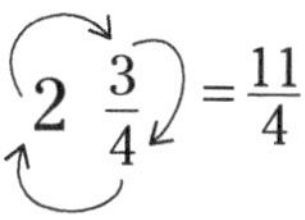

18. Wandeln Sie jede der folgenden gemischten Zahlen in einen unechten Bruch um:

a. $1\frac{4}{5}$

b. $2\frac{5}{8}$

c. $4\frac{7}{11}$

d. $9\frac{1}{6}$

Umwandlung unechter Brüche in gemischte Zahlen

Es gibt zwei Möglichkeiten zur Umwandlung unechter Brüche in gemischte Zahlen:

- **Die Subtraktionsmethode:** Wenn der Zähler den Nenner nur geringfügig übersteigt, ermöglicht die Subtraktionsmethode eine effiziente Umwandlung.
- **Die Divisionsmethode:** Bei deutlichem Überhang des Zählers über den Nenner führt die Divisionsmethode, basierend auf der Division mit Rest, schneller zum Ergebnis.

Die Anwendung bei geringfügigen Differenzen zwischen Zähler und Nenner

Die Subtraktionsmethode stellt eine schnelle Umwandlung relativ kleiner unechter Brüche in ihre entsprechenden gemischten Zahlen dar. Folgen Sie diesen Schritten:

1. **Notieren Sie die ganze Zahl 1.**

   Beispiel, $\frac{9}{5} = 1\frac{\square}{\square}$

2. **Subtrahieren Sie den Nenner vom Zähler:** $9 - 5 = 4$

3. **Verwenden Sie das Ergebnis aus Schritt 2 als Zähler des Bruchs:**
   $\frac{9}{5} = 1\frac{4}{\square}$

4. **Übernehmen Sie den Nenner des ursprünglichen unechten Bruchs als Nenner des Bruchs:** $\frac{9}{5} = 1\frac{4}{5}$

Nach Anwendung der Subtraktionsmethode sollten Sie prüfen, ob der Bruchteil der gemischten Zahl ein echter Bruch ist (das heißt, dass sein Zähler kleiner ist als sein Nenner). Wenn Sie feststellen, dass Ihre gemischte Zahl immer noch einen unechten Bruch enthält, müssen Sie die Subtraktionsmethode erneut auf den verbleibenden unechten Bruch anwenden.

Hier folgt das Ergebnis, das Sie im ersten Schritt erhalten, wenn Sie die Subtraktionsmethode auf $\frac{19}{4}$ anwenden: $\frac{19}{4} = 1\frac{15}{4}$.

Da $\frac{15}{4}$ weiterhin einen unechten Bruch darstellt, ist das Ergebnis $1\frac{15}{4}$ unvollständig und liegt nicht in der einfachsten Form vor. Eine Bewertung als fehlerhaft wäre somit gerechtfertigt. Die schrittweise (*iterative*) Anwendung der Subtraktionsmethode ist deshalb erforderlich:

$$\frac{19}{4} = 1\frac{15}{4} = 2\frac{11}{4} = 3\frac{7}{4} = 4\frac{3}{4}$$

Der Bruchteil $\frac{3}{4}$ ist jetzt ein echter Bruch. Die gemischte Zahl $\frac{19}{4}$ lautet somit $4\frac{3}{4}$.

19. Wandeln Sie diese unechten Brüche in gemischte Zahlen um:

a. $\frac{8}{5}$

b. $\frac{11}{6}$

c. $\frac{19}{9}$

d. $\frac{13}{3}$

Die Arbeit mit größeren Diskrepanzen zwischen Zähler und Nenner

Wenn der Zähler eines unechten Bruchs den Nenner erheblich übersteigt, wenn also das Verhältnis Nenner zu Zähler groß ist, kann die iterative Subtraktionsmethode aus dem vorherigen Abschnitt ineffizient sein. Betrachten Sie beispielsweise den Versuch, $\frac{61}{3}$ mit dieser Methode in eine gemischte Zahl umzuwandeln:

$$\frac{61}{3} = 1\frac{58}{3} = 2\frac{55}{3} = 3\frac{52}{3} = 4\frac{49}{3} = 5\frac{46}{3} = \ldots$$

In solchen Fällen ist es besser, die Division mit Rest zu nutzen, um die äquivalente gemischte Zahl zu bestimmen. Führen Sie dazu folgende Schritte aus:

1. **Formulieren Sie den unechten Bruch als Divisionsaufgabe:**

   $\frac{61}{3} = 61 \div 3$

2. **Führen Sie die Division mit Rest durch:** $\frac{61}{3} = 61 \div 3 = 20 \text{ r } 1$

   Das Thema Reste wird in Kapitel 2 behandelt.

3. **Drücken Sie den Rest als Bruch mit dem ursprünglichen Nenner aus:** $\frac{61}{3} = 61 \div 3 = 20\frac{1}{3}$

20. Wandeln Sie die folgenden unechten Brüche in gemischte Zahlen um:

a. $\frac{37}{5}$

b. $\frac{45}{4}$

c. $\frac{59}{7}$

d. $\frac{83}{2}$

Vergleich der Werte von Brüchen

Im Gegensatz zu ganzen Zahlen, die leicht nach ihrer Größe geordnet werden können, ist der Vergleich der relativen Größe von Brüchen oft weniger einfach. In den folgenden Abschnitten zeige ich Ihnen, wie Sie zwei oder mehr Brüche aufsteigend nach ihrer Größe ordnen können.

Vergleich von Brüchen mit gleichem Nenner

Haben mehrere Brüche denselben Nenner, so können Sie diese leicht nach ihrer Größe ordnen, indem Sie ihre Zähler vergleichen.

Um die drei Brüche $\frac{22}{25}$, $\frac{9}{25}$ und $\frac{17}{25}$ (alle mit dem Nenner 25) aufsteigend nach ihrer Größe zu sortieren, vergleichen Sie die Zähler:

$$\frac{9}{25} < \frac{17}{25} < \frac{22}{25}$$

Enthält die Menge der zu vergleichenden Brüche negative Werte, so betrachten Sie das Minuszeichen als Teil des Zählers und ordnen Sie die Brüche unter Berücksichtigung der Vorzeichen.

Um die Brüche $\frac{12}{33}$, $-\frac{7}{33}$, $\frac{28}{33}$ und $-\frac{31}{33}$ von der kleinsten zur größten Zahl zu ordnen, vergleichen (und ordnen) Sie die Zähler dieser Brüche, indem Sie das Ungleichheitszeichen (<) für *kleiner als* verwenden. Gehen Sie wie folgt vor:

1. **Verschieben Sie die Minuszeichen der negativen Brüche in den Zähler:**

   So wird $-\frac{7}{33}$ zu $\frac{-7}{33}$ und $-\frac{31}{33}$ zu $\frac{-31}{33}$.

2. **Ordnen Sie alle vier Zähler in aufsteigender Reihenfolge an, unter Berücksichtigung der Regeln für negative Zahlen:**

   $-31 < -7 < 12 < 28$

   Diese Reihenfolge entspricht der korrekten Anordnung der vier Brüche:

   $$-\frac{31}{33} < -\frac{7}{33} < \frac{12}{33} < \frac{28}{33}$$

21. Benutzen Sie das Ungleichheitszeichen (<), um die folgenden fünf Brüche in aufsteigender Reihenfolge anzuordnen:

$$\frac{3}{40}, -\frac{17}{40}, \frac{29}{40}, -\frac{23}{40}, -\frac{31}{40}$$

Vergleich von Brüchen durch Ermittlung eines gemeinsamen Nenners

Um eine Menge von Brüchen mit unterschiedlichen Nennern nach ihrer Größe zu ordnen, ist es notwendig, einen gemeinsamen Nenner zu finden. In den folgenden Abschnitten werden drei Methoden vorgestellt, um einen solchen gemeinsamen Nenner zu ermitteln, abhängig von den spezifischen Werten der Brüche und der Anzahl der zu vergleichenden Brüche.

Vergleich von Brüchen durch Erweitern der Terme

Beim Vergleich zweier Brüche kann es vorkommen, dass der Nenner des einen Bruchs ein Faktor des Nenners des anderen ist. In diesem Fall können Sie die Terme des Bruchs mit dem kleineren Nenner erweitern, um ihn an den Bruch mit dem größeren Nenner anzupassen, und die Brüche anschließend direkt vergleichen.

Betrachten Sie den Vergleich von $\frac{3}{5}$ und $\frac{8}{15}$.

Da 5 ein Faktor von 15 ist, können Sie Zähler und Nenner von $\frac{3}{5}$ mit 3 multiplizieren, um den Nenner an den des anderen Bruchs anzupassen: $\frac{3 \times 3}{5 \times 3} = \frac{9}{15}$

Sie sehen also, dass $\frac{9}{15}$ größer ist als $\frac{8}{15}$. Die Antwort auf die Frage, welcher Bruch größer ist, lautet also $\frac{3}{5}$.

Diese Methode lässt sich auf mehr als zwei Brüche erweitern, sofern die kleineren Nenner Teiler des größten Nenners sind.

Um die Brüche $\frac{3}{4}$, $\frac{5}{8}$ und $\frac{11}{16}$ in aufsteigender Reihenfolge nach ihrer Größe zu ordnen, können Sie die Terme von $\frac{3}{4}$ und $\frac{5}{8}$ so erweitern, dass alle Brüche den Nenner 16 haben, da 4 und 8 Teiler von 16 sind:

$$\frac{3 \times 4}{4 \times 4} = \frac{12}{16} \qquad \frac{5 \times 2}{8 \times 2} = \frac{10}{16}$$

Somit können Sie die Brüche leicht nach ihrer Größe ordnen: $\frac{10}{16}$, $\frac{11}{16}$ und $\frac{12}{16}$ oder $\frac{5}{8}$, $\frac{11}{16}$ und $\frac{3}{4}$.

22. Ordnen Sie die Brüche in jeder der folgenden Gruppen nach ihrer Größe.

a. $\frac{3}{5}$ und $\frac{13}{20}$

b. $\frac{7}{12}$ und $\frac{23}{36}$

c. $\frac{2}{3}, \frac{5}{7}$ und $\frac{16}{21}$

d. $\frac{3}{4}, \frac{11}{15}$ und $\frac{43}{60}$

Die Kreuzmultiplikation zum Vergleich zweier Brüche verwenden

Wenn Sie zwei Brüche vergleichen, deren Nenner keine gemeinsamen Teiler haben, bietet sich die Kreuzmultiplikation als effiziente Methode an. Diese Methode wandelt die Brüche in äquivalente Brüche mit einem gemeinsamen Nenner um, wie bereits im Abschnitt »Die Kreuzmultiplikation zur Ermittlung eines gemeinsamen Nenners verwenden« erläutert wurde.

Betrachten Sie den Vergleich von $\frac{5}{9}$ und $\frac{6}{11}$. Durch Anwendung der Kreuzmultiplikation erhalten wir diese äquivalenten Brüche:

$$\frac{5}{9} = \frac{5 \times 11}{9 \times 11} = \frac{55}{99} \quad \frac{6}{11} = \frac{6 \times 9}{11 \times 9} = \frac{54}{99}$$

Da $\frac{55}{99}$ größer ist als $\frac{54}{99}$, folgt, dass $\frac{5}{9}$ größer ist als $\frac{6}{11}$.

23. Bestimmen Sie für jedes der folgenden Paare von Brüchen, welcher Bruch kleiner und welcher größer ist:

a. $\frac{2}{3}$ und $\frac{4}{7}$

b. $\frac{5}{8}$ und $\frac{7}{11}$

c. $\frac{2}{5}$ und $\frac{5}{13}$

d. $\frac{7}{10}$ und $\frac{12}{17}$

Vergleich von mehr als zwei Brüchen

Beim Vergleich von mehr als zwei Brüchen prüfen Sie zunächst, ob die kleineren Nenner Teiler des größten Nenners sind. Ist dies nicht der Fall, bestimmen Sie das kleinste gemeinsame Vielfache (kgV) aller Nenner und verwenden diesen Wert als gemeinsamen Nenner. (Weitere Informationen finden Sie im Abschnitt »Den gemeinsamen Nenner von mehr als zwei Brüchen bestimmen« weiter oben in diesem Kapitel und in Kapitel 3.)

Ordnen Sie die folgenden Brüche mit dem Kleiner-als-Zeichen (<): $\frac{2}{3}$, $\frac{3}{5}$ und $\frac{7}{10}$.

Um das kgV der Nenner 3, 5 und 10 zu finden, listen Sie deren Vielfache auf:

- ✔ **Vielfache von 3:** 3, 6, 9, 12, 15, 18, 21, 24, 27, **30**, …
- ✔ **Vielfache von 5:** 5, 10, 15, 20, 25, **30**, …
- ✔ **Vielfache von 10:** 10, 20, **30**, …

Erweitern Sie nun die Terme aller drei Brüche, sodass sie den kgV-Wert als gemeinsamen Nenner erhalten:

$$\frac{2}{3} = \frac{2 \times 10}{3 \times 10} = \frac{20}{30} \qquad \frac{3}{5} = \frac{3 \times 6}{5 \times 6} = \frac{18}{30} \qquad \frac{7}{10} = \frac{7 \times 3}{10 \times 3} = \frac{21}{30}$$

Die korrekte Reihenfolge ist somit $\frac{18}{30} < \frac{20}{30} < \frac{21}{30}$ oder $\frac{3}{5} < \frac{2}{3} < \frac{7}{10}$.

24. Verwenden Sie das Kleiner-als-Zeichen (<), um die folgenden Brüche zu ordnen:

$\frac{3}{4}$, $\frac{5}{6}$ und $\frac{7}{9}$

Lösungen zu den Übungsaufgaben

1. a. $\frac{3}{4}$

b. $\frac{2}{5}$

c. $\frac{5}{6}$

d. $\frac{3}{8}$

2. **a.** $\frac{2}{3}$

   b. $\frac{3}{5}$

   c. $\frac{5}{8}$

   d. $\frac{7}{10}$

3. **a.** Der Zähler ist 1, der Nenner ist 5.

   b. Der Zähler ist 3, der Nenner ist 7.

   c. Der Zähler ist 9, der Nenner ist 10.

   d. Der Zähler ist 17, der Nenner ist 50.

4. **a.** echt

   b. unecht

   c. unecht

   d. unecht

5. **a.** $\frac{7}{1}$

   b. $\frac{100}{1}$

   c. $\frac{0}{1}$

   d. $-\frac{3}{1}$

6. **a.** Definiert

   b. Undefiniert

   c. Definiert

   d. Undefiniert

7. **a.** $\frac{7}{10}$

   b. $-\frac{9}{4}$

   c. 3

   d. $-\frac{1}{11}$

8. **a.** $\frac{6}{8}$

b. $\frac{2}{6}$

c. $\frac{8}{12}$

d. $\frac{1}{3}$

e. $\frac{1}{4}$

f. $\frac{2}{3}$

g. $\frac{3}{4}$

h. $\frac{3}{12}$

a) und g) $\frac{6}{8} = \frac{3}{4}$ b) und d) $\frac{2}{6} = \frac{1}{3}$

c) und f) $\frac{8}{12} = \frac{2}{3}$ e) und h) $\frac{1}{4} = \frac{3}{12}$

9. **a.** $\frac{2}{8}$

b. $\frac{2}{3}$

c. $\frac{3}{5}$

d. $\frac{4}{8}$

e. $\frac{6}{10}$

f. $\frac{1}{4}$

g. $\frac{3}{6}$

h. $\frac{8}{12}$

a) und f) $\frac{2}{8} = \frac{1}{4}$ b) und h) $\frac{2}{3} = \frac{8}{12}$

c) und e) $\frac{3}{5} = \frac{6}{10}$ d) und g) $\frac{4}{8} = \frac{3}{6} \left(= \frac{1}{2}\right)$

10. **a.** $\frac{14 \div 2}{18 \div 2} = \frac{7}{9}$

b. $\frac{6 \div 3}{21 \div 3} = \frac{2}{7}$

c. $\frac{15 \div 5}{25 \div 5} = \frac{3}{5}$

d. $\frac{18 \div 6}{24 \div 6} = \frac{3}{4}$

e. $\frac{32 \div 8}{40 \div 8} = \frac{4}{5}$

f. $\frac{36 \div 36}{72 \div 36} = \frac{1}{2}$

11. **a.** $\frac{1 \times 3}{3 \times 3} = \frac{3}{9}$

b. $\frac{4 \times 4}{5 \times 4} = \frac{16}{20}$

c. $\frac{3 \times 2}{8 \times 2} = \frac{6}{16}$

d. $\frac{7 \times 5}{10 \times 5} = \frac{35}{50}$

e. $\frac{2 \times 6}{9 \times 6} = \frac{12}{54}$

f. $\frac{7 \times 4}{13 \times 4} = \frac{28}{52}$

12. **a.** $\frac{1}{2} = \frac{1 \times 5}{2 \times 5} = \frac{5}{10}$ und $\frac{3}{5} = \frac{3 \times 2}{5 \times 2} = \frac{6}{10}$

b. $\frac{1}{3} = \frac{1 \times 7}{3 \times 7} = \frac{7}{21}$ und $\frac{2}{7} = \frac{2 \times 3}{7 \times 3} = \frac{6}{21}$

c. $\frac{3}{4} = \frac{3 \times 9}{4 \times 9} = \frac{27}{36}$ und $\frac{7}{9} = \frac{7 \times 4}{9 \times 4} = \frac{28}{36}$

d. $\frac{5}{6} = \frac{5 \times 11}{6 \times 11} = \frac{55}{66}$ und $\frac{4}{11} = \frac{4 \times 6}{11 \times 6} = \frac{24}{66}$

13. $\frac{4 \times 6}{5 \times 6} = \frac{24}{30}$ $\frac{1 \times 5}{6 \times 5} = \frac{5}{30}$ $\frac{9 \times 3}{10 \times 3} = \frac{27}{30}$

14. **a.** $\frac{7}{4}$

b. $\frac{12}{5}$

c. $\frac{17}{6}$

d. $\frac{12}{12}$

15. **a.** $\frac{7}{6}$

b. $\frac{8}{3}$

c. $\frac{13}{4}$

d. $\frac{11}{2}$

16. **a.** $1\frac{3}{4}$

b. $2\frac{1}{5}$

c. $3\frac{5}{6}$

d. $1\frac{11}{12}$

17. **a.** $2\frac{1}{4}$

b. $1\frac{7}{10}$

c. $3\frac{2}{3}$

d. $5\frac{1}{2}$

18. **a.** $1\frac{4}{5} = \frac{5 \times 1 + 4}{5} = \frac{9}{5}$

b. $2\frac{5}{8} = \frac{8 \times 2 + 5}{8} = \frac{21}{8}$

c. $4\frac{7}{11} = \frac{11 \times 4 + 7}{11} = \frac{51}{11}$

d. $9\frac{1}{6} = \frac{9 \times 6 + 1}{6} = \frac{55}{6}$

19. **a.** $\frac{8}{5} = 1\frac{3}{5}$

b. $\frac{11}{6} = 1\frac{5}{6}$

c. $\frac{19}{9} = 1\frac{10}{9} = 2\frac{1}{9}$

d. $\frac{13}{3} = 1\frac{10}{3} = 2\frac{7}{3} = 3\frac{4}{3} = 4\frac{1}{3}$

20. **a.** $37 \div 5 = 7$ r 2, also $\frac{37}{5} = 7\frac{2}{5}$

b. $45 \div 4 = 11$ r 1, also $\frac{45}{4} = 11\frac{1}{4}$

c. $59 \div 7 = 8$ r 3, also $\frac{59}{7} = 8\frac{3}{7}$

d. $83 \div 2 = 41$ r 1, also $\frac{83}{2} = 41\frac{1}{2}$

21. $-\frac{31}{40} < -\frac{23}{40} < -\frac{17}{40} < \frac{3}{40} < \frac{29}{40}$

22. **a.** $\frac{3}{5} = \frac{12}{20}$, also $\frac{3}{5} < \frac{13}{20}$

b. $\frac{7}{12} = \frac{21}{36}$, also $\frac{7}{12} < \frac{23}{36}$

c. $\frac{2}{3} = \frac{14}{21}$ und $\frac{5}{7} = \frac{15}{21}$, also $\frac{2}{3} < \frac{5}{7} < \frac{16}{21}$

d. $\frac{3}{4} = \frac{45}{60}$ und $\frac{11}{15} = \frac{44}{60}$, also $\frac{43}{60} < \frac{11}{15} < \frac{3}{4}$

23. **a.** $\frac{2}{3} = \frac{14}{21}$ und $\frac{4}{7} = \frac{12}{21}$, also $\frac{4}{7} < \frac{2}{3}$

b. $\frac{5}{8} = \frac{55}{88}$ und $\frac{7}{11} = \frac{56}{88}$, also $\frac{5}{8} < \frac{7}{11}$

c. $\frac{2}{5} = \frac{26}{65}$ und $\frac{5}{13} = \frac{25}{65}$, also $\frac{5}{13} < \frac{2}{5}$

d. $\frac{7}{10} = \frac{119}{170}$ und $\frac{12}{17} = \frac{120}{170}$, also $\frac{7}{10} < \frac{12}{17}$

24. $\frac{3}{4} = \frac{27}{36}$ und $\frac{5}{6} = \frac{30}{36}$ und $\frac{7}{9} = \frac{28}{36}$, also $\frac{3}{4} < \frac{7}{9} < \frac{5}{6}$

IN DIESEM KAPITEL

Addition und Subtraktion von Brüchen mit identischem Nenner

Summen und Differenzen von Brüchen in der richtigen Form angeben

Mit Brüchen mit unterschiedlichen Nennern rechnen

Kapitel 5
Addition und Subtraktion von Brüchen

Die Addition und Subtraktion von Brüchen stellt für viele Lernende eine Herausforderung dar. In diesem Kapitel unterteile ich den Prozess in klare, nachvollziehbare Schritte, um Ihnen zu helfen, diese Schwierigkeiten zu überwinden.

Zunächst zeige ich Ihnen die einfachen Fälle: die Addition und Subtraktion von Brüchen mit identischem Nenner. Hierbei kann es erforderlich sein, das Ergebnis zu vereinfachen, einen unechten Bruch in eine gemischte Zahl umzuwandeln oder beides. Auch die Addition und Subtraktion von mehr als zwei Brüchen mit identischem Nenner wird erläutert.

Danach können Sie auch schwerere Aufgaben lösen: Wir beschäftigen uns mit der Addition und Subtraktion von Brüchen mit unterschiedlichen Nennern. In einigen Fällen kann die Addition oder Subtraktion durch Erweitern des Bruchs mit dem kleineren Nenner erfolgen. In anderen Fällen ist eine Kreuzmultiplikation erforderlich, um die Brüche auf einen gemeinsamen Nenner zu bringen.

Zudem stelle ich Strategien für die Addition und Subtraktion von mehr als zwei Brüchen mit unterschiedlichen Nennern vor.

Addition und Subtraktion von Brüchen mit gemeinsamem Nenner

Brüche können nur addiert oder subtrahiert werden, wenn sie einen *gemeinsamen Nenner* besitzen, das heißt, wenn die unteren Zahlen (die *Nenner*) übereinstimmen.

Die folgenden Abschnitte führen Sie durch die Addition und Subtraktion von Brüchen mit einem gemeinsamen Nenner. Dies ermöglicht den Erwerb grundlegender Fertigkeiten, um die Ergebnisse in der von Lehrkräften bevorzugten Form – als vereinfachte echte Brüche – darzustellen. (In Kapitel 4 finden Sie Informationen zur Unterscheidung zwischen echten und unechten Brüchen.)

Addition von Brüchen mit gemeinsamem Nenner

Die folgenden Abschnitte beschäftigen sich mit der Addition von Brüchen mit einem gemeinsamen Nenner und der Darstellung der Ergebnisse in korrekter Form.

Allgemein erfolgt die Addition von Brüchen mit identischem Nenner wie folgt:

1. **Addieren Sie die Zähler.**

   Der *Zähler* ist die obere Komponente eines jeden Bruchs.

2. **Behalten Sie den gemeinsamen Nenner bei.**

   Der *Nenner* ist die untere Komponente eines jeden Bruchs.

Die Addition von zwei Brüchen

Die Addition zweier Brüche mit gleichem Nenner ist nicht viel schwieriger als die Addition von zwei ganzen Zahlen.

Beispiele sind:

$$\frac{1}{5}+\frac{2}{5}=\frac{3}{5} \qquad \frac{5}{9}+\frac{2}{9}=\frac{7}{9}$$

$$\frac{10}{17}+\frac{6}{17}=\frac{16}{17}$$

Gar nicht so schlecht, oder?

1. Addieren Sie $\frac{2}{7}$ und $\frac{4}{7}$.

Die Addition von mehr als zwei Brüchen

Sie können mehr als zwei Brüche mit identischem Nenner addieren, indem Sie im Wesentlichen die gleichen Schritte wie bei der Addition zweier Brüche anwenden (siehe vorangehender Abschnitt).

Beispiele sind:

$$\frac{1}{7}+\frac{1}{7}+\frac{1}{7}=\frac{1+1+1}{7}=\frac{3}{7}$$

$$\frac{4}{11}+\frac{3}{11}+\frac{2}{11}+\frac{1}{11}=\frac{4+3+2+1}{11}=\frac{10}{11}$$

$$\frac{1}{100}+\frac{3}{100}+\frac{7}{100}+\frac{9}{100}+\frac{11}{100}=\frac{1+3+7+9+11}{100}=\frac{31}{100}$$

Fühlen Sie sich weiterhin sicher bei der Addition von Brüchen?

2. Wie lautet das Ergebnis von $\frac{1}{9}+\frac{2}{9}+\frac{5}{9}$?

Vereinfachung der Ergebnisse

Nach der Addition von zwei oder mehr Brüchen besteht die Möglichkeit, dass das Ergebnis vereinfacht werden kann (siehe Kapitel 4 für weitere Informationen zur Vereinfachung von Brüchen). In den meisten Fällen wird Ihre Lehrkraft Ihnen die volle Punktzahl für eine Lösung nur dann geben, wenn diese in der einfachsten Form vorliegt.

So addieren Sie zum Beispiel $\frac{1}{8}$ und $\frac{5}{8}$:

$$\frac{1}{8}+\frac{5}{8}=\frac{1+5}{8}=\frac{6}{8}$$

Dieses Ergebnis ist nicht die einfachste Darstellung des Bruchs. Vereinfachen Sie ihn, indem Sie sowohl den Zähler als auch den Nenner durch den gemeinsamen Faktor 2 dividieren (siehe Kapitel 3 für Informationen über gemeinsame Faktoren):

$$\frac{6\div 2}{8\div 2}=\frac{3}{4}$$

Die gleichen Regeln gelten für die Addition von mehr als zwei Brüchen. Zum Beispiel gilt:

$$\frac{7}{25}+\frac{7}{25}+\frac{1}{25}=\frac{7+7+1}{25}=\frac{15}{25}$$

Diesmal teilen Sie durch den Faktor 5: $= \frac{15 \div 5}{25 \div 5} = \frac{3}{5}$

3. Bestimmen Sie die Summe von $\frac{1}{10}+\frac{7}{10}$ und geben Sie das Ergebnis in vereinfachter Form an.

Umwandlung von Ergebnissen in gemischte Zahlen

Bei der Addition von Brüchen kann es vorkommen, dass das Resultat ein *unechter Bruch* ist, das heißt, ein Bruch, dessen Zähler größer oder gleich dem Nenner ist (siehe Kapitel 4 für weitere Informationen zu unechten Brüchen). In solchen Fällen ist es ratsam, das Resultat in eine *gemischte Zahl* umzuwandeln, insbesondere bis Sie fortgeschrittenere mathematische Konzepte beherrschen.

Betrachten Sie als Beispiel die Addition von $\frac{3}{5}$ und $\frac{4}{5}$:

$$\frac{3}{5}+\frac{4}{5}=\frac{3+4}{5}=\frac{7}{5}$$

Da 7 größer als 5 ist, stellt $\frac{7}{5}$ einen unechten Bruch dar. Um diesen in eine gemischte Zahl umzuwandeln, verwenden Sie die in Kapitel 4 beschriebene Methode. Diese umfasst zwei Schritte:

$$\frac{7}{5}=1\frac{7-5}{5}=1\frac{2}{5}$$

Bei der Addition von mehr als zwei Brüchen tritt häufiger das Problem unechter Brüche auf. Betrachten Sie folgendes Beispiel:

$$\frac{1}{10}+\frac{7}{10}+\frac{9}{10}=\frac{1+7+9}{10}=\frac{17}{10}$$

Wandeln Sie dieses Ergebnis wie folgt in eine gemischte Zahl um:

$$\frac{17}{10}=1\frac{17-10}{10}=1\frac{7}{10}$$

4. Bestimmen Sie das Resultat der Summe $\frac{4}{13}+\frac{6}{13}+\frac{9}{13}$ und geben Sie dieses als gemischte Zahl an.

Vereinfachung und Umwandlung in eine gemischte Zahl

Bei der Addition von Brüchen kann es erforderlich sein, das Resultat *sowohl* zu vereinfachen *als auch* von einem unechten Bruch in eine gemischte Zahl umzuwandeln.

Sie können diese beiden Schritte in beliebiger Reihenfolge durchführen. Es empfiehlt sich jedoch, das Resultat zuerst in eine gemischte Zahl umzuwandeln (was lediglich Subtraktion erfordert) und anschließend zu vereinfachen (was Division erfordert).

Beispiel:

$$\frac{17}{18} + \frac{11}{18} = \frac{17 + 11}{18} = \frac{28}{18}$$

Wenn Sie dieses Ergebnis zunächst in eine gemischte Zahl umwandeln, werden die Zahlen kleiner und einfacher zu handhaben:

$$\frac{28}{18} = 1\frac{28 - 18}{18} = 1\frac{10}{18}$$

Die anschließende Vereinfachung gestaltet sich nun deutlich einfacher: Teilen Sie einfach Zähler und Nenner durch den gemeinsamen Faktor 2:

$$1\frac{10}{18} = 1\frac{10 \div 2}{18 \div 2} = 1\frac{5}{9}$$

5. Bestimmen Sie das Resultat von $\frac{1}{14} + \frac{3}{14} + \frac{5}{14} + \frac{9}{14}$ und geben Sie Ihre Antwort als vereinfachte gemischte Zahl an.

Subtraktion von Brüchen mit identischem Nenner

Die Subtraktion von Brüchen mit identischem Nenner ist unkompliziert. Befolgen Sie einfach diese grundlegenden Schritte:

1. **Subtrahieren Sie die Zähler.**

   Das heißt, ziehen Sie den zweiten Zähler vom ersten Zähler ab.

2. **Behalten Sie den gemeinsamen Nenner bei.**

   Wie bei der Addition von Brüchen bleibt der Nenner unverändert.

In den folgenden Abschnitten wird die Subtraktion von Brüchen detaillierter betrachtet.

Subtraktion eines Bruchs von einem anderen

Wenn zwei Brüche einen gemeinsamen Nenner haben, ähnelt die Subtraktion eines Bruchs von einem anderen stark der Addition (siehe Abschnitt »Addition von Brüchen mit gemeinsamem Nenner« weiter oben in diesem Kapitel).

Beispiele sind:

$$\frac{4}{5} - \frac{3}{5} = \frac{1}{5} \qquad \frac{6}{7} - \frac{2}{7} = \frac{4}{7}$$

$$\frac{13}{15} - \frac{7}{15} = \frac{6}{15}$$

6. Bestimmen Sie das Resultat von $\frac{10}{11} - \frac{4}{11}$.

Vereinfachung der Resultate

Ähnlich wie bei der Addition kann es auch bei der Subtraktion von Brüchen vorkommen, dass das Resultat vereinfacht werden muss (und daher auch sollte). (Weitere Informationen zur Vereinfachung von Brüchen finden Sie in Kapitel 4).

Beispiel: $\frac{11}{12} - \frac{5}{12} = \frac{11-5}{12} = \frac{6}{12}$

Sie können dieses Resultat durch die Division durch den Faktor 6 vereinfachen:

$$\frac{6}{12} = \frac{6 \div 6}{12 \div 6} = \frac{1}{2}$$

7. Berechnen Sie $\frac{13}{15} - \frac{8}{15}$.

Achten Sie darauf, Ihr Resultat zu vereinfachen.

Ein negatives Resultat erhalten

Wenn Sie einen größeren von einem kleineren Bruch subtrahieren, erhalten Sie einen negativen Bruch. Um diese Berechnung durchzuführen, müssen Sie die Regeln für die Subtraktion einer größeren ganzen Zahl von einer kleineren Zahl beachten.

Betrachten Sie folgendes Beispiel: $\frac{1}{9} - \frac{8}{9}$. Der einzige Unterschied zu oben besteht darin, dass Sie bei der Subtraktion der Zähler eine negative Zahl erhalten: $1 - 8 = -7$. Die vollständige Subtraktion lautet: $\frac{1}{9} - \frac{8}{9} = \frac{1-8}{9} = \frac{-7}{9}$

Dieses Resultat ist akzeptabel, aber bei der Arbeit mit negativen Brüchen wird das negative Vorzeichen üblicherweise vor den Bruch gesetzt: $= -\frac{7}{9}$

8. Bestimmen Sie das Resultat von $\frac{3}{11} - \frac{8}{11}$.

Vereinfachung negativer Brüche

In manchen Fällen kann das Resultat der Subtraktion von Brüchen ein negativer Bruch sein, den Sie vereinfachen müssen. Die Berechnung, die Sie zur Vereinfachung des Bruchs durchführen, hat keinen Einfluss auf das negative Vorzeichen.

Betrachten Sie folgendes Beispiel: $\frac{3}{10} - \frac{7}{10}$

$$\frac{3}{10} - \frac{7}{10} = \frac{3-7}{10} = \frac{-4}{10} = -\frac{4}{10}$$

Dieses Ergebnis muss vereinfacht werden: $-\frac{4}{10} = -\frac{4 \div 2}{10 \div 2} = -\frac{2}{5}$

9. Bestimmen Sie das Resultat von $\frac{2}{9} - \frac{8}{9}$, ausgedrückt in vereinfachter Form.

Addition und Subtraktion von drei oder mehr Brüchen

Wenn Sie die Addition und Subtraktion von Brüchen mit identischem Nenner beherrschen, können Sie diese Operationen kombinieren, um komplexere Ausdrücke auszuwerten.

Um beispielsweise das Resultat von $\frac{5}{7} - \frac{2}{7} + \frac{4}{7} - \frac{6}{7}$ zu bestimmen, schreiben Sie die Aufgabe um und addieren beziehungsweise subtrahieren die Zähler:

$$\frac{5}{7} - \frac{2}{7} + \frac{4}{7} - \frac{6}{7} = \frac{5-2+4-6}{7} = \frac{1}{7}$$

Komplexe Berechnungen, die Addition und Subtraktion von Brüchen beinhalten, können zu Brüchen führen, die sowohl vereinfacht werden müssen als auch unechte oder negative Brüche darstellen. Hier ist ein Beispiel, das all diese Aspekte vereint:

$$\frac{1}{10} + \frac{3}{10} - \frac{7}{10} - \frac{9}{10}$$

Beginnen Sie mit der Addition und Subtraktion: $= \frac{1+3-7-9}{10} = -\frac{12}{10}$

Wandeln Sie diesen unechten negativen Bruch in eine gemischte Zahl um (diese Berechnung hat keinen Einfluss auf das negative Vorzeichen): $= -1\frac{12-10}{10}$ $= -1\frac{2}{10}$

Vereinfachen Sie abschließend den Bruch: $-1\frac{2}{10} = -1\frac{2 \div 2}{10 \div 2} = -1\frac{1}{5}$

10. Bestimmen Sie das Resultat von $\frac{1}{12} - \frac{7}{12} - \frac{11}{12} + \frac{1}{12}$, ausgedrückt als vereinfachte gemischte Zahl.

Addition und Subtraktion von Brüchen mit unterschiedlichen Nennern

Wenn die Brüche, die Sie addieren oder subtrahieren möchten, unterschiedliche Nenner aufweisen, ist es erforderlich, diese durch einen *gemeinsamen Nenner* auszudrücken, das heißt, für jeden Bruch den gleichen Nenner zu verwenden.

Die Notwendigkeit, einen gemeinsamen Nenner zu finden, gestaltet die Addition und Subtraktion von Brüchen etwas kniffliger. Viele Lernende sind unsicher bezüglich der Regeln zur Bestimmung eines gemeinsamen Nenners, insbesondere bei der Arbeit mit mehr als zwei Brüchen.

In den folgenden Abschnitten erläutere ich Schritt für Schritt zwei verschiedene Techniken, mit denen Sie einen gemeinsamen Nenner ermitteln können: das Erweitern von Brüchen und die Kreuzmultiplikation.

Addition und Subtraktion von zwei Brüchen durch Erweitern

Bei der Addition oder Subtraktion von zwei Brüchen ist es in manchen Fällen ausreichend, den Nenner eines Bruchs an den des anderen anzupassen. Diese Anpassung ist möglich, wenn der kleinere Nenner ein Faktor des größeren Nenners ist (siehe Kapitel 3 zu Faktoren).

In den folgenden Abschnitten demonstriere ich, wie Sie Brüche mit unterschiedlichen Nennern durch Anpassung des kleineren an den größeren Nenner addieren und subtrahieren können.

Addition von zwei Brüchen durch Erweitern eines Nenners

Immer wenn Sie zwei Brüche mit unterschiedlichen Nennern addieren müssen, prüfen Sie, ob der kleinere ein Faktor des größeren Nenners ist.

Nehmen wir zum Beispiel an, Sie möchten die folgende Aufgabe lösen: $\frac{3}{10} + \frac{2}{5}$

Sie erkennen, dass 5 ein Faktor von 10 ist, da $5 \times 2 = 10$. Diese Tatsache ermöglicht es, $\frac{2}{5}$ in einen äquivalenten Bruch umzuwandeln, der den Nenner 10 hat. Dazu multiplizieren Sie sowohl den Zähler als auch den Nenner dieses Bruchs mit dem Faktor 2: $\frac{3}{10} + \frac{2 \times 2}{5 \times 2} = \frac{3}{10} + \frac{4}{10}$

Das Ergebnis sind zwei Brüche mit demselben Nenner, die Sie nun addieren können: $\frac{3+4}{10} = \frac{7}{10}$

11. Addieren Sie die Brüche $\frac{1}{3}$ und $\frac{7}{12}$, indem Sie nur einen der beiden Nenner ändern.

Subtraktion eines Bruchpaares durch Erweitern eines Nenners

Wie bei der Addition von Brüchen (siehe vorheriger Abschnitt) können Sie einen Bruch von einem anderen subtrahieren, wenn der kleinere Nenner ein Faktor des größeren Nenners ist.

Nehmen wir zum Beispiel an, Sie möchten Folgendes subtrahieren: $\frac{2}{3} - \frac{1}{9}$

Zunächst erkennen Sie, dass der kleinere ein Faktor des größeren Nenners ist, da $3 \times 3 = 9$. Sie können also $\frac{2}{3}$ in einen äquivalenten Bruch mit dem Nenner 9 umwandeln:

$$\frac{2}{3} - \frac{1}{9} = \frac{2 \times 3}{3 \times 3} - \frac{1}{9} = \frac{6}{9} - \frac{1}{9}$$

Vervollständigen Sie die Aufgabe, indem Sie wie üblich Brüche subtrahieren: $\frac{6-1}{9} = \frac{5}{9}$

12. Subtrahieren Sie $\frac{4}{5} - \frac{11}{15}$, indem Sie nur einen der beiden Nenner anpassen.

Brüche nach der Addition oder Subtraktion in die korrekte Form bringen

Nach der Addition oder Subtraktion von Brüchen kann es notwendig sein, das Resultat zu vereinfachen oder, falls es ein unechter Bruch ist, in eine gemischte Zahl umzuwandeln.

Betrachten Sie zum Beispiel die folgende Subtraktion: $\frac{11}{12} - \frac{3}{4}$

Um diese Subtraktion durchzuführen, erweitern Sie den Nenner von $\frac{3}{4}$ um den Faktor 3 und subtrahieren dann: $\frac{11}{12} - \frac{3 \times 3}{4 \times 3} = \frac{11}{12} - \frac{9}{12} = \frac{11-9}{12} = \frac{2}{12}$

Um die Aufgabe abzuschließen, vereinfachen Sie dieses Resultat, indem Sie durch den Faktor 2 teilen: $\frac{2 \div 2}{12 \div 2} = \frac{1}{6}$

Ein weiteres Beispiel ist die folgende Addition: $\frac{1}{2} + \frac{11}{14}$

Erweitern Sie zunächst den Nenner von $\frac{1}{2}$ um den Faktor 7: $\frac{1 \times 7}{2 \times 7} = \frac{7}{14}$

Und addieren Sie dann: $\frac{7}{14} + \frac{11}{14} = \frac{7+11}{14} = \frac{18}{14}$

Um dieses Resultat in die korrekte Form zu bringen, muss es zunächst in eine gemischte Zahl umgewandelt und dann vereinfacht werden: $= 1\frac{18-14}{14} = 1\frac{4 \div 2}{14 \div 2} = 1\frac{2}{7}$

13. Addieren Sie $\frac{11}{15}$ und $\frac{2}{3}$.

14. Bestimmen Sie das Resultat von $\frac{7}{18} - \frac{5}{6}$.

Addition und Subtraktion von zwei Brüchen mithilfe der Kreuzmultiplikation

Wenn Sie zwei Brüche addieren oder subtrahieren möchten, gelingt es in vielen Fällen nicht, einen gemeinsamen Nenner zu finden, indem Sie lediglich einen Bruch anpassen. Dazu kommt es, wenn der kleinere Nenner *kein* Faktor des größeren Nenners ist.

In den folgenden Abschnitten zeige ich Ihnen, wie Sie mithilfe der Kreuzmultiplikation Brüche auf einen gemeinsamen Nenner bringen können, um sie zu addieren und zu subtrahieren.

Addition von Brüchen mithilfe der Kreuzmultiplikation

Die Addition von Brüchen ist nur möglich, wenn diese einen gemeinsamen Nenner besitzen. Wenn der kleinere kein Faktor des größeren Nenners ist, müssen Sie beide in einen gemeinsamen Nenner umwandeln.

Um in diesen Fällen einen gemeinsamen Nenner zu finden, empfiehlt sich die *Kreuzmultiplikation*, das heißt, die Multiplikation des Zählers des ersten Bruchs mit dem Nenner des zweiten Bruchs und die Multiplikation des Zählers des zweiten Bruchs mit dem Nenner des ersten Bruchs.

Diese Erklärung erscheint kompliziert, aber in der Praxis ist die Kreuzmultiplikation nicht allzu schwierig. Das folgende Beispiel veranschaulicht die Vorgehensweise:

Angenommen, Sie möchten die Brüche $\frac{3}{4}$ und $\frac{1}{5}$ addieren. Wie Sie sehen, ist der Nenner 4 kein Faktor des Nenners 5. Daher können Sie $\frac{3}{4}$ nicht einfach in einen Bruch umwandeln, der den Nenner 5 hat. Befolgen Sie diese Schritte, um Brüche zu addieren, bei denen keiner der Nenner ein Faktor des anderen ist:

1. **Multiplizieren Sie die beiden Nenner, um einen gemeinsamen Nenner für beide Brüche zu erhalten.**

   $4 \times 5 = 20$

   $$\frac{3}{4} + \frac{1}{5} = \frac{\square}{20} + \frac{\square}{20}$$

2. **Multiplizieren Sie den Zähler des ersten Bruchs mit dem Nenner des zweiten Bruchs (das heißt kreuzweise).**

   In diesem Beispiel multiplizieren Sie zunächst 3 und 5: $3 \times 5 = 15$.

   Setzen Sie den in Schritt 2 berechneten Wert in den Zähler des ersten Bruchs in Ihrer überarbeiteten Berechnung ein: $\frac{3}{4} + \frac{1}{5} = \frac{15}{20} + \frac{\square}{20}$

3. **Multiplizieren Sie den Nenner des ersten Bruchs mit dem Zähler des zweiten Bruchs:** $4 \times 1 = 4$

   Setzen Sie den in Schritt 3 erhaltenen Wert in den Zähler des zweiten Bruchs in der neuen Berechnung ein: $\frac{3}{4} + \frac{1}{5} = \frac{15}{20} + \frac{4}{20}$

4. **Addieren Sie die resultierenden Brüche, um das Resultat der ursprünglichen Addition zu erhalten:** $\frac{3}{4}+\frac{1}{5}=\frac{15}{20}+\frac{4}{20}=\frac{15+4}{20}=\frac{19}{20}$

15. Bestimmen Sie das Resultat von $\frac{1}{2}+\frac{2}{5}$.

Subtraktion von Brüchen mithilfe der Kreuzmultiplikation

Die Subtraktion von Brüchen ist nur möglich, wenn diese einen gemeinsamen Nenner besitzen. Wenn der kleinere Nenner kein Faktor des größeren Nenners ist, müssen Sie beide Nenner in einen gemeinsamen Nenner umwandeln.

Wie bei der Addition (siehe vorhergehender Abschnitt) ist die Kreuzmultiplikation auch bei der Subtraktion von Brüchen Ihr Freund.

Nehmen wir zum Beispiel an, Sie möchten $\frac{5}{7}-\frac{1}{3}$ subtrahieren. Der Nenner 3 ist kein Faktor des Nenners 7, daher können Sie $\frac{1}{3}$ nicht einfach in einen Bruch mit dem Nenner 7 umwandeln.

Befolgen Sie diese Schritte, um diese Subtraktionsaufgabe zu lösen:

1. **Multiplizieren Sie die beiden Nenner, um einen gemeinsamen Nenner für beide Brüche zu erhalten.**

   $7 \times 3 = 21$

   $$\frac{5}{7}-\frac{1}{3}=\frac{\square}{21}-\frac{\square}{21}$$

2. **Multiplizieren Sie den Zähler des ersten Bruchs mit dem Nenner des zweiten Bruchs.**

   $5 \times 3 = 15$

   Setzen Sie den in Schritt 2 berechneten Wert in den Zähler des ersten Bruchs in Ihrer überarbeiteten Berechnung ein:

   $$\frac{5}{7}-\frac{1}{3}=\frac{15}{21}-\frac{\square}{21}$$

3. **Multiplizieren Sie den Nenner des ersten Bruchs mit dem Zähler des zweiten Bruchs.**

   In diesem Beispiel wird 7 mit 1 multipliziert: $7 \times 1 = 7$.

Setzen Sie den in Schritt 3 berechneten Wert in den Zähler des zweiten Bruchs in Ihrer überarbeiteten Berechnung ein:

$$\frac{5}{7} - \frac{1}{3} = \frac{15}{21} - \frac{7}{21}$$

4. **Subtrahieren Sie die resultierenden Brüche:** $\frac{5}{7} - \frac{1}{3} = \frac{15}{21} - \frac{7}{21} = \frac{15-7}{21} = \frac{8}{21}$

16. Bestimmen Sie das Resultat von $\frac{3}{4} - \frac{2}{9}$.

Größere Aufgaben mit unterschiedlichen Nennern lösen

Aufgaben, die die Addition oder Subtraktion von mehr als zwei Brüchen mit unterschiedlichen Nennern beinhalten, gehören zu den anspruchsvollsten Aufgaben im Bereich der Bruchrechnung. Die folgenden Abschnitte zeigen Ihnen zwei verschiedene Lösungsansätze für diese Art von Aufgaben.

Eine umfangreiche Aufgabe in Teilschritte zerlegen

Ein möglicher Lösungsansatz für Aufgaben, die die Addition oder Subtraktion von drei oder mehr Brüchen beinhalten, ist die Zerlegung der Aufgabe in einzelne Teilschritte. Beginnen Sie mit den ersten beiden Brüchen und arbeiten Sie sich schrittweise voran.

Befolgen Sie diese Schritte, um eine Aufgabe mit mehreren Brüchen zu lösen:

1. **Beginnen Sie mit der Berechnung der ersten Operation der Aufgabe.**

   Betrachten wir als Beispiel die Berechnung von $\frac{7}{8} - \frac{1}{4} + \frac{3}{5}$. Beginnen Sie mit der Ermittlung von $\frac{7}{8} - \frac{1}{4}$. Erweitern Sie dazu die Terme von $\frac{1}{4}$, wie im Abschnitt »Addition und Subtraktion von zwei Brüchen durch Erweitern« erläutert:

   $$\frac{7}{8} - \frac{1 \times 2}{4 \times 2} = \frac{7}{8} - \frac{2}{8} = \frac{7-2}{8} = \frac{5}{8}$$

2. **Setzen Sie das in Schritt 1 erhaltene Resultat in die Aufgabe ein.**

   In diesem Beispiel erhalten Sie: $\frac{7}{8} - \frac{1}{4} + \frac{3}{5} = \frac{5}{8} + \frac{3}{5}$

3. Lösen Sie die resultierende Aufgabe aus Schritt 2.

Bei $\frac{5}{8}+\frac{3}{5}$ können Sie die Kreuzmultiplikation anwenden, wie im Abschnitt »Addition und Subtraktion von zwei Brüchen mithilfe der Kreuzmultiplikation« erläutert, und das Resultat als gemischte Zahl darstellen:

$$=\frac{25}{40}+\frac{24}{40}=\frac{25+24}{40}=\frac{49}{40}=1\frac{49-40}{40}=1\frac{9}{40}$$

17. Bestimmen Sie das Resultat von $\frac{1}{2}+\frac{8}{9}-\frac{1}{3}$.

Einen gemeinsamen Nenner für mehr als zwei Brüche suchen

Eine direktere Methode zum Addieren und Subtrahieren von drei oder mehr Brüchen als die im vorangegangenen Abschnitt erläuterten Schritte besteht darin, einen gemeinsamen Nenner für alle Brüche zu finden und dann die Berechnung durchzuführen.

Nehmen wir zum Beispiel an, Sie möchten $\frac{2}{3}+\frac{3}{4}-\frac{1}{6}$ berechnen.

Beginnen Sie damit, einen gemeinsamen Nenner zu finden, das heißt das kleinste gemeinsame Vielfache (kgV) von 3, 4 und 6. (Einzelheiten zu kgVs finden Sie in Kapitel 3.) Um dieses Problem zu lösen, notiere ich zunächst die Vielfachen von 3, 4 und 6, bis ich die erste Zahl finde, die in allen drei Mengen vorkommt:

- Vielfache von 3: 3, 6, 9, 12, …
- Vielfache von 4: 4, 8, 12, …
- Vielfache von 6: 6, 12, …

Da 12 die erste Zahl ist, die in allen drei Gruppen von Vielfachen vorkommt, verwenden Sie sie als gemeinsamen Nenner und erweitern die Terme aller drei Brüche entsprechend:

$$\frac{2}{3}+\frac{3}{4}-\frac{1}{6}=\frac{2\times 4}{3\times 4}+\frac{3\times 3}{4\times 3}-\frac{1\times 2}{6\times 2}=\frac{8}{12}+\frac{9}{12}-\frac{2}{12}$$

Lösen Sie jetzt das Problem: $\frac{8+9-2}{12}=\frac{15}{12}$

Wandeln Sie dieses Resultat in eine vereinfachte gemischte Zahl um:

$$\frac{15}{12} = 1\frac{15-12}{12} = 1\frac{3 \div 3}{12 \div 3} = 1\frac{1}{4}$$

18. Bestimmen Sie das Resultat von $\frac{9}{10} - \frac{1}{4} + \frac{4}{5}$.

Lösungen zu den Übungsaufgaben

1. $\frac{2}{7} + \frac{4}{7} = \frac{6}{7}$

2. $\frac{1}{9} + \frac{2}{9} + \frac{5}{9} = \frac{8}{9}$

3. $\frac{1}{10} + \frac{7}{10} = \frac{8}{10} = \frac{8 \div 2}{10 \div 2} = \frac{4}{5}$

4. $\frac{4}{13} + \frac{6}{13} + \frac{9}{13} = \frac{19}{13} = 1\frac{19-13}{13} = 1\frac{6}{13}$

5. $\frac{1}{14} + \frac{3}{14} + \frac{5}{14} + \frac{9}{14} = \frac{18}{14} = 1\frac{18-14}{14} = 1\frac{4}{14} = 1\frac{2}{7}$

6. $\frac{10}{11} - \frac{4}{11} = \frac{6}{11}$

7. $\frac{13}{15} - \frac{8}{15} = \frac{5}{15} = \frac{5 \div 5}{15 \div 5} = \frac{1}{3}$

8. $\frac{3}{11} - \frac{8}{11} = \frac{-5}{11} = -\frac{5}{11}$

9. $\frac{2}{9} - \frac{8}{9} = -\frac{6}{9} = -\frac{6 \div 3}{9 \div 3} = -\frac{2}{3}$

10. $\frac{1}{12} - \frac{7}{12} - \frac{11}{12} + \frac{1}{12} = \frac{1-7-11+1}{12} = -\frac{16}{12} = -1\frac{16-12}{12} = -1\frac{4}{12}$
$= -1\frac{4 \div 4}{12 \div 4} = -1\frac{1}{3}$

11. $\frac{1}{3} + \frac{7}{12} = \frac{1 \times 4}{3 \times 4} + \frac{7}{12} = \frac{4}{12} + \frac{7}{12} = \frac{11}{12}$

12. $\frac{4}{5} - \frac{11}{15} = \frac{4 \times 3}{5 \times 3} - \frac{11}{15} = \frac{12}{15} - \frac{11}{15} = \frac{1}{15}$

13. $\frac{11}{15} + \frac{2}{3} = \frac{11}{15} + \frac{10}{15} = \frac{21}{15} = 1\frac{6}{15} = 1\frac{2}{5}$

14. $\frac{7}{18} - \frac{5}{6} = \frac{7}{18} - \frac{15}{18} = -\frac{8}{18} = -\frac{4}{9}$

15. $2 \times 5 = 10$, also $\frac{1}{2} + \frac{2}{5} = \frac{}{10} + \frac{}{10}$

$1 \times 5 = 5$ und $2 \times 2 = 4$, also $\frac{1}{2} + \frac{2}{5} = \frac{5}{10} + \frac{4}{10} = \frac{9}{10}$

16. $4 \times 9 = 36$, also $\frac{3}{4} - \frac{2}{9} = \frac{}{36} - \frac{}{36}$

$3 \times 9 = 27$ und $2 \times 4 = 8$, also $\frac{3}{4} - \frac{2}{9} = \frac{27}{36} - \frac{8}{36} = \frac{19}{36}$

17. $\frac{1}{2} + \frac{8}{9} = \frac{9}{18} + \frac{16}{18} = \frac{25}{18}$, also $\frac{1}{2} + \frac{8}{9} - \frac{1}{3} = \frac{25}{18} - \frac{1}{3} = \frac{25}{18} - \frac{1 \times 6}{3 \times 6}$

$= \frac{25}{18} - \frac{6}{18} = \frac{19}{18} = 1\frac{19-18}{18} = 1\frac{1}{18}$

18. $\frac{9}{10} - \frac{1}{4} + \frac{4}{5} = \frac{18}{20} - \frac{5}{20} + \frac{16}{20} = \frac{18-5+16}{20} = \frac{29}{20} = 1\frac{9}{20}$

IN DIESEM KAPITEL

Multiplikation von zwei oder mehr Brüchen

Division von Brüchen durch Multiplikation mit dem Kehrwert

Kürzen von Brüchen vor der Multiplikation oder Division

Kapitel 6
Multiplikation und Division von Brüchen

Gute Nachrichten: Die Multiplikation und Division von Brüchen sind einfacher als ihre Addition und Subtraktion (die ich in Kapitel 5 behandele). Der Grund ist, dass Sie anders als bei der Addition und Subtraktion von Brüchen keinen gemeinsamen Nenner finden müssen! (Wenn Sie bereits einen Blick in Kapitel 5 geworfen haben, wissen Sie, wovon ich spreche.)

Brüche multiplizieren

In den folgenden Abschnitten erläutere ich die Multiplikation von zwei oder mehr Brüchen. Zudem zeige ich, wie die Multiplikation durch Kürzen vor der Berechnung vereinfacht werden kann.

Zwei Brüche multiplizieren

Die Multiplikation von zwei Brüchen gestaltet sich recht einfach. Befolgen Sie einfach diese Schritte:

1. Multiplizieren Sie die beiden *Zähler* (oberen Zahlen) und verwenden Sie das Ergebnis als Zähler.

2. Multiplizieren Sie die beiden *Nenner* (unteren Zahlen) und verwenden Sie das Ergebnis als Nenner.

Das ist Ihr Ergebnis!

Bei der Multiplikation von Brüchen ist die Bestimmung eines gemeinsamen Nenners nicht notwendig.

Um die Brüche $\frac{2}{5} \times \frac{3}{7}$ zu multiplizieren, multiplizieren Sie die Zähler miteinander und die Nenner miteinander: $\frac{2}{5} \times \frac{3}{7} = \frac{2 \times 3}{5 \times 7} = \frac{6}{35}$

1. Multiplizieren Sie $\frac{3}{4}$ mit $\frac{7}{10}$.
2. Multiplizieren Sie $\frac{4}{9} \times \frac{2}{11}$.

Mehr als zwei Brüche multiplizieren

Die Multiplikation von mehr als zwei Brüchen folgt dem gleichen Prinzip wie die Multiplikation zweier Brüche im vorigen Abschnitt. Befolgen Sie diese Schritte:

1. **Multiplizieren Sie alle *Zähler* (die oberen Zahlen) miteinander. Das Ergebnis ist der Zähler.**
2. **Multiplizieren Sie alle *Nenner* (die unteren Zahlen) miteinander. Das Ergebnis ist der Nenner.**

Der Bruch, den Sie gerade gebildet haben, ist die Antwort auf die Multiplikationsaufgabe.

Um die Multiplikation $\frac{3}{4} \times \frac{1}{8} \times \frac{7}{10}$ durchzuführen, multiplizieren Sie jeweils die Zähler und die Nenner miteinander:

$$\frac{3}{4} \times \frac{1}{8} \times \frac{7}{10} = \frac{3 \times 1 \times 7}{4 \times 8 \times 10} = \frac{21}{320}$$

3. Was ergibt $\frac{1}{2} \times \frac{3}{5} \times \frac{9}{10}$?
4. Welches Ergebnis erhalten Sie, wenn Sie $\frac{7}{11}$, $\frac{1}{5}$ und $\frac{3}{4}$ multiplizieren?

Brüche durch Kürzen vereinfachen

Bei der Multiplikation von Brüchen können Sie es sich in manchen Fällen leichter machen, indem Sie gemeinsame Faktoren im Zähler eines Bruchs und im Nenner eines anderen Bruchs *kürzen* (Informationen zu Faktoren finden Sie in Kapitel 3.) Dies ändert das Ergebnis nicht, erleichtert aber die Berechnung. Durch das Kürzen aller möglichen Faktoren entfällt zudem die Notwendigkeit, das Ergebnis im Anschluss zu vereinfachen (auf das Vereinfachen gehe ich in Kapitel 4 ein).

Nehmen wir an, dass Sie

$$\frac{5}{21} \times \frac{11}{15} \times \frac{28}{33}$$

berechnen müssen.

Sie können die Produkte im Zähler und Nenner jeweils direkt berechnen und erhalten Folgendes:

$$\frac{5}{21} \times \frac{11}{15} \times \frac{28}{33} = \frac{5 \times 11 \times 28}{21 \times 15 \times 33} = \frac{1.540}{10.395}$$

Diese Vorgehensweise ist nicht nur rechenintensiv, insbesondere ohne den Einsatz eines Taschenrechners, sondern erfordert auch die anschließende Vereinfachung des resultierenden Bruchs, um von der Lehrkraft die volle Punktzahl zu erhalten.

Das Kürzen gemeinsamer Faktoren *vor* der Multiplikation erweist sich dagegen als effizienter und vermeidet diese Schwierigkeiten.

Das Kürzen von Faktoren vor der Multiplikation

Eine effiziente Strategie zur Multiplikation von Brüchen: Anstatt zu multiplizieren und große Zahlen als Ergebnis zu erhalten, suchen Sie zunächst nach gemeinsamen Faktoren, die im Zähler des einen und im Nenner des anderen Bruchs vorkommen und kürzen diese vor der eigentlichen Multiplikation.

Betrachten wir erneut die Multiplikation

$$\frac{5}{21} \times \frac{11}{15} \times \frac{28}{33}$$

Zunächst erkennen wir, dass 5 ein gemeinsamer Faktor von 5 (im Zähler des ersten Bruchs) und 15 (im Nenner des zweiten Bruchs) ist. Wir können daher kürzen:

$$\frac{{}^{1}\cancel{5}}{21} \times \frac{11}{{}^{3}\cancel{15}} \times \frac{28}{33}$$

Dies hinterlässt einen Restfaktor von 1 neben der 5 (da $5 \div 5 = 1$) und einen Restfaktor von 3 neben der 15 (da $15 \div 5 = 3$).

Als Nächstes bemerken wir, dass 11 ein gemeinsamer Faktor von 11 (im Zähler des zweiten Bruchs) und 33 (im Nenner des dritten Bruchs) ist.

Da $11 \div 11 = 1$ und $33 \div 11 = 3$, können wir diese gemeinsamen Faktoren wie folgt aufheben:

$$\frac{{}^{1}\cancel{5}}{21} \times \frac{{}^{1}\cancel{11}}{{}^{3}\cancel{15}} \times \frac{28}{{}^{3}\cancel{33}}$$

Schließlich erkennen wir, dass 7 ein gemeinsamer Faktor von 28 (im Zähler des dritten Bruchs) und 21 (im Nenner des ersten Bruchs) ist. Da $21 \div 7 = 3$ und $28 \div 7 = 4$, können wir diesen Faktor ebenfalls kürzen:

$$\frac{{}^{1}\cancel{5}}{{}^{3}\cancel{21}} \times \frac{{}^{1}\cancel{11}}{{}^{3}\cancel{15}} \times \frac{{}^{4}\cancel{28}}{{}^{3}\cancel{33}}$$

Da die Zähler und Nenner keine weiteren gemeinsamen Faktoren mehr haben, können wir nun die Zähler und Nenner multiplizieren:

$$\frac{1 \times 1 \times 4}{3 \times 3 \times 3} = \frac{4}{27}$$

Diese Methode vereinfacht die Berechnung erheblich, da sie mit kleineren Zahlen arbeitet und die Notwendigkeit einer nachträglichen Vereinfachung des Ergebnisses vermeidet.

5. Bestimmen Sie den Wert des Produkts $\frac{20}{27} \times \frac{18}{35} \times \frac{14}{31}$, indem Sie vor der Ausführung der Multiplikation alle identifizierbaren gemeinsamen Faktoren kürzen.

Warum das Kürzen von Faktoren funktioniert

Um die Funktionsweise des Kürzens von Faktoren zu verdeutlichen, betrachten wir die Multiplikation $\frac{5}{21} \times \frac{11}{15} \times \frac{28}{33}$ aus dem vorigen Abschnitt erneut, jedoch auf eine alternative Weise.

1. **Wir zerlegen die Zähler und Nenner der Brüche in ihre Primfaktoren:**

   $$\frac{5}{3 \times 7} \times \frac{11}{3 \times 5} \times \frac{2 \times 2 \times 7}{3 \times 11}$$

   Ich zeige Ihnen in Kapitel 3, wie Sie Primfaktoren finden.

2. **Da alle Operationen Multiplikationen sind, können wir den Ausdruck als einen einzigen großen Bruch schreiben:**

   $$= \frac{5 \times 11 \times 2 \times 2 \times 7}{3 \times 7 \times 3 \times 5 \times 3 \times 11}$$

   Die direkte Multiplikation von Zähler und Nenner ergibt:

   $$\frac{5 \times 11 \times 2 \times 2 \times 7}{3 \times 7 \times 3 \times 5 \times 3 \times 11} = \frac{1.540}{10.395}$$

   Um diesen Bruch zu vereinfachen, müssen wir die gemeinsamen Faktoren 5, 11 und 7 kürzen:

   $$\frac{1.540 \div 5}{10.395 \div 5} = \frac{308 \div 11}{2.079 \div 11} = \frac{28 \div 7}{189 \div 7} = \frac{4}{27}$$

3. **Die gemeinsamen Faktoren werden direkt im zusammengefassten Bruch (siehe Schritt 2) gekürzt:**

   $$\frac{\cancel{5} \times \cancel{11} \times 2 \times 2 \times \cancel{7}}{3 \times \cancel{7} \times 3 \times \cancel{5} \times 3 \times \cancel{11}} = \frac{2 \times 2}{3 \times 3 \times 3}$$

4. **Die Multiplikation der verbleibenden Faktoren ergibt:**

   $$\frac{2 \times 2}{3 \times 3 \times 3} = \frac{4}{27}$$

Bestimmen Sie das Produkt $\frac{36}{49} \times \frac{56}{75} \times \frac{70}{81}$ durch direkte Multiplikation, ohne vorab Faktoren zu kürzen. (Versuchen Sie gar nicht erst, den resultierenden Bruch zu vereinfachen, es sei denn, Sie haben sehr viel Zeit!)

Beginnen Sie nun die Aufgabe erneut, indem Sie zunächst gemeinsame Faktoren in Zählern und Nennern kürzen.

Brüche dividieren

Lesen Sie alles über die Freuden der Bruchmultiplikation im Abschnitt »Brüche multiplizieren« weiter oben in diesem Kapitel. Einprägsam für meine Studierenden ist in der Regel die Methode, welche die Division von Brüchen in eine Multiplikation überführt, bekannt als *Kehrwertbildung*.

In den folgenden Abschnitten erläutere ich die Anwendung dieser Methode zur Division von Brüchen. Zudem zeige ich, wie die Berechnung durch das Kürzen von Faktoren nach der Kehrwertbildung, also nach der Umwandlung der Division in eine Multiplikation, vereinfacht werden kann.

Umwandlung der Division in eine Multiplikation durch Kehrwertbildung

Die Division von Brüchen unterscheidet sich nur geringfügig von deren Multiplikation. Dieser Unterschied manifestiert sich in der Anwendung der Kehrwertbildung, einer Methode, die es ermöglicht, eine Division von Brüchen in eine Multiplikation zu transformieren.

Um den Quotienten $\frac{3}{10} \div \frac{5}{7}$ zu bestimmen, gehen Sie wie folgt vor:

1. **Der erste Bruch bleibt unverändert.**

   Der erste Bruch lautet weiterhin $\frac{3}{10}$.

2. **Ändern Sie das Divisionszeichen in ein Multiplikationszeichen: $\frac{3}{10}\times$ und führen Sie gleichzeitig Schritt 3 durch.**

3. **Der zweite Bruch wird durch seinen Kehrwert ersetzt, indem Zähler und Nenner vertauscht werden: $\frac{3}{10} \times \frac{7}{5}$**

   Somit gilt:

   $$\frac{3}{10} \div \frac{5}{7} = \frac{3}{10} \times \frac{7}{5}$$

4. **Die resultierenden Brüche werden multipliziert:**

   $$\frac{3 \times 7}{10 \times 5} = \frac{21}{50}$$

   (Für weitere Informationen zur Multiplikation von Brüchen verweise ich auf den entsprechenden Abschnitt in diesem Kapitel.)

6. Teilen Sie $\frac{2}{5}$ durch $\frac{5}{8}$.

7. Bestimmen Sie den Quotienten: $\frac{3}{11} \div \frac{4}{5}$

Kürzen von Faktoren nach der Kehrwertbildung

Nachdem die Division durch Anwendung der Kehrwertbildung in eine Multiplikation überführt wurde (siehe vorheriger Abschnitt), lässt sich die Berechnung durch das Kürzen gemeinsamer Faktoren in Zählern und Nennern vereinfachen.

Die Umwandlung der Division in eine Multiplikation **muss** vor dem Kürzen von Faktoren erfolgen. Andernfalls würden Zähler und Zähler beziehungsweise Nenner und Nenner gekürzt, was den Wert des Bruchs verändert und somit zu einem falschen Ergebnis führt.

Bestimmen Sie zum Beispiel den Quotienten $\frac{14}{33} \div \frac{6}{11}$ als vereinfachten Bruch, indem Sie die folgenden Schritte ausführen:

1. **Wenden Sie die Kehrwertbildung zur Umwandlung der Division in eine Multiplikation an.**

   $$\frac{14}{33} \div \frac{6}{11} = \frac{14}{33} \times \frac{11}{6}$$

2. **Kürzen Sie die gemeinsamen Faktoren in den resultierenden Zählern und Nennern.**

   $$\frac{{}^{7}\cancel{14}}{{}^{3}\cancel{33}} \times \frac{{}^{1}\cancel{11}}{{}^{3}\cancel{6}} = \frac{7}{3} \times \frac{1}{3}$$

3. **Multiplizieren Sie die verbleibenden Faktoren, um die Aufgabe zu lösen.**

   $$\frac{7 \times 1}{3 \times 3} = \frac{7}{9}$$

8. Teilen Sie $\frac{12}{25}$ durch $\frac{9}{10}$ und geben Sie das Ergebnis als vereinfachten Bruch an.

9. Bestimmen Sie den Quotienten $\frac{21}{40} \div \frac{28}{45}$ und vereinfachen Sie das Ergebnis.

Umwandlung von Divisionsergebnissen aus unechten Brüchen in gemischte Zahlen

Bei der Division zweier echter Brüche kann das Ergebnis ein unechter Bruch sein. In solchen Fällen verlangen die meisten Lehrkräfte, dass Sie das Ergebnis in eine gemischte Zahl umwandeln.

Betrachten wir als Beispiel die Division $\frac{15}{16} \div \frac{5}{18}$, deren Ergebnis als vereinfachter Bruch ausgedrückt werden soll.

Die Division wird durch Anwendung der Kehrwertbildung in eine Multiplikation überführt:

$$\frac{15}{16} \div \frac{5}{18} = \frac{15}{16} \times \frac{18}{5}$$

Nach dem Kürzen gemeinsamer Faktoren und Ausführung der Multiplikation erhalten Sie: $\frac{{}^{3}\cancel{15}}{{}^{8}\cancel{16}} \times \frac{{}^{9}\cancel{18}}{{}^{1}\cancel{5}} = \frac{27}{8}$

Da das Ergebnis ein unechter Bruch ist, dessen Zähler viel größer als der Nenner ist, wandeln Sie diesen durch Division in eine gemischte Zahl um (wie in Kapitel 4 erläutert):

$$27 \div 8 = 3 \text{ r } 3$$

Die Ergebnisse stellen Sie in Form einer gemischten Zahl dar: $= 3\frac{3}{8}$

10. Bestimmen Sie den Quotienten $\frac{6}{7} \div \frac{16}{21}$ als vereinfachte gemischte Zahl.

11. Teilen Sie $\frac{24}{25}$ durch $\frac{32}{55}$ und geben Sie das Ergebnis als vereinfachte gemischte Zahl an.

Lösungen zu den Übungsaufgaben

1. $\frac{3}{4} \times \frac{7}{10} = \frac{3 \times 7}{4 \times 10} = \frac{21}{40}$

2. $\frac{4}{9} \times \frac{2}{11} = \frac{4 \times 2}{9 \times 11} = \frac{8}{99}$

3. $\frac{1}{2} \times \frac{3}{5} \times \frac{9}{10} = \frac{1 \times 3 \times 9}{2 \times 5 \times 10} = \frac{27}{100}$

4. $\frac{7}{11} \times \frac{1}{5} \times \frac{3}{4} = \frac{7 \times 1 \times 3}{11 \times 5 \times 4} = \frac{21}{220}$

5. $\frac{20}{27} \times \frac{18}{35} \times \frac{14}{31} = \frac{{}^{4}\cancel{20}}{{}^{3}\cancel{27}} \times \frac{{}^{2}\cancel{18}}{{}^{1}\cancel{7}\cancel{35}} \times \frac{{}^{2}\cancel{14}}{31} = \frac{16}{93}$

6. Bei der direkten Multiplikation erhalten Sie folgendes Ergebnis:

$$\frac{36}{49} \times \frac{56}{75} \times \frac{70}{81} = \frac{141.120}{297.675}$$

Durch Kürzen vor der Multiplikation erhalten Sie das folgende Ergebnis: $\frac{36}{49} \times \frac{56}{75} \times \frac{70}{81} = \frac{^{4}\cancel{36}}{^{1}\cancel{^{7}\cancel{49}}} \times \frac{^{8}\cancel{56}}{^{15}\cancel{75}} \times \frac{\cancel{^{2}\cancel{^{10}}}\cancel{70}}{^{9}\cancel{81}} = \frac{64}{135}$

7. $\frac{2}{5} \div \frac{5}{8} = \frac{2}{5} \times \frac{8}{5} = \frac{16}{25}$

8. $\frac{3}{11} \div \frac{4}{5} = \frac{3}{11} \times \frac{5}{4} = \frac{15}{44}$

9. $\frac{12}{25} \div \frac{9}{10} = \frac{12}{25} \times \frac{10}{9} = \frac{^{4}\cancel{12}}{^{5}\cancel{25}} \times \frac{^{2}\cancel{10}}{^{3}\cancel{9}} = \frac{8}{15}$

10. $\frac{21}{40} \div \frac{28}{45} = \frac{21}{40} \times \frac{45}{28} = \frac{^{3}\cancel{21}}{^{8}\cancel{40}} \times \frac{^{9}\cancel{45}}{^{4}\cancel{28}} = \frac{27}{32}$

11. $\frac{6}{7} \div \frac{16}{21} = \frac{6}{7} \times \frac{21}{16} = \frac{^{3}\cancel{6}}{^{1}\cancel{7}} \times \frac{^{3}\cancel{21}}{^{8}\cancel{16}} = \frac{9}{8} = 1\frac{1}{8}$

12. $\frac{24}{25} \div \frac{32}{55} = \frac{24}{25} \times \frac{55}{32} = \frac{^{3}\cancel{24}}{^{5}\cancel{25}} \times \frac{^{11}\cancel{55}}{^{4}\cancel{32}} = \frac{33}{20} = 1\frac{13}{20}$

IN DIESEM KAPITEL

Addition gemischter Zahlen mit und ohne Übertrag

Subtraktion gemischter Zahlen mit und ohne Umwandlung

Multiplikation und Division gemischter Zahlen und Umwandlung in unechte Brüche

Kapitel 7
Rechnen mit gemischten Zahlen

Viele Lernende empfinden den Umgang mit gemischten Zahlen (Zahlen, die aus einer ganzen Zahl und einem Bruch bestehen) als Herausforderung, insbesondere die Grundrechenarten Addition, Subtraktion, Multiplikation und Division.

In diesem Kapitel zeige ich Ihnen, wie man gemischte Zahlen in einfachen Fällen addiert, ohne dass ein Übertrag erforderlich ist. Sie lernen jedoch auch, wie man Werte vom Bruch in den ganzzahligen Teil überträgt.

Des Weiteren behandeln wir die Subtraktion gemischter Zahlen, sowohl ohne als auch mit Umwandlung, wobei Letzteres oft als die schwierigste Operation empfunden wird.

Abschließend werden Multiplikation und Division gemischter Zahlen erläutert, die in der Regel als einfacher empfunden werden.

Addition gemischter Zahlen

Die Addition gemischter Zahlen ist im Grunde genommen nur geringfügig komplexer als die Addition von Brüchen. In den folgenden Abschnitten werden diese Themen behandelt:

- ✔ Grundlagen: Addition von gemischten Zahlen mit gleichem Nenner.

- ✔ Komplexere Aufgaben: Addition von gemischten Zahlen mit unterschiedlichen Nennern unter Anwendung der Strategien aus Kapitel 5 zur Bestimmung eines gemeinsamen Nenners.
- ✔ Addition von Brüchen mit Übertrag vom Bruch in den ganzzahligen Teil.

Addition gemischter Zahlen mit gleichem Nenner

Wie in Kapitel 5 erläutert, ist die Addition von Brüchen mit gleichem Nenner unkompliziert. Diese Fähigkeiten lassen sich problemlos auf die Addition gemischter Zahlen übertragen.

Ich zeige Ihnen auch, wie Sie Ihr Resultat bei Bedarf vereinfachen können.

Wie bei der Addition von Brüchen mit gleichem Nenner ist die Addition gemischter Zahlen mit gleichem Nenner am einfachsten. Bei der Addition von gemischten Zahlen empfiehlt (oder verlangt) eine Lehrkraft jedoch in der Regel, sie ähnlich wie Brüche untereinander zu schreiben.

Um zwei gemischte Zahlen zu addieren, gehen Sie wie folgt vor:

1. **Schreiben Sie die gemischten Zahlen untereinander, sodass die ganzen Zahlen und die Bruchteile jeweils übereinander stehen.**

   Beispiel:
$$\begin{array}{r} 2\frac{1}{5} \\ +4\frac{3}{5} \\ \hline \end{array}$$

2. **Addieren Sie zuerst die Bruchteile der gemischten Zahlen, in diesem Fall $\frac{1}{5}$ und $\frac{3}{5}$.**

$$\begin{array}{r} 2\frac{1}{5} \\ +4\frac{3}{5} \\ \hline \frac{4}{5} \end{array}$$

3. **Addieren Sie anschließend die ganzen Zahlen, in diesem Fall 2 und 4.**

$$\begin{array}{r} 2\frac{1}{5} \\ +4\frac{3}{5} \\ \hline 6\frac{4}{5} \end{array}$$

1. Addieren Sie die gemischten Zahlen $4\frac{3}{7}$ und $3\frac{2}{7}$.

Vereinfachung gemischter Zahlen nach der Addition

Bei der Addition gemischter Zahlen kann es erforderlich sein, den Bruchanteil des Ergebnisses zu vereinfachen. Betrachten wir folgendes Beispiel:

$$\begin{array}{r} 4\frac{3}{8} \\ +1\frac{1}{8} \\ \hline \end{array}$$

Zunächst addieren Sie die Bruchanteile und anschließend die ganzen Zahlen:

$$\begin{array}{r} 4\frac{3}{8} \\ +1\frac{1}{8} \\ \hline 5\frac{4}{8} \end{array}$$

Um die Aufgabe abzuschließen, vereinfachen Sie den Bruchanteil des Ergebnisses:

$$5\frac{4}{8} = 5\frac{4 \div 4}{8 \div 4} = 5\frac{1}{2}$$

2. Bestimmen Sie den Wert von $3\frac{9}{14} + 5\frac{3}{14}$.

Addition gemischter Zahlen mit unterschiedlichen Nennern

Um gemischte Zahlen mit unterschiedlichen Nennern zu addieren, ist es notwendig, zunächst einen gemeinsamen Nenner zu finden. Wie in Kapitel 5 erläutert, gibt es dafür zwei wesentliche Strategien:

- ✔ **Fall 1: Der kleinere Nenner ist ein Faktor des größeren Nenners:** Erweitern Sie den Bruch mit dem kleineren Nenner, sodass sein Nenner mit dem größeren Nenner übereinstimmt.
- ✔ **Fall 2: Der kleinere Nenner ist *kein* Faktor des größeren Nenners:** Multiplizieren Sie die beiden Nenner, um einen gemeinsamen Nenner zu erhalten. Bestimmen Sie anschließend mithilfe der Kreuzmultiplikation die Zähler.

In den folgenden Abschnitten werden wir diese beiden Strategien genauer betrachten.

Addition gemischter Zahlen durch Erweitern eines Bruchs

Wenn ein Nenner ein Faktor des anderen ist, können Sie Brüche durch Erweitern des Bruchs mit dem kleineren Nenner addieren. Betrachten Sie das folgende Beispiel:

$$\begin{array}{r} 2\frac{3}{4} \\ +5\frac{1}{8} \\ \hline \end{array}$$

Da 4 ein Faktor von 8 ist ($4 \times 2 = 8$), können Sie $2\frac{3}{4}$ wie folgt erweitern:

$$\begin{array}{r} 2\frac{3}{4} = 2\frac{6}{8} \\ +5\frac{1}{8} = 5\frac{1}{8} \\ \hline \end{array}$$

Nun können Sie die Brüche addieren:

$$\begin{array}{r} 2\frac{3}{4} = 2\frac{6}{8} \\ +5\frac{1}{8} = 5\frac{1}{8} \\ \hline 7\frac{7}{8} \end{array}$$

3. Berechnen Sie $6\frac{3}{5} + 1\frac{7}{20}$.

Wie bei der Addition von Brüchen üblich, kann es notwendig sein, das Ergebnis zu vereinfachen. Betrachten wir folgendes Beispiel:

$$\begin{array}{r} 5\frac{1}{6} \\ +2\frac{5}{18} \\ \hline \end{array}$$

Wie im vorherigen Beispiel beginnen wir damit, den Bruch mit dem kleineren Nenner zu erweitern, um die beiden Brüche auf einen gemeinsamen Nenner zu bringen:

$$\begin{array}{r} 5\frac{1}{6} = 5\frac{3}{18} \\ +2\frac{5}{18} = 2\frac{5}{18} \\ \hline \end{array}$$

Nun können Sie die gemischten Zahlen addieren:

$$\begin{array}{r} 5\frac{1}{6} = 5\frac{3}{18} \\ +2\frac{5}{18} = 2\frac{5}{18} \\ \hline 7\frac{8}{18} \end{array}$$

Anschließend vereinfachen Sie den Bruchanteil des Ergebnisses:

$$7\frac{8}{18} = 7\frac{8 \div 2}{18 \div 2} = 7\frac{4}{9}$$

4. Addieren Sie die gemischten Zahlen $4\frac{17}{24}$ und $2\frac{1}{8}$.

Die Addition gemischter Zahlen mithilfe der Kreuzmultiplikation

Wenn Sie zwei gemischte Zahlen addieren müssen und der kleinere Nenner kein Faktor des größeren Nenners ist, können Sie durch Kreuzmultiplikation einen gemeinsamen Nenner finden (siehe Kapitel 5 für weitere Informationen). Schauen wir uns folgendes Beispiel an:

$$\begin{array}{r} 3\frac{2}{5} \\ +4\frac{1}{7} \\ \hline \end{array}$$

In diesem Beispiel kann der Nenner 5 nicht auf 7 erweitert werden. Daher ist die Kreuzmultiplikation die beste Strategie. Beginnen Sie mit der Multiplikation der Nenner: $5 \times 7 = 35$. Verwenden Sie diesen Wert als gemeinsamen Nenner:

$$\begin{array}{r} 3\frac{2}{5} = 3\frac{\square}{35} \\ +4\frac{1}{7} = 4\frac{\square}{35} \\ \hline \end{array}$$

Multiplizieren Sie nun die Zähler über Kreuz mit den jeweils anderen Nennern: $2 \times 7 = 14$ und $5 \times 1 = 5$. Diese Werte werden die neuen Zähler der Brüche:

$$\begin{array}{r} 3\frac{2}{5} = 3\frac{14}{35} \\ +4\frac{1}{7} = 4\frac{5}{35} \\ \hline \end{array}$$

Addieren Sie nun die gemischten Zahlen:

$$\begin{array}{r} 3\frac{2}{5} = 3\frac{14}{35} \\ +4\frac{1}{7} = 4\frac{5}{35} \\ \hline 7\frac{19}{35} \end{array}$$

5. Ermitteln Sie den Wert von $6\frac{3}{4} + 7\frac{2}{9}$.

Wenn Sie gemischte Zahlen mithilfe der Kreuzmultiplikation addieren, müssen Sie Ihre Antwort möglicherweise vereinfachen.

Betrachten Sie folgendes Beispiel:

$$\begin{array}{r} 1\frac{1}{6} \\ +9\frac{3}{4} \\ \hline \square \end{array}$$

In diesem Beispiel multiplizieren wir zunächst die Nenner, $6 \times 4 = 24$, um einen gemeinsamen Nenner von 24 für die Aufgabe zu finden. Anschließend multiplizieren wir $1 \times 4 = 4$ und $6 \times 3 = 18$, um die neuen Zähler zu bestimmen:

Nun können Sie die gemischten Zahlen addieren:

$$\begin{array}{r} 1\frac{1}{6} = 1\frac{4}{24} \\ +9\frac{3}{4} = 9\frac{18}{24} \\ \hline 10\frac{22}{24} \end{array}$$

Vereinfachen Sie den Bruchanteil des Ergebnisses:

$$10\frac{22}{24} = 10\frac{22 \div 2}{24 \div 2} = 10\frac{11}{12}$$

6. Was ergibt $8\frac{1}{10} + 9\frac{5}{6}$?

Addition gemischter Zahlen mit Übertrag

Wie in Kapitel 5 ausführlich erläutert, ist es üblich, das Ergebnis eines *unechten Bruchs* (ein Bruch, bei dem der Zähler größer oder gleich dem Nenner ist) in eine gemischte Zahl umzuwandeln, wenn die Summe der Brüche 1 oder größer ist.

Wenn Sie gemischte Zahlen addieren und die Summe der Bruchanteile 1 oder größer ist, müssen Sie diesen Wert in die Spalte der ganzen Zahlen übertragen. Dieser Schritt ist vergleichbar mit dem Übertrag eines Wertes von der Einerstelle zur Zehnerstelle bei der Addition ganzer Zahlen.

Addition mit Übertrag bei gemischten Zahlen mit gleichem Nenner

Betrachten wir das folgende Beispiel, um zu veranschaulichen, wie ein Übertrag bei der Addition gemischter Zahlen funktioniert:

$$\begin{array}{r} 5\frac{5}{7} \\ +3\frac{4}{7} \\ \hline \end{array}$$

In dieser Additionsaufgabe haben die Brüche bereits einen gemeinsamen Nenner von 7. Addieren wir die Brüche:

$$\begin{array}{r} 5\frac{5}{7} \\ +3\frac{4}{7} \\ \hline \frac{9}{7} \end{array}$$

Das Ergebnis der Addition der Bruchanteile ist der unechte Bruch $\frac{9}{7}$. Diesen können Sie in die gemischte Zahl $1\frac{2}{7}$ umwandeln (siehe Kapitel 4 für Details). Bevor Sie die Aufgabe fortsetzen, nehmen Sie die folgende Änderung vor, um diese Umwandlung zu berücksichtigen:

$$\begin{array}{r} {}^{1} \\ 5\frac{5}{7} \\ +3\frac{4}{7} \\ \hline \frac{{}^{2}\not{9}}{7} \end{array}$$

Ändern Sie den Zähler des Bruchergebnisses von 9 in 2 und *übertragen* Sie dann die 1 in die Spalte der ganzen Zahlen. Um die Aufgabe abzuschließen, addieren Sie $1 + 5 + 3 = 9$:

$$\begin{array}{r} {}^{1} \\ 5\frac{5}{7} \\ +3\frac{4}{7} \\ \hline 9\frac{2}{7} \end{array}$$

7. Wie lautet die Summe von $8\frac{7}{10}$ und $6\frac{9}{10}$? (Geben Sie Ihre Antwort als vereinfachte gemischte Zahl an.)

Addition mit Übertrag bei gemischten Zahlen mit unterschiedlichen Nennern

Wenn Sie gemischte Zahlen mit unterschiedlichen Nennern addieren, müssen Sie möglicherweise auch einen Wert aus der Bruchspalte in die Spalte der ganzen Zahlen übertragen. Betrachten Sie folgendes Beispiel:

$$\begin{array}{r} 10\frac{1}{2} \\ +12\frac{7}{8} \\ \hline \end{array}$$

In diesem Beispiel ist der Nenner 2 ein Faktor des Nenners 8, da $2 \times 4 = 8$. Man kann also einen gemeinsamen Nenner erhalten, indem man den Bruch $\frac{1}{2}$ mit 4 erweitert:

$$\begin{array}{r} 10\frac{1}{2} = 10\frac{4}{8} \\ +12\frac{7}{8} = 12\frac{7}{8} \\ \hline \end{array}$$

Addieren Sie anschließend die Brüche: $\frac{4}{8} + \frac{7}{8} = \frac{11}{8}$. Wandeln Sie diesen unechten Bruch in die gemischte Zahl $1\frac{3}{8}$ um (da $1\frac{11-8}{8} = 1\frac{3}{8}$). Geben Sie diese gemischte Zahl in das Additionsproblem ein:

$$\begin{array}{r} 1\phantom{\frac{4}{8}} \\ 10\frac{1}{2} = 10\frac{4}{8} \\ +12\frac{7}{8} = 12\frac{7}{8} \\ \hline \frac{3}{8} \end{array}$$

Fügen Sie nun die Spalte mit den ganzen Zahlen hinzu: $1 + 10 + 12 = 23$:

$$\begin{array}{r} 1\phantom{\frac{4}{8}} \\ 10\frac{1}{2} = 10\frac{4}{8} \\ +12\frac{7}{8} = 12\frac{7}{8} \\ \hline 23\frac{3}{8} \end{array}$$

8. Was ergibt $14\frac{1}{6} + 13\frac{8}{9}$? (Geben Sie Ihre Antwort als vereinfachte gemischte Zahl an.)

Subtraktion gemischter Zahlen

Die Subtraktion gemischter Zahlen mag auf den ersten Blick einfach erscheinen, birgt jedoch einige Tücken, die unerfahrene Lernende schnell aus dem Konzept bringen können. In den folgenden Abschnitten führe ich Sie anhand von Beispielen und einer strukturierten Vorgehensweise durch die Grundlagen, sodass Sie anschließend auch komplexere Aufgaben sicher meistern können.

Subtraktion gemischter Zahlen mit gleichem Nenner

Wie bei der Subtraktion von Brüchen (siehe Kapitel 5) ist die Subtraktion gemischter Zahlen am unkompliziertesten, wenn die beteiligten Brüche denselben Nenner aufweisen. Im Folgenden zeige ich Ihnen, wie Sie solche Aufgaben mühelos lösen können.

Subtraktion gemischter Zahlen

Um eine gemischte Zahl von einer anderen zu subtrahieren, folgen Sie diesen grundlegenden Schritten:

1. **Schreiben Sie die Zahlen, die Sie subtrahieren möchten, übereinander.**

   Zum Beispiel: $\begin{array}{r} 7\frac{4}{5} \\ -2\frac{3}{5} \\ \hline \end{array}$

2. **Subtrahieren Sie die Bruchanteile:**

   $$\begin{array}{r} 7\frac{4}{5} \\ -2\frac{3}{5} \\ \hline \frac{1}{5} \end{array}$$

3. **Subtrahieren Sie die ganzen Zahlen:**

   $$\begin{array}{r} 7\frac{4}{5} \\ -2\frac{3}{5} \\ \hline 5\frac{1}{5} \end{array}$$

9. Was ergibt $9\frac{5}{7} - 6\frac{3}{7}$?

Vereinfachung der Antwort nach Subtraktion gemischter Zahlen

Bei der Subtraktion gemischter Zahlen kann es vorkommen, dass der Bruchanteil des Ergebnisses vereinfacht werden muss. Betrachten wir folgendes Beispiel:

$$\begin{array}{r} 6\frac{7}{10} \\ -2\frac{3}{10} \\ \hline \end{array}$$

Subtrahieren Sie zunächst die Bruchanteile und dann die ganzen Zahlen:

$$\begin{array}{r} 6\frac{7}{10} \\ -2\frac{3}{10} \\ \hline 4\frac{4}{10} \end{array}$$

Um die Aufgabe abzuschließen, vereinfachen Sie den Bruchanteil des Ergebnisses:

$$4\frac{4}{10} = 4\frac{4 \div 2}{10 \div 2} = 4\frac{2}{5}$$

10. Bestimmen Sie den Wert von $6\frac{7}{8} - 2\frac{3}{8}$.

Subtraktion eines Paares gemischter Zahlen mit unterschiedlichen Nennern

Um gemischte Zahlen mit unterschiedlichen Nennern in den Bruchanteilen zu subtrahieren, müssen Sie einen gemeinsamen Nenner finden. Wie Sie in Kapitel 5 nachlesen können, gibt es zwei wichtige Strategien, die Sie anwenden können, um den gemeinsamen Nenner zu finden:

- ✔ **Fall 1: Der kleinere Nenner ist ein Faktor des größeren Nenners:** Erweitern Sie den Bruch mit dem kleineren Nenner, sodass dieser mit dem größeren Nenner übereinstimmt.
- ✔ **Fall 2: Der kleinere Nenner ist *kein* Faktor des größeren Nenners:** Multiplizieren Sie die beiden Nenner, um einen gemeinsamen Nenner zu finden. Bestimmen Sie anschließend mithilfe der Kreuzmultiplikation die Zähler.

In den folgenden Abschnitten zeige ich Ihnen, wie Sie beide Strategien anwenden können.

Subtraktion gemischter Zahlen durch Erweitern eines Bruchs

Wenn der kleinere Nenner ein Teiler des größeren Nenners ist, können die Terme des Bruchs mit dem kleineren Nenner so erweitert werden, dass sie dem größeren Nenner entsprechen. Betrachten wir folgendes Beispiel:

$$\begin{array}{r} 5\frac{11}{12} \\ -2\frac{2}{3} \\ \hline \end{array}$$

Hier ist der Nenner 3 ein Teiler des Nenners 12. Daher können wir den Bruch $\frac{2}{3}$ mit dem Faktor 4 erweitern:

$$\begin{array}{rcl} 5\frac{11}{12} & = & 5\frac{11}{12} \\ -2\frac{2}{3} & = & 2\frac{8}{12} \\ \hline \end{array}$$

Subtrahieren Sie nun die Bruchanteile und die ganzen Zahlen separat:

$$\begin{array}{rcl} 5\frac{11}{12} & = & 5\frac{11}{12} \\ -2\frac{2}{3} & = & 2\frac{8}{12} \\ \hline & & 3\frac{3}{12} \end{array}$$

Vereinfachen Sie den Bruchanteil dieses Ergebnisses:

$$3\frac{3}{12} = 3\frac{3 \div 3}{12 \div 3} = 3\frac{1}{4}$$

11. Berechnen Sie: $9\frac{4}{5} - 6\frac{7}{15}$.

Subtraktion gemischter Zahlen mithilfe der Kreuzmultiplikation

Wenn eine gemischte Zahl von einer anderen subtrahiert werden soll und der kleinere Nenner kein Faktor des größeren Nenners ist, kann durch Kreuzmultiplikation ein gemeinsamer Nenner gefunden werden (siehe Kapitel 5).

Betrachten wir das folgende Beispiel:

$$\begin{array}{r} 6\frac{3}{4} \\ -2\frac{2}{5} \\ \hline \end{array}$$

Da der Nenner 4 nicht mit einer ganzen Zahl multipliziert werden kann, um 5 zu erhalten, ist es zweckmäßig, den gemeinsamen Nenner durch Kreuzmultiplikation zu bestimmen. Multiplizieren Sie dazu 4 mit 5. Sie erhalten 20, was als gemeinsamer Nenner verwendet wird:

$$\begin{array}{r} 6\frac{3}{4} = 6\frac{\square}{20} \\ -2\frac{2}{5} = 2\frac{\square}{20} \\ \hline \end{array}$$

Anschließend werden die Zähler der Brüche durch Kreuzmultiplikation bestimmt: $3 \times 5 = 15$ und $2 \times 4 = 8$. Dies führt zu den korrekten Zählern für die beiden Brüche:

$$\begin{array}{r} 6\frac{3}{4} = 6\frac{15}{20} \\ -2\frac{2}{5} = 2\frac{8}{20} \\ \hline \end{array}$$

Subtrahieren Sie nun die gemischten Zahlen:

$$\begin{array}{r} 6\frac{3}{4} = 6\frac{15}{20} \\ -2\frac{2}{5} = 2\frac{8}{20} \\ \hline 4\frac{7}{20} \end{array}$$

12. Berechnen Sie: $8\frac{6}{7} - 5\frac{3}{4}$.

Subtraktion von gemischten Zahlen durch Umwandlung

Die Subtraktion von gemischten Zahlen kann herausfordernd sein, insbesondere wenn der Bruchteil des Subtrahenden größer ist als der Bruchteil des Minuenden.

Die Notwendigkeit der Umwandlung ergibt sich, wenn der Bruchteil des Subtrahenden größer ist als der Bruchteil des Minuenden. Dies ist analog zum »Entleihen« bei der Subtraktion ganzer Zahlen, bei der 1 von einer Stelle entliehen und zur nächstniedrigeren Stelle addiert wird.

In den folgenden Abschnitten erfahren Sie, wie Sie erkennen, wann eine Umwandlung erforderlich ist und wie Sie die Berechnung systematisch durchführen können.

Subtraktion gemischter Zahlen mit gleichem Nenner durch Umwandlung

Wenn die Bruchteile der gemischten Zahlen denselben Nenner haben, ist es leicht zu erkennen, wann eine Umwandlung erforderlich ist. Betrachten Sie das folgende Beispiel:

$$\begin{array}{r} 8\frac{2}{7} \\ -1\frac{5}{7} \\ \hline \end{array}$$

Der erste Schritt ist hier die Subtraktion der Bruchteile: $\frac{2}{7} - \frac{5}{7}$. Das Ergebnis ist ein negativer Bruch, der (wie bei der Subtraktion ganzer Zahlen) in diesem Stadium der Subtraktion nicht zulässig ist.

Um dieses Problem zu lösen, können Sie eine Technik anwenden, die dem Übertrag beim Subtrahieren ganzer Zahlen ähnelt. Führen Sie die folgenden Schritte aus, um die obere gemischte Zahl anzupassen:

1. **Subtrahieren Sie 1 vom ganzzahligen Teil der gemischten Zahl.**

   In der Aufgabe $\begin{array}{r} 8\frac{2}{7} \\ -1\frac{5}{7} \\ \hline \end{array}$ subtrahieren Sie 8 – 1 = 7, streichen Sie also 8 und ersetzen Sie es durch 7.

2. **Erhöhen Sie den Bruchteil des Minuenden um 1.**

   Streichen Sie also 8 durch und ändern Sie es in 7.

   In dieser Aufgabe addieren Sie $\frac{2}{7} + 1 = \frac{2}{7} + \frac{7}{7} = \frac{9}{7}$. Streichen Sie also den Zähler 2 und ersetzen Sie ihn durch 9.

   So sieht das Ergebnis aus:

$$\begin{array}{r} {}^{7}\not{8}\frac{{}^{9}\not{2}}{7} \\ -1\frac{5}{7} \\ \hline \end{array}$$

3. **Subtrahieren Sie die Bruchteile. Berechnen Sie $\frac{9}{7} - \frac{5}{7} = \frac{4}{7}$.**

4. **Subtrahieren Sie die ganzzahligen Teile. Berechnen Sie** $7 - 1 = 6$.

Also lautet das Ergebnis:

$$\begin{array}{r} {}^{7}\cancel{8}\frac{{}^{9}\cancel{2}}{7} \\ -1\frac{5}{7} \\ \hline 6\frac{4}{7} \end{array}$$

13. Berechnen Sie $6\frac{1}{8} - 2\frac{7}{8}$.

Subtraktion mit Übertrag bei gemischten Zahlen mit unterschiedlichen Nennern

Wenn Sie gemischte Zahlen mit unterschiedlichen Nennern subtrahieren möchten, ist es häufig erforderlich, einen gemeinsamen Nenner zu finden, um zu entscheiden, ob ein Übertrag notwendig ist. Betrachten wir folgendes Beispiel:

$$\begin{array}{r} 9\frac{1}{6} \\ -4\frac{2}{3} \\ \hline \end{array}$$

Zunächst bestimmen wir einen gemeinsamen Nenner, um die Bruchteile miteinander vergleichen zu können. Da 3 ein Teiler von 6 ist, erweitern wir den zweiten Bruch.

Zunächst muss man einen gemeinsamen Nenner finden, damit man die Werte der Brüche auswerten kann. In diesem Fall ist der Nenner 3 ein Faktor des Nenners 6, also erweitern wir die Terme von $\frac{1}{6}$ um den Faktor 2:

$$\begin{array}{rcr} 9\frac{1}{6} & = & 9\frac{1}{6} \\ -4\frac{2}{3} & = & -4\frac{4}{6} \\ \hline \end{array}$$

Nun erkennen wir, dass $\frac{1}{6}$ kleiner ist als $\frac{4}{6}$. Daher müssen wir einen Übertrag von der ganzen Zahl vornehmen. Wir wandeln 9 in 8 um und ändern $\frac{1}{6}$ in $\frac{7}{6}$:

$$\begin{array}{rcr} 9\frac{1}{6} & = & {}^{8}\cancel{9}\frac{{}^{7}\cancel{1}}{6} \\ -4\frac{2}{3} & = & -4\frac{4}{6} \\ \hline \end{array}$$

Wir subtrahieren die Bruchteile und die ganzen Zahlen separat:

$$
\begin{array}{r}
= {}^{8}\cancel{9}\frac{{}^{7}\cancel{1}}{6} \\
= -4\frac{4}{6} \\
\hline
4\frac{3}{6}
\end{array}
$$

Abschließend vereinfachen wir den Bruch:

$$4\frac{3}{6} = 4\frac{3 \div 3}{6 \div 3} = 4\frac{1}{2}$$

14. Berechnen Sie $7\frac{5}{12} - 1\frac{2}{3}$.

Betrachten wir eine weitere Aufgabe zur Subtraktion gemischter Zahlen, bei der ein Übertrag erforderlich ist. In diesem Fall nutzen wir die Kreuzmultiplikation, um gleichwertige Brüche mit einem gemeinsamen Nenner zu erhalten:

$$
\begin{array}{r}
8\frac{2}{9} \\
-6\frac{4}{5} \\
\hline
\end{array}
$$

Zuerst bestimmen wir den gemeinsamen Nenner durch Multiplikation der Nenner: $9 \times 5 = 45$.

$$
\begin{array}{r}
8\frac{2}{9} = 8\frac{\square}{45} \\
-6\frac{4}{5} = -6\frac{\square}{45} \\
\hline
\end{array}
$$

Nun ermitteln wir die neuen Zähler durch die Multiplikation der beiden Bruchteile $2 \times 5 = 10$ und $9 \times 4 = 36$:

$$
\begin{array}{r}
8\frac{2}{9} = 8\frac{10}{45} \\
-6\frac{4}{5} = -6\frac{36}{45} \\
\hline
\end{array}
$$

Wie Sie erkennen, benötigen wir einen Übertrag, bevor Sie die Bruchteile subtrahieren können. Wir wandeln 8 in 7 um und addieren die 1 zum Bruchteil – $10 + 45 = 55$:

$$
\begin{array}{r}
8\frac{2}{9} = {}^{7}\cancel{8}\frac{{}^{55}\cancel{10}}{45} \\
-6\frac{4}{5} = -6\frac{36}{45} \\
\hline
\end{array}
$$

Um die Aufgabe zu lösen, subtrahieren Sie die Bruchteile und die ganzzahligen Teile der resultierenden gemischten Zahlen:

$$\begin{array}{r} 8\frac{2}{9} = {}^{7}\cancel{8}\frac{{}^{55}\cancel{10}}{45} \\ -6\frac{4}{5} = -6\frac{36}{45} \\ \hline 1\frac{19}{45} \end{array}$$

15. Berechnen Sie $8\frac{4}{7} - 2\frac{5}{6}$.

Multiplikation gemischter Zahlen

Die Multiplikation gemischter Zahlen baut auf Fertigkeiten auf, die Sie in früheren Kapiteln, insbesondere in den Kapiteln 4 und 6, erlernt haben. Im Folgenden zeige ich Ihnen, wie Sie diese anwenden.

Multiplikation zweier gemischter Zahlen

Nehmen wir an, Sie möchten $2\frac{1}{3} \times 1\frac{1}{4}$ berechnen. Die Vorgehensweise ist wie folgt:

1. **Wandeln Sie beide gemischten Zahlen mithilfe der »Popcorn-Methode« (siehe Kapitel 4) in unechte Brüche um:**

   $$2\frac{1}{3} \times 1\frac{1}{4} = \frac{6+1}{3} \times \frac{4+1}{4} = \frac{7}{3} \times \frac{5}{4}$$

2. **Falls möglich, kürzen Sie gemeinsame Faktoren in Zähler und Nenner.**

   In diesem Beispiel gibt es keine solchen Faktoren. Aufgaben mit kürzbaren Faktoren folgen im nächsten Abschnitt.

3. **Multiplizieren Sie die unechten Brüche:**

   $$\frac{7}{3} \times \frac{5}{4} = \frac{35}{12}$$

4. **Wandeln Sie das Ergebnis gegebenenfalls in eine gemischte Zahl um und vereinfachen Sie es.**

Für diese Umwandlung subtrahiere ich wiederholt den Nenner vom Zähler und addiere für jedes Mal 1 zum ganzzahligen Teil:

$$\frac{35}{12} = 1\frac{23}{12} = 2\frac{11}{12}$$

16. Berechnen Sie $1\frac{1}{6} \times 1\frac{2}{5}$. (Geben Sie das Ergebnis als vereinfachte gemischte Zahl an.)

Kürzen von Faktoren zur Vereinfachung der Multiplikation gemischter Zahlen

In manchen Fällen können Sie die Multiplikation gemischter Zahlen vereinfachen, indem Sie vor der eigentlichen Multiplikation gemeinsame Faktoren kürzen. Dies erleichtert die Arbeit mit den Zahlen.

Betrachten wir als Beispiel die Multiplikation $2\frac{2}{5} \times 3\frac{1}{3}$. Gehen Sie wie folgt vor, um Faktoren vor der Multiplikation zu kürzen:

1. **Wandeln Sie die gemischten Zahlen mit der »Popcorn-Methode« (siehe Kapitel 4) in unechte Brüche um:**

$$2\frac{2}{5} \times 3\frac{1}{3} = \frac{12}{5} \times \frac{10}{3}$$

2. **Kürzen Sie gemeinsame Faktoren in Zähler und Nenner:**

$$= \frac{{}^{4}\cancel{12}}{{}^{1}\cancel{5}} \times \frac{{}^{2}\cancel{10}}{{}^{1}\cancel{3}}$$

3. **Multiplizieren Sie die Zähler und die Nenner:**

$$\frac{4 \times 2}{1 \times 1} = \frac{8}{1}$$

4. **Vereinfachen Sie das Ergebnis:**

$$\frac{8}{1} = 8$$

17. Berechnen Sie $4\frac{2}{3} \times 2\frac{1}{7}$. (Geben Sie das Ergebnis als vereinfachte gemischte Zahl an.)

Division gemischter Zahlen

In Kapitel 5 haben Sie gelernt, wie man Brüche dividiert, indem man die Division in eine Multiplikation umwandelt und dabei die Technik des Kehrwerts anwendet. In den folgenden Abschnitten zeige ich Ihnen, wie Sie diese Technik bei gemischten Zahlen anwenden.

Division eines Paares gemischter Zahlen

Nehmen wir an, Sie möchten $2\frac{1}{2} \div 1\frac{2}{5}$ berechnen. Gehen Sie wie folgt vor, um eine gemischte Zahl durch eine andere zu dividieren:

1. **Wandeln Sie beide gemischten Zahlen mit der »Popcorn-Methode« (wie in Kapitel 4 erklärt) in unechte Brüche um:**

   $$2\frac{1}{2} \div 1\frac{2}{5} = \frac{5}{2} \div \frac{7}{5}$$

2. **Wenden Sie die Kehrwert-Methode (wie in Kapitel 6 beschrieben) an, um die Division in eine Multiplikation umzuwandeln:**

   $$\frac{5}{2} \div \frac{7}{5} = \frac{5}{2} \times \frac{5}{7}$$

3. **Kürzen Sie, wenn möglich, gemeinsame Faktoren in Zähler und Nenner.**

   In diesem Beispiel gibt es keine gemeinsamen Faktoren, die gekürzt werden können. Aufgaben mit kürzbaren Faktoren folgen im nächsten Abschnitt.

4. **Multiplizieren Sie die resultierenden unechten Brüche:**

   $$\frac{5 \times 5}{2 \times 7} = \frac{25}{14}$$

5. **Wandeln Sie das Ergebnis, falls nötig, von einem unechten Bruch in eine gemischte Zahl um.**

   Das Ergebnis dieses Beispiels ist ein unechter Bruch, daher wandeln wir es in eine gemischte Zahl um:

   $$\frac{25}{14} = 1\frac{25 - 14}{14} = 1\frac{11}{14}$$

18. Berechnen Sie $2\frac{1}{3} \div 1\frac{3}{5}$. (Geben Sie die Lösung als vereinfachte gemischte Zahl an.)

Kürzen von Faktoren zur Vereinfachung der Division gemischter Zahlen

Wie bei der Division von Brüchen (siehe Kapitel 6) können Sie auch die Division gemischter Zahlen vereinfachen, indem Sie gemeinsame Faktoren kürzen.

Kürzen Sie Faktoren immer erst, *nachdem* Sie die Division in eine Multiplikation umgewandelt haben, indem Sie den Kehrwert bilden.

Führen Sie beispielsweise die folgenden Schritte aus, um zwei gemischte Brüche zu dividieren, die gekürzt werden können:

1. **Wandeln Sie beide gemischten Zahlen mit der »Popcorn-Methode« (siehe Kapitel 4) in unechte Brüche um:**

   $$3\frac{2}{3} \div 2\frac{1}{5} = \frac{11}{3} \div \frac{11}{5}$$

2. **Wenden Sie die Kehrwert-Methode an, um die Division in eine Multiplikation umzuwandeln (siehe Kapitel 6):**

   $$\frac{11}{3} \div \frac{11}{5} = \frac{11}{3} \times \frac{5}{11}$$

3. **Kürzen Sie alle gemeinsamen Faktoren in Zähler und Nenner.**

   In diesem Beispiel können Sie sowohl im Zähler als auch im Nenner den Faktor 11 streichen:

   $$= \frac{{}^{1}\cancel{11}}{3} \times \frac{5}{{}^{1}\cancel{11}}$$

4. **Multiplizieren Sie die vereinfachten Brüche:**

   $$\frac{1}{3} \times \frac{5}{1} = \frac{5}{3}$$

5. **Wandeln Sie das Ergebnis in eine gemischte Zahl, wenn möglich:**

   $$\frac{5}{3} = 1\frac{5-3}{3} = 1\frac{2}{3}$$

19. Berechnen Sie $5\frac{1}{4} \div 2\frac{4}{5}$. (Geben Sie das Ergebnis als vereinfachte gemischte Zahl an.)

Lösungen zu den Übungsaufgaben

1.

$$\begin{array}{r} 4\frac{3}{7} \\ +3\frac{2}{7} \\ \hline 7\frac{5}{7} \end{array}$$

2.

$$\begin{array}{r} 3\frac{9}{14} \\ +5\frac{3}{14} \\ \hline 8\frac{12}{14} \end{array} \quad 8\frac{12}{14} = 8\frac{12 \div 2}{14 \div 2} = 8\frac{6}{7}$$

3.

$$\begin{array}{rl} 6\frac{3}{5} & = 6\frac{12}{20} \\ +1\frac{7}{20} & = 1\frac{7}{20} \\ \hline & 7\frac{19}{20} \end{array}$$

4.

$$\begin{array}{rl} 4\frac{17}{24} & = 4\frac{17}{24} \\ +2\frac{1}{8} & = 2\frac{3}{24} \\ \hline & 6\frac{20}{24} \end{array} \quad 6\frac{20}{24} = 6\frac{10}{12} = 6\frac{5}{6}$$

5.

$$\begin{array}{rl} 6\frac{3}{4} & = 6\frac{27}{36} \\ +7\frac{2}{9} & = 7\frac{8}{36} \\ \hline & 13\frac{35}{36} \end{array}$$

6.
$$\begin{array}{r} 8\frac{1}{10} = 8\frac{6}{60} \\ +9\frac{5}{6} = 9\frac{50}{60} \\ \hline 17\frac{56}{60} \end{array} \quad 17\frac{56}{60} = 17\frac{56 \div 4}{60 \div 4} = 17\frac{14}{15}$$

7.
$$\begin{array}{r} 8\frac{7}{10} \\ +6\frac{9}{10} \\ \hline \frac{16}{10} \end{array}$$

Ändern Sie $\frac{16}{10}$ in $1\frac{16}{10}$, behalten Sie $\frac{6}{10}$ als Bruchzahl und übertragen Sie die 1 in die Ganzzahlenspalte:

$$\begin{array}{r} {}^{1} \\ 8\frac{7}{10} \\ +6\frac{9}{10} \\ \hline 15\frac{6}{10} \end{array} \quad 15\frac{6}{10} = 15\frac{6 \div 2}{10 \div 2} = 15\frac{3}{5}$$

8.
$$\begin{array}{r} 14\frac{1}{6} = 14\frac{9}{54} \\ +13\frac{8}{9} = 13\frac{48}{54} \\ \hline \frac{57}{54} \end{array}$$

Ändern Sie nun $\frac{57}{54}$ in $1\frac{3}{54}$, behalten Sie $\frac{3}{54}$ als Bruchzahl und übertragen Sie die 1 in die Ganzzahlenspalte:

$$\begin{array}{r} {}^{1} \\ 14\frac{1}{6} = 14\frac{9}{54} \\ +13\frac{8}{9} = 13\frac{48}{54} \\ \hline 28\frac{3}{54} \end{array} \quad 28\frac{3}{54} = 28\frac{3 \div 3}{54 \div 3} = 28\frac{1}{18}$$

9. $$\begin{array}{r} 9\frac{5}{7} \\ -6\frac{3}{7} \\ \hline 3\frac{2}{7} \end{array}$$

10. $$\begin{array}{r} 6\frac{7}{8} \\ -2\frac{3}{8} \\ \hline 4\frac{4}{8} \end{array} \quad 4\frac{4}{8} = 4\frac{4 \div 4}{8 \div 4} = 4\frac{1}{2}$$

11. $$\begin{array}{r} 9\frac{4}{5} = 9\frac{12}{15} \\ -6\frac{7}{15} = 6\frac{7}{15} \\ \hline 3\frac{5}{15} \end{array} \quad 3\frac{5}{15} = 3\frac{5 \div 5}{15 \div 5} = 3\frac{1}{3}$$

12. $$\begin{array}{r} 8\frac{6}{7} = 8\frac{24}{28} \\ -5\frac{3}{4} = 5\frac{21}{28} \\ \hline 3\frac{3}{28} \end{array}$$

13. $$\begin{array}{r} {}^{5}\not{6}\frac{{}^{9}\not{1}}{8} \\ -2\frac{7}{8} \\ \hline 3\frac{2}{8} \end{array} \quad 3\frac{2}{8} = 3\frac{2 \div 2}{8 \div 2} = 3\frac{1}{4}$$

14. $$\begin{array}{r} 7\frac{5}{12} = 7\frac{5}{12} \\ -1\frac{2}{3} = 1\frac{8}{12} \\ \hline \end{array}$$

Um nun $\frac{5}{12} - \frac{8}{12}$ zu subtrahieren, müssen Sie 1 aus der Ganzzahlenspalte nehmen und 2 zum Zähler von $\frac{5}{12}$ addieren:

$$\begin{array}{r} \overset{6}{\cancel{7}}\dfrac{\overset{17}{\cancel{5}}}{12} \\ -1\dfrac{8}{12} \\ \hline 5\dfrac{9}{12} \end{array} \qquad 5\frac{9}{12} = 5\frac{9 \div 3}{12 \div 3} = 5\frac{3}{4}$$

15.

$$\begin{array}{r} 8\dfrac{4}{7} = 8\dfrac{24}{42} \\ -2\dfrac{5}{6} = 2\dfrac{35}{42} \\ \hline \end{array}$$

Um nun $\frac{24}{42} - \frac{35}{42}$ zu subtrahieren, müssen Sie 1 aus der Ganzzahlen-spalte nehmen und 42 zum Zähler von $\frac{24}{42}$ addieren:

$$\begin{array}{r} \overset{7}{\cancel{8}}\dfrac{\overset{66}{\cancel{24}}}{42} \\ -2\dfrac{35}{42} \\ \hline 5\dfrac{31}{42} \end{array}$$

16. $1\frac{1}{6} \times 1\frac{2}{5} = \frac{7}{6} \times \frac{7}{5} = \frac{49}{30} = 1\frac{49-30}{30} = 1\frac{19}{30}$

17. $4\frac{2}{3} \times 2\frac{1}{7} = \frac{14}{3} \times \frac{15}{7} = \frac{\overset{2}{\cancel{14}}}{\underset{1}{\cancel{3}}} \times \frac{\overset{5}{\cancel{15}}}{\underset{1}{\cancel{7}}} = \frac{2 \times 5}{1 \times 1} = \frac{10}{1} = 10$

18. $2\frac{1}{3} \div 1\frac{3}{5} = \frac{7}{3} \div \frac{8}{5} = \frac{7}{3} \times \frac{5}{8} = \frac{35}{24} = 1\frac{35-24}{24} = 1\frac{11}{24}$

19. $5\frac{1}{4} \div 2\frac{4}{5} = \frac{21}{4} \div \frac{14}{5} = \frac{21}{4} \times \frac{5}{14} = \frac{\overset{3}{\cancel{21}}}{4} \times \frac{5}{\underset{2}{\cancel{14}}} = \frac{15}{8} = 1\frac{15-8}{8} = 1\frac{7}{8}$

IN DIESEM KAPITEL

Anwendung von Addition und Subtraktion von Brüchen in realitätsnahen Textaufgaben

Lösung von Textaufgaben, die die Multiplikation von Brüchen erfordern

Division von Brüchen als Lösungsstrategie für Textaufgaben

Einsatz von Verhältnissen und proportionalen Gleichungen zur Lösung von Textaufgaben

Kapitel 8
Textaufgaben mit Brüchen

Brüche sind allgegenwärtig in der realen Welt, besonders wenn es um Messungen und die Aufteilung von Ganzen in Teile geht.

In diesem Kapitel lernen Sie, Aufgaben zu meistern, die das Addieren oder Subtrahieren von Brüchen erfordern, oder beides. Sie werden sich auch mit Aufgaben beschäftigen, die Multiplikation und Division von Brüchen beinhalten.

Neben Aufgaben, die die vier Grundoperationen beinhalten, zeige ich Ihnen, dass Verhältnisse eng mit Brüchen verknüpft sind und dass Verhältnisgleichungen als leistungsstarkes Werkzeug zur Lösung von Textaufgaben mit Verhältnissen dienen können.

Textaufgaben durch Addition und Subtraktion von Brüchen lösen

Während das Lösen von Textaufgaben mit ganzen Zahlen vielen Menschen vertraut ist, kann es Unsicherheit hervorrufen, wenn Brüche ins Spiel kommen. Die folgenden Abschnitte sollen Ihnen helfen, sich beim Lösen von Additions- und Subtraktionsaufgaben mit Brüchen sicherer zu fühlen.

Die Teile zusammenfügen: Brüche addieren

Viele Textaufgaben, die Brüche beinhalten, erfordern lediglich die Addition von Brüchen oder gemischten Zahlen. Entscheidend ist, die Aufgabenstellung präzise zu interpretieren, eine passende Gleichung aufzustellen und die Brüche korrekt zu addieren, um die richtige Lösung zu erhalten. Für eine Auffrischung der Bruchrechnung sei auf Kapitel 5 zur Addition von Brüchen und Kapitel 7 zur Addition gemischter Zahlen verwiesen.

Betrachten wir folgendes Beispiel:

> Emily fand beim Aufräumen ihrer Garage zwei Benzinkanister. Der eine enthielt $\frac{5}{8}$ Liter Benzin, der andere $\frac{3}{10}$ Liter. Wie viel Benzin hatte sie insgesamt?

Gehen Sie folgendermaßen vor, um das Problem zu lösen:

1. **Identifizieren Sie die erforderliche Operation.**

   Das Wort *insgesamt* deutet auf eine Addition hin.

2. **Beschreiben Sie die notwendige Gleichung inWorten:**

   Kanister 1 + Kanister 2 = Gesamtmenge Benzin

3. **Übersetzen Sie dies in eine numerische Gleichung:**

   In diesem Fall verwenden Sie die $\frac{5}{8}$ und $\frac{3}{10}$ und stellen folgende Gleichung auf: Kanister 1 + Kanister 2 = $\frac{5}{8} + \frac{3}{10}$

4. **Addieren Sie die Brüche und vereinfachen Sie das Ergebnis:**

   $$\frac{5}{8} + \frac{3}{10} = \frac{50}{80} + \frac{24}{80} = \frac{74}{80} = \frac{74 \div 2}{80 \div 2} = \frac{37}{40}$$

Die Gesamtmenge Benzin in den beiden Kanistern beträgt also $\frac{37}{40}$ Liter.

Manchmal erfordern Textaufgaben die Addition von mehr als zwei Brüchen. Betrachten wir folgendes Beispiel:

> Arturo baut eine Skulptur aus drei verschiedenen Tonstücken, die er übereinanderstapeln möchte. Das untere Stück Ton ist $13\,^1\!/_2$ Zentimeter hoch, das mittlere Stück ist $7\,^3\!/_4$ Zentimeter hoch und das obere Stück ist $4\,^7\!/_8$ Zentimeter hoch. Wie hoch wird die Skulptur insgesamt sein?

Um die Gesamthöhe zu bestimmen, addieren wir die Höhen der einzelnen Stücke. In Worten ausgedrückt lautet die Gleichung:

Unteres Stück + Mittleres Stück + Oberes Stück = Gesamthöhe der Skulptur

Da es sich um gemischte Zahlen handelt, bringen wir sie auf einen gemeinsamen Nenner. Der kleinste gemeinsame Nenner von 2, 4 und 8 ist 8. Wir erweitern die Brüche:

$$\begin{array}{r} 13\frac{1 \times 4}{2 \times 4} = 13\frac{4}{8} \\ 7\frac{3 \times 2}{4 \times 2} = 7\frac{6}{8} \\ +4\frac{7 \times 1}{8 \times 1} = 4\frac{7}{8} \\ \hline \end{array}$$

Nun addieren wir die Bruchteile:

$$\frac{4}{8} + \frac{6}{8} + \frac{7}{8} = \frac{17}{8} = 2\frac{17-16}{8} = 2\frac{1}{8}.$$

Verwenden Sie nun $\frac{1}{8}$ als Bruchteil Ihrer Lösung, übertragen Sie die 2 in die Ganzzahlenspalte und vervollständigen Sie die Addition:

$$\begin{array}{r} {}^{2}\phantom{\frac{4}{8}} \\ 13\frac{1}{2} = 13\frac{4}{8} \\ 7\frac{3}{4} = 7\frac{6}{8} \\ +4\frac{7}{8} = 4\frac{7}{8} \\ \hline 26\frac{1}{8} \end{array}$$

Die Gesamthöhe der Skulptur beträgt $26\frac{1}{8}$ Zentimeter.

1. Andre fand beim Aufräumen seines Arbeitsplatzes zwei Eimer mit Spachtelmasse. Der erste Eimer schien $\frac{2}{5}$ voll zu sein, der zweite $\frac{3}{8}$. Unter der Annahme, dass seine Schätzungen zutreffen: Welchen Füllstand erreicht der gesamte Inhalt, wenn er in einem einzigen Eimer zusammengefasst wird?

2. Kalesi plant den Bau eines Bücherregals. Der mittlere Teil soll $32\frac{3}{4}$ Zentimeter breit sein, die zwei identischen Seitenteile jeweils $18\frac{5}{8}$ Zentimeter. Wie breit wird das fertige Bücherregal sein?

Die Differenz finden: Brüche subtrahieren

Ähnlich wie bei der Arbeit mit ganzen Zahlen erfordert das Lösen von Textaufgaben, die die Differenz zwischen zwei Brüchen ermitteln, in der Regel eine Subtraktion.

Betrachten wir beispielsweise diese Aufgabe:

> Alexander begann, Schokoladenkekse zu backen, nach einem Rezept, das seiner Meinung nach $1\frac{3}{4}$ Tassen Zucker vorsah. Nachdem er diese Menge in die Schüssel gegeben hatte, las er die Anleitung erneut und stellte fest, dass tatsächlich $3\frac{3}{8}$ Tassen Zucker benötigt wurden. Wie viel Zucker muss Alexander zusätzlich in die Schüssel geben?

Um das Problem zu lösen, muss die für das Rezept benötigte Gesamtmenge an Zucker minus der bereits in der Schüssel befindlichen Menge berechnet werden, um die noch benötigte Zuckermenge zu ermitteln:

$$\text{Gesamtzucker im Rezept} - \text{Zucker in der Schüssel} = 3\frac{3}{8} - 1\frac{3}{4}$$

Beginnen wir die Subtraktion, indem wir die gemischten Zahlen übereinander schreiben und die Brüche auf einen gemeinsamen Nenner bringen:

$$\begin{array}{r} 3\frac{3}{8} = 3\frac{3}{8} \\ -1\frac{3}{4} = 1\frac{6}{8} \\ \hline \end{array}$$

Da der Bruchanteil des Minuenden nicht ausreicht, um den Bruchanteil des Subtrahenden zu subtrahieren, wird ein Übertrag vom ganzzahligen Anteil in den Bruchanteil durchgeführt.

$$\begin{array}{r} 3\frac{3}{8} = {}^{2}\cancel{3}\frac{{}^{11}\cancel{3}}{8} \\ -1\frac{3}{4} = 1\frac{6}{8} \\ \hline \end{array}$$

Nun subtrahieren wir $\frac{11}{8} - \frac{6}{8} = \frac{5}{8}$ in der Bruchspalte und $2 - 1 = 1$ in der Ganzzahlspalte:

$$\begin{array}{r} 3\frac{3}{8} = {}^{2}\cancel{3}\frac{{}^{11}\cancel{3}}{8} \\ -1\frac{3}{4} = 1\frac{6}{8} \\ \hline 1\frac{5}{8} \end{array}$$

Daher muss Alexander noch $1\frac{5}{8}$ Tassen Zucker in die Schüssel geben, um die für das Rezept erforderliche Gesamtmenge zu erhalten.

3. Ein Regal im Esszimmer ist $78\frac{3}{16}$ Zentimeter breit, während das dazugehörige Regal im Wohnzimmer $52\frac{7}{8}$ Zentimeter breit ist. Um wie viel übertrifft die Breite des Esszimmerregals die des Wohnzimmerregals?

Den Restanteil bestimmen

In Situationen, in denen der Rest nach Abzug eines Bruchteils von einem Ganzen ermittelt werden soll, wird der entsprechende Wert von 1 subtrahiert.

Beispiel:

> Ursula las am ersten Tag $\frac{1}{5}$ des Romans »Wer die Nachtigall stört«. Am folgenden Tag las sie weitere $\frac{1}{6}$ des Buches. Wie viel musste sie nach den ersten beiden Tagen noch lesen?

In Worten ausgedrückt lautet die Gleichung: Gesamtbuchumfang – (Anteil Tag 1 + Anteil Tag 2) = noch zu lesender Anteil

In Zahlen ausgedrückt:

$$1 - \left(\frac{1}{5} + \frac{1}{6}\right) = \text{noch zu lesender Anteil}$$

Zunächst berechnen Sie den Anteil des Buches, den Ursula an den ersten beiden Tagen gelesen hat, durch Addition der entsprechenden Bruchteile:

$$\frac{1}{5} + \frac{1}{6} = \frac{6}{30} + \frac{5}{30} = \frac{11}{30}$$

Anschließend wird der verbleibende Anteil des Buches durch Subtraktion des Ergebnisses von 1 ermittelt:

$$1 - \frac{11}{30} = \frac{30}{30} - \frac{11}{30} = \frac{19}{30}$$

Ursula muss somit noch $\frac{19}{30}$ des Buches lesen.

4. Eine Vertretungslehrerin plant, $\frac{1}{10}$ der ihr zugewiesenen Unterrichtszeit mit einer kurzen Aufwärmübung zu verbringen und sich dann $\frac{2}{3}$ der Unterrichtszeit auf eine klasseninterne Aufgabe zu konzentrieren. Danach erlaubt sie den Schülern, den Rest der Unterrichtszeit mit der Arbeit an ihren anstehenden Hausaufgaben zu verbringen. Welchen Anteil der Unterrichtszeit wird die Klasse für ihre Hausaufgaben aufwenden?

Multiplikation von Brüchen zur Lösung von Textaufgaben

Die Multiplikation von Brüchen erweist sich als nützlich bei der Lösung von Textaufgaben, die Bruchteile von Maßeinheiten beinhalten. Sie kann auch zur Bestimmung von Flächeninhalten oder Volumina eingesetzt werden.

Das Wort »von« in Textaufgaben impliziert in der Regel eine Multiplikation.

Multiplikation eines Bruchs mit einer ganzen Zahl

Eine einfache Anwendung der Bruchmultiplikation ergibt sich in Textaufgaben, die die Multiplikation eines Bruchs mit einer ganzen Zahl erfordern. Beispiel:

> Marnie ist Chefköchin in einem Ferienlager. Aufgrund ihrer Erfahrung weiß sie, dass bei der Zubereitung des Frühstücks mit $1\frac{3}{8}$ Eiern pro Person stets ausreichend Eier vorhanden sind und wenig Abfall entsteht. Wie viele Eier sollte sie mindestens kochen, wenn sie 52 Personen versorgen muss?

In Worten ausgedrückt lautet die Gleichung: Eier pro Person × Gesamtanzahl Personen = benötigte Eier für das Frühstück

Setzen Sie nun die Zahlen aus der Textaufgabe in die Gleichung ein:

$$1\frac{3}{8} \times 52 = \text{benötigte Eier für das Frühstück}$$

Um diese Multiplikation durchzuführen, wandeln wir die gemischte Zahl $1\frac{3}{8}$ mithilfe der »Popcorn-Methode« aus Kapitel 4 in einen unechten Bruch um:

$$1\frac{3}{8} = \frac{3 + 8}{8} = \frac{11}{8}$$

Nun multiplizieren wir, um zu berechnen, wie viele Eier Marnie benötigt:

$$\frac{11}{8} \times 52 = \frac{11}{8} \times \frac{52}{1} = \frac{572}{8} = 71\frac{4 \div 4}{8 \div 4} = 71\frac{1}{2}$$

Marnie benötigt also 72 Eier (die nächsthöhere ganze Zahl), um das Frühstück für alle zuzubereiten.

5. Chemielehrerin Dolores hat für das kommende Schuljahr 75 Chemie-Baukästen bestellt. Jeder dieser Baukästen wiegt $2\frac{2}{5}$ Kilogramm. Wie schwer ist die Gesamtbestellung?

Multiplikation von Brüchen

Die Multiplikation von Brüchen oder gemischten Zahlen findet häufig Anwendung bei geometrischen Berechnungen, insbesondere wenn es um die Bestimmung von Flächen oder Volumina geht. Betrachten wir folgendes Beispiel:

> Ein rechteckiges Grundstück hat eine Länge von $\frac{9}{10}$ km und eine Breite von $\frac{7}{8}$ km. Wie groß ist die Fläche dieses Grundstücks in Quadratkilometern?

Bekanntermaßen berechnet sich die Fläche eines Rechtecks nach folgender Formel:

$$\text{Fläche} = \text{Länge} \times \text{Breite}$$

Setzen wir die gegebenen Werte ein und führen die Multiplikation durch, so folgt:

$$\text{Fläche} = \frac{9}{10} \times \frac{7}{8} = \frac{63}{80}$$

Das Grundstück hat somit eine Fläche von $\frac{63}{80}$ Quadratkilometern.

6. Berechnen Sie das Volumen (in Kubikzentimetern) eines Quaders mit einer Höhe von $\frac{8}{9}$ Zentimetern, einer Breite von $\frac{5}{6}$ Zentimetern und einer Länge von $\frac{3}{10}$ Zentimetern. (Verwenden Sie die Formel: Volumen = Länge × Breite × Höhe.)

Die Multiplikation als Interpretation des Wortes »von«

In mathematischen Textaufgaben, die Brüche enthalten, deutet das Wort »von« in der Regel auf eine Multiplikation hin. Betrachten wir folgendes Beispiel:

> Ein Museum hat Albert damit beauftragt, eine maßstabsgetreue Nachbildung einer 555 Zentimeter hohen Skulptur zu erstellen. Sein Plan sieht vor, einen Maßstab zu verwenden, bei dem die Maße genau $\frac{2}{75}$ des Originals entsprechen. Wie hoch wird die Nachbildung in Zentimetern sein, ausgedrückt als gemischte Zahl?

Um die Lösung zu finden, berechnen wir $\frac{2}{75}$ von 555.

Diesen Wert ermitteln wir, indem wir das Wort »von« durch ein Multiplikationszeichen ersetzen und die ganze Zahl als Bruch mit dem Nenner 1 schreiben:

$$\text{Höhe der Nachbildung} = \frac{2}{75} \text{ von } 555 = \frac{2}{75} \times \frac{555}{1}$$

Vor der Multiplikation werden gemeinsame Faktoren gekürzt; das Ergebnis wird dann in eine gemischte Zahl umgewandelt. In diesem Beispiel kürze ich die Faktoren 5 und 3 in zwei Schritten, um den Vorgang zu verdeutlichen:

$$= \frac{2}{{}_{5}\cancel{{}_{15}}\cancel{75}} \times \frac{{}^{37}\cancel{{}^{111}}\cancel{555}}{1} = \frac{74}{5} = 14\frac{4}{5}$$

Die Nachbildung wird also $14\frac{4}{5}$ Zentimeter hoch sein.

7. Leo plant den Bau eines Tisches, der mehreren Personen Platz bieten soll, und schätzt, dass die Breite $\frac{3}{16}$ der Länge betragen sollte. Wenn der Tisch 154 Zentimeter lang ist, wie breit sollte er dann sein?

Mehrstufige Aufgaben mit Bruchrechnung, einschließlich Multiplikation

Wenn Ihnen Aufgaben mit mehreren Schritten und der Multiplikation von Brüchen Schwierigkeiten bereiten, sind Sie nicht allein. Es ist ratsam, die Aufgabe sorgfältig zu lesen und einen Lösungsplan zu erstellen, bevor Sie mit den Berechnungen beginnen.

Betrachten Sie dieses Beispiel:

> Julio brachte einen Kuchen aus der Bäckerei, in der er arbeitet, mit nach Hause und aß $\frac{5}{16}$ davon. Anschließend gab er den verbleibenden Kuchen seinem Mitbewohner Harold, der $\frac{1}{3}$ des Restes aß. Danach besuchte Harolds Freundin Teresa die beiden und aß $\frac{3}{4}$ des verbleibenden Kuchens. Den restlichen Kuchen nahm sie am nächsten Tag mit zur Arbeit und gab ihn ihrer Chefin Shandra, die ihn aufaß. Welchen Bruchteil des ursprünglichen Kuchens aß Shandra?

Diese Aufgabe erfordert eine strukturierte Vorgehensweise in mehreren Schritten. Es empfiehlt sich, vor den Berechnungen eine Reihe von Gleichungen in Wortform aufzustellen, um den Lösungsweg zu skizzieren:

Gesamter Kuchen – Julios Anteil = Verbleibender Kuchen nach Julio

Verbleibender Kuchen nach Julio – Harolds Anteil = Verbleibender Kuchen nach Harold

Verbleibender Kuchen nach Harold – Teresas Anteile = Shandras Anteil

Beginnen wir die Berechnung, indem wir den Anteil des Kuchens subtrahieren, den Julio gegessen hat. Wir erinnern uns, dass der gesamte Kuchen durch die Zahl 1 dargestellt wird:

$$\text{Gesamter Kuchen} - \text{Julios Anteil} = 1 - \frac{5}{16} = \frac{16}{16} - \frac{5}{16} = \frac{11}{16}$$

Nachdem Julio gegessen hatte, gab er $\frac{11}{16}$ des Kuchens an Harold weiter.

Harold aß $\frac{1}{3}$ davon, was $\frac{11}{16} \times \frac{1}{3} = \frac{11}{48}$ des gesamten Kuchens entspricht.

Subtrahieren wir diesen Anteil von dem nach Julio verbliebenen Kuchen, um den Anteil zu ermitteln, der nach Harold übrig blieb:

Verbleibender Kuchen nach Julio – Harolds Anteil =

$$\frac{11}{16} - \frac{11}{48} = \frac{33}{48} - \frac{11}{48} = \frac{22}{48} = \frac{11}{24}$$

Harold ließ also $\frac{11}{24}$ des gesamten Kuchens übrig.

Teresa aß $\frac{3}{4}$ von diesem Anteil, was $\frac{11}{24} \times \frac{3}{4} = \frac{33}{96} = \frac{11}{32}$ des gesamten Kuchens entspricht. Sie hinterließ den Rest, den Harold ihr gegeben hatte, abzüglich ihres Anteils:

Verbleibender Kuchen nach Harold – Teresas Anteil

$$= \frac{11}{24} - \frac{11}{32} = \frac{44}{96} - \frac{33}{96} = \frac{11}{96}$$

Schließlich aß Shandra den restlichen Kuchen, also $\frac{11}{96}$ des gesamten Kuchens.

8. Victoria verbrachte ein Jahr in Malaysia, um für ihre Dissertation zu recherchieren. In diesem Jahr schrieb sie $\frac{3}{8}$ der Seiten, die sie für die Fertigstellung benötigte, und im darauffolgenden Jahr schrieb sie $\frac{1}{3}$ der verbleibenden Seiten während der ersten sechs Monate. In den darauffolgenden sechs Monaten beendete sie das Projekt. Welchen Anteil an der Dissertation hat Victoria in den letzten sechs Monaten geschrieben?

Textaufgaben lösen durch Division von Brüchen

Textaufgaben, die eine Aufteilung in gleiche Teile erfordern, werden durch die Division von Brüchen gelöst. Im Folgenden stelle ich einige Anwendungsbeispiele für die Division von Brüchen in Textaufgaben vor.

Division eines Bruchs durch eine ganze Zahl

Eine häufige Aufgabenstellung in Textaufgaben ist die Division eines Bruchs durch eine ganze Zahl. Zum Beispiel:

Neun Freunde teilen sich die Kosten für $6\frac{3}{4}$ Kilogramm Studentenfutter. Welchen Anteil des Studentenfutters hat jeder Freund bezahlt?

Formulieren wir dies als Wort- und Zahlengleichungen:

$$\text{Gesamtmenge Studentenfutter} \div \text{Anzahl Freunde} = \text{Anteil pro Freund}$$

$$6\frac{3}{4} \div 9 = \text{Anteil pro Freund}$$

Um die Division durchzuführen, wandeln wir zunächst die gemischte Zahl $6\frac{3}{4}$ mithilfe der »Popcorn-Methode« (siehe Kapitel 4) in einen unechten Bruch um:

$$6\frac{3}{4} = \frac{4 \times 6 + 3}{4} = \frac{27}{4}$$

Nun wenden wir die Regel an, dass die Division durch einen Bruch der Multiplikation mit seinem Kehrwert entspricht (siehe Kapitel 6), um dieses Ergebnis durch 9 zu dividieren:

$$\frac{27}{4} \div 9 = \frac{27}{4} \div \frac{9}{1} = \frac{27}{4} \times \frac{1}{9} = \frac{{}^{3}\cancel{27}}{4} \times \frac{1}{{}_{1}\cancel{9}} = \frac{3}{4}$$

Jeder der neun Freunde hat also für $\frac{3}{4}$ Kilogramm Studentenfutter bezahlt (und sollte es auch erhalten).

9. Sechs Freunde haben eine große Lieferung von $20\frac{1}{4}$ Liter Waschmittel gekauft, die sie gleichmäßig unter sich aufteilen möchten. Wie viele Liter Waschmittel sollte jede Person erhalten?

Division eines Bruchs durch einen Bruch

Oftmals ist es erforderlich, in Textaufgaben einen Bruch durch einen anderen zu dividieren. Betrachten wir folgendes Beispiel:

> Metzgerin Cassie bereitet 20 Roastbeef-Sandwiches für ein Bankett vor. Sie verfügt über $7\frac{11}{16}$ Kilogramm Roastbeef und möchte, dass jedes Sandwich $\frac{3}{8}$ Kilogramm Fleisch enthält. Reicht ihr Roastbeef aus, um alle Sandwiches zuzubereiten?

Um die Anzahl der möglichen Sandwiches zu ermitteln, dividieren wir die Gesamtmenge an Fleisch durch die Fleischmenge pro Sandwich. Drücken Sie die Gleichung folgendermaßen in Worten aus: Gesamtmenge Fleisch ÷ Menge pro Sandwich = Anzahl Sandwiches

Setzen wir die gegebenen Werte ein:

$$\text{Gesamtmenge Fleisch} \div \text{Menge pro Sandwich} = 7\frac{11}{16} \div \frac{3}{8}$$

$$7\frac{11}{16} \div \frac{3}{8} = \text{Anzahl Sandwiches}$$

Zunächst wandeln wir $7\frac{11}{16}$ in einen unechten Bruch um (mithilfe der »Popcorn-Methode«):

$$7\frac{11}{16} = \frac{16 \times 7 + 11}{16} = \frac{123}{16}$$

Nun wenden wir die Regel »Division durch einen Bruch entspricht der Multiplikation mit dem Kehrwert« an:

$$\frac{123}{16} \div \frac{3}{8} = \frac{123}{16} \times \frac{8}{3} = \frac{^{41}\cancel{123}}{^{2}\cancel{16}} \times \frac{^{1}\cancel{8}}{^{1}\cancel{3}} = \frac{41}{2} = 20\frac{1}{2}$$

Cassie kann also $20\frac{1}{2}$ Sandwiches zubereiten, womit sie genug Roastbeef für 20 Sandwiches hat (mit einem kleinen Rest).

10. Andrea plant ein neues rechteckiges Whiteboard für die Pausenhalle ihrer Schule. Sie hat horizontal nur $7\frac{1}{2}$ Meter Platz, benötigt aber mindestens 18 Quadratmeter Fläche. Wie hoch muss das Whiteboard mindestens sein?

Lösen von Textaufgaben mithilfe von Verhältnissen

Das Konzept des Verhältnisses ist eng mit Brüchen verbunden, da ein Verhältnis im Wesentlichen eine Beziehung zwischen zwei oder mehr Zahlen ausdrückt. In ähnlicher Weise stellt eine Verhältnisgleichung eine Entsprechung zwischen zwei oder mehr Verhältnissen her. In diesem Abschnitt stelle ich zwei gängige Möglichkeiten vor, Verhältnisse auszudrücken und Verhältnisse zur Lösung komplexerer Aufgaben zur Proportionalität zu verwenden.

Ein *Verhältnis* (oder eine quantitative Beziehung zwischen Größen) verbindet zwei oder mehr Größen auf eine Weise, die der Funktionsweise von Brüchen ähnelt.

Verhältnisse mit zwei Werten

Die einfachste Form eines Verhältnisses stellt eine Beziehung zwischen zwei Größen her. Nehmen wir an, in einem Restaurant nehmen an einer Personalversammlung $\frac{1}{3}$ so viele Manager wie Kellner teil. Diese Information lässt sich als Verhältnis von 1:3 zwischen Managern und Kellnern ausdrücken. Kompakter lässt sich dies als 1:3 (oder »1 zu 3«) notieren.

Dieses Verhältnis gibt jedoch keine Auskunft über die tatsächliche Anzahl der Manager oder Kellner. Es gilt beispielsweise für folgende Kombinationen (und weitere):

- ✔ 2 Manager und 6 Kellner
- ✔ 5 Manager und 15 Kellner
- ✔ 30 Manager und 90 Kellner

In jedem dieser Fälle lässt sich ein Bruch bilden, der $\frac{1}{3}$ entspricht, indem man die Anzahl der Manager bzw. Kellner als Zähler und Nenner verwendet:

$$\frac{1}{3} = \frac{2}{6} = \frac{5}{15} = \frac{30}{90}$$

Wird ein Verhältnis zweier Zahlen als Bruch dargestellt, entspricht die erste Zahl dem Zähler und die zweite dem Nenner. Achten Sie darauf, diese Reihenfolge nicht zu verwechseln!

Hier folgt ein Beispiel, in dem ein Verhältnis als vereinfachter Bruch ausgedrückt wird:

> Als Jaxon für sein Studium nach Italien zog, packte er 12 Hemden und 16 T-Shirts ein. Wie ist das Verhältnis eingepackter Hemden zu T-Shirts?

Um diese Frage zu beantworten, bilden wir einen Bruch, indem wir die erste Zahl (12) als Zähler und die zweite Zahl (16) als Nenner verwenden, und vereinfachen diesen dann:

$$\frac{12 \div 4}{16 \div 4} = \frac{3}{4}$$

In Jaxons Kleiderkoffer ist das Verhältnis von Hemden zu T-Shirts 3:4.

11. In einer Zoohandlung gibt es 42 Aquarien für Süßwasserfische und 18 Aquarien für Salzwasserfische. Wie ist das Verhältnis von Süßwasseraquarien zu Meerwasseraquarien?

Verhältnisse mit mehr als zwei Werten

Ein Vorteil von Verhältnissen gegenüber Brüchen ist, dass ein Verhältnis mehr als zwei Werte umfassen kann. Nehmen wir an, dass an einer Personalversammlung $\frac{1}{3}$ so viele Manager wie Kellner und doppelt so viele Küchenmitarbeiter wie Manager teilnehmen. Diese Situation lässt sich als Verhältnis von 1:2:3 von Managern zu Küchenpersonal zu Kellnern ausdrücken. Diese Besprechung könnte also aus folgenden Personengruppen bestehen (wobei auch andere Kombinationen möglich sind):

- ✔ 2 Manager, 4 Küchenmitarbeiter und 6 Kellner
- ✔ 10 Manager, 20 Küchenmitarbeiter und 30 Kellner
- ✔ 12 Manager, 24 Küchenmitarbeiter und 36 Kellner

Ähnlich wie bei Verhältnissen mit zwei Größen werden auch Verhältnisse mit drei oder mehr Größen meist in ihrer einfachsten Form angegeben. Betrachten wir folgendes Beispiel:

> Die Schach-AG einer Schule in Kassel besteht aus 4 Sechstklässlern, 10 Siebtklässlern und 16 Achtklässlern. Wie ist das Verhältnis von Sechstklässlern zu Siebtklässlern zu Achtklässlern?

Da die Anzahl der Schülerinnen und Schüler in jeder Gruppe gerade ist, können wir alle Zahlen durch 2 teilen. Das Verhältnis von Sechstklässlern zu Siebtklässlern zu Achtklässlern beträgt somit 2:5:8.

12. Ein Apartmentkomplex umfasst 75 Studio-Apartments, 90 Ein-Zimmer-Apartments und 135 Zwei-Zimmer-Apartments. Wie lautet das Verhältnis von Einzimmerwohnungen zu Zweizimmerwohnungen?

Verhältnisse, die den Gesamtwert einbeziehen

Bei der Arbeit mit Verhältnissen kann es in manchen Fällen hilfreich sein, den Gesamtwert des Verhältnisses zu berücksichtigen, um scheinbar schwierige Fragen zu beantworten.

Im vorangegangenen Abschnitt wurde ein Beispiel für ein Treffen mit einem Verhältnis von 1:2:3 zwischen Managern, Küchenpersonal und Kellnern betrachtet.

Um das Gesamtverhältnis *aller* Teilnehmenden zu erfassen, addieren wir $1 + 2 + 3 = 6$. Somit ergibt sich für das Treffen ein Verhältnis von 1:2:3:6 zwischen Managern, Küchenpersonal, Kellnern und der Gesamtzahl der Anwesenden.

Die Einbeziehung der Gesamtzahl in ein Verhältnis kann bei der Lösung komplexerer Textaufgaben hilfreich sein. Zum Beispiel:

> Eine Netzwerkgruppe für lokale Geschäftsleute besteht aus 45 Frauen und 36 Männern. Wie hoch ist der Anteil der weiblichen Mitglieder an der Gesamtzahl der Mitglieder der Gruppe? (Geben Sie dieses Verhältnis in seiner einfachsten Form an.)

Zunächst erfassen wir das Verhältnis von Frauen zu Männern als Bruch, ausgedrückt in seiner einfachsten Form:

$$\frac{45 \div 9}{36 \div 9} = \frac{5}{4}$$

Somit besteht zwischen Frauen und Männern ein Verhältnis von 5:4. Durch Addition von $5 + 4 = 9$ erhalten wir die Gesamtzahl der Gruppenmitglieder, sodass die Gruppe ein Verhältnis von 5:4:9 zwischen Frauen, Männern und der Gesamtzahl der Mitglieder aufweist. Das Verhältnis der Frauen zur Gesamtzahl der Mitglieder beträgt somit 5:9.

13. Das medizinische Personal eines Krankenhauses an der Ostsee besteht aus Ärzten und Pflegekräften. Derzeit sind 16 Ärzte und 28 Pflegekräfte in der Klinik beschäftigt. Wie hoch ist der Anteil der Pflegekräfte am gesamten medizinischen Personal der Klinik?

Verwendung von Verhältnisgleichungen zum Lösen von Textaufgaben

Eine sehr häufige Anwendung von Verhältnissen bei der Lösung von Textaufgaben besteht darin, eine *Verhältnisgleichung* aufzustellen, das heißt, eine Gleichung, die zwei Verhältnisse mit einem Gleichheitszeichen (=) verbindet.

Verhältnisgleichungen aufstellen

Eine Verhältnisgleichung wandelt ein Verhältnis in ein leistungsfähiges Werkzeug um, das Sie zur Lösung von Textaufgaben verwenden können. **Hinweis:** Das Beispiel in diesem Abschnitt beinhaltet einige grundlegende algebraische Konzepte, die Ihnen möglicherweise neu sind. Die Textaufgabe zeigt jedoch, wie Sie eine Verhältnisgleichung verwenden können, um die Lösung zu erhalten.

Betrachten Sie folgendes Beispiel:

> Ein Garten weist ein Verhältnis von 8 Tulpen zu 11 Narzissen auf. Wenn er 104 Tulpen enthält, wie viele Narzissen sind dann vorhanden?

1. **Notieren Sie die Gleichung in Text- und in Zahlenform.**

   Der erste Satz der Aufgabe gibt ein Verhältnis von Tulpen zu Narzissen von 8 zu 11 an. $\frac{\text{Tulpen}}{\text{Narzissen}} = \frac{8}{11}$

2. **Setzen Sie die Ihnen bekannten Werte in die Gleichung ein.**

   Der zweite Satz der Aufgabe gibt die Anzahl der Tulpen im Garten an, also ersetzen Sie diesen Wert. $\frac{104}{d} = \frac{8}{11}$

> Beachten Sie, dass ich das Wort »Narzissen« durch den Buchstaben »d« ersetzt habe. Dies ist in der Algebra üblich und erleichtert die Arbeit mit der Gleichung, da die Anzahl der Buchstaben in der Beschreibung der unbekannten Größe reduziert wird.

3. **Führen Sie eine Kreuzmultiplikation der beiden Brüche durch:**

   $$104 \times 11 = 8 \times d$$
   $$1.144 = 8d$$

4. **Isolieren Sie den Wert von *d*, indem Sie beide Seiten der Gleichung durch 8 teilen.**

   Dies entspricht der Umkehrung der Multiplikation mit 8:

   $$\frac{1144}{8} = \frac{8d}{8}$$
   $$143 = d$$

   Der Garten enthält also 143 Narzissen.

> **14.** Eine Verpackungskiste hat die Seitenverhältnisse 8:5:9 für Länge, Breite und Höhe. Wenn die Länge 72 cm beträgt, wie groß ist dann das Volumen der Kiste in Kubikzentimetern? (Verwenden Sie die Formel: Volumen = Länge × Breite × Höhe.)

Den Gesamtwert in einer Verhältnisgleichung verwenden

Ein Gesamtwert aus einem Verhältnis kann in eine Verhältnisgleichung integriert werden, um eine Vielzahl anspruchsvoller Verhältnisprobleme zu lösen.

Zum Beispiel:

> Eine Tierschutzaktion auf einer lokalen Messe bietet die Möglichkeit, Katzen und Hunde zu adoptieren. Die Veranstaltung begann mit einem Verhältnis von 7 Katzen zu 5 Hunden. Die Gesamtzahl der Tiere bei der Veranstaltung betrug 48. Wie viele Katzen waren anwesend?

Da die Gesamtzahl der Tiere in diesem Problem relevant ist, beziehen wir sie in das Verhältnis ein: 7 + 5 = 12. Das Verhältnis von Katzen zu Hunden zur Gesamtzahl der Tiere beträgt somit 7:5:12. Da die Frage die Anzahl der Katzen bei gegebener Gesamtzahl der Tiere beinhaltet, stellen wir folgende Gleichung auf:

$$\frac{\text{Katzen}}{\text{Gesamt}} = \frac{7}{12}$$

Ersetzen Sie *Katzen* durch den Buchstaben *c* und den Ausdruck *Gesamt* durch die Zahl 48:

$$\frac{c}{48} = \frac{7}{12}$$

Bestimmen Sie nun *c* durch Kreuzmultiplikation und Division durch 12:

$$12c = 48 \times 7$$

$$12c = 336$$

$$\frac{12c}{12} = \frac{336}{12}$$

$$c = 28$$

Daher waren auf der Veranstaltung 28 Katzen anwesend.

15. In einem Ferienlager beträgt das Verhältnis von Betreuern zu Teilnehmenden 5:14. Wenn die Gesamtzahl von Betreuern und Teilnehmenden auf dem Gelände 247 beträgt, wie viele Teilnehmende sind dann angemeldet?

Lösungen zu den Übungsaufgaben

1. Eimer 1 + Eimer 2 = $\frac{2}{5} + \frac{3}{8}$

Bringen Sie die Brüche durch Kreuzmultiplikation auf den gemeinsamen Nenner 40 und addieren Sie anschließend beide Brüche:

$$\frac{16}{40} + \frac{15}{40} = \frac{31}{40}$$

Andre kann $\frac{31}{40}$ eines Eimers füllen.

2. Mitte + Seitenteil 1 + Seitenteil 2 = $32\frac{3}{4} + 18\frac{5}{8} + 18\frac{5}{8}$

Schreiben Sie die drei gemischten Zahlen übereinander und bringen Sie den Bruchanteil des ersten Bruchs auf den gemeinsamen Nenner 8:

$$\begin{array}{r} 32\frac{3}{4} = 32\frac{6}{8} \\ 18\frac{5}{8} = 18\frac{5}{8} \\ \underline{+18\frac{5}{8} = 18\frac{5}{8}} \end{array}$$

Addieren Sie die Bruchteile:

$$\frac{6}{8} + \frac{5}{8} + \frac{5}{8} = \frac{16}{8} = 2$$

Übertragen Sie die 2 in die Spalte mit den ganzen Zahlen und ergänzen Sie die Addition der ganzen Zahlen:

$$\begin{array}{r} {}^{2}\quad \\ 32\frac{3}{4} = 32\frac{6}{8} \\ 18\frac{5}{8} = 18\frac{5}{8} \\ \underline{+18\frac{5}{8} = 18\frac{5}{8}} \\ 70\quad \end{array}$$

Das Bücherregal von Kalesi wird 70 Zentimeter breit sein.

3. Esszimmerregal – Wohnzimmerregal = $78\frac{3}{16} - 52\frac{7}{8}$

Schreiben Sie diese gemischten Zahlen untereinander und verwenden Sie den gemeinsamen Nenner 16:

$$\begin{array}{r} 78\frac{3}{16} = 78\frac{3}{16} \\ \underline{-52\frac{7}{8} = 52\frac{14}{16}} \end{array}$$

Um zu subtrahieren, nehmen Sie 1 aus der Ganzzahlenspalte der obersten gemischten Zahl und addieren Sie diesen Wert $\left(\frac{16}{16}\right)$ zur Spalte der Brüche; vervollständigen Sie dann die Subtraktion in den Spalten der Brüche und der ganzen Zahlen:

$$\begin{array}{r} 78\frac{3}{16} = 7^{7}\not{8}\frac{^{19}\not{3}}{16} \\ -52\frac{7}{8} = 52\frac{14}{16} \\ \hline 25\frac{5}{16} \end{array}$$

Das Esszimmerregal ist $25\frac{5}{16}$ Zentimeter breiter als das Wohnzimmerregal.

4. Unterrichtszeit – (Aufwärmübung + Aufgabe) = Hausaufgaben
Unterrichtszeit – (Aufwärmübung + Aufgabe) = $1 - \left(\frac{1}{10} + \frac{2}{3}\right)$

$$1 - \left(\frac{1}{10} + \frac{2}{3}\right) = \text{Hausaufgaben}$$

Addieren Sie die Brüche für die bereits zugeteilte Zeit:

$$\frac{1}{10} + \frac{2}{3} = \frac{3}{30} + \frac{20}{30} = \frac{23}{30}$$

Ziehen Sie dieses Ergebnis von 1 (der gesamten Unterrichtszeit) ab:

$$1 - \frac{23}{30} = \frac{30}{30} - \frac{23}{30} = \frac{7}{30}$$

Die Schüler haben insgesamt $\frac{7}{30}$ der Zeit zur Verfügung, um an ihren Hausaufgaben zu arbeiten.

5. Gewicht eines Chemie – Baukastens × Anzahl Baukästen
= Gesamtgewicht Chemie – Baukästen

$$2\frac{2}{5} \times 75 = \text{Gesamtgewicht Chemie – Baukästen}$$

Gewicht eines Baukastens × Anzahl Baukästen = $2\frac{2}{5} \times 75$

Ändern Sie die Zahlen in unechte Brüche um:

$$2\frac{2}{5} \times 75 = \frac{5 \times 2 + 2}{5} \times \frac{75}{1} = \frac{12}{5} \times \frac{75}{1}$$

Streichen Sie einen Faktor von 5, multiplizieren und wandeln Sie das Ergebnis in eine ganze Zahl um:

$$= \frac{12}{{}^{1}\not{5}} \times \frac{{}^{15}\not{75}}{1} = \frac{180}{1} = 180$$

Das Gesamtgewicht der Chemie-Baukästen beträgt 180 Kilogramm.

6. Verwenden Sie die angegebene Formel und setzen Sie die Werte ein:

$$\text{Volumen} = \text{Länge} \times \text{Breite} \times \text{Höhe} = \frac{8}{9} \times \frac{5}{6} \times \frac{3}{10}$$

Vor der Multiplikation werden die gemeinsamen Faktoren in den Zählern und Nennern gestrichen:

$$= \frac{{}^{2}\not{4}\not{8}}{9} \times \frac{{}^{1}\not{5}}{{}^{1}\not{3}\not{6}} \times \frac{{}^{1}\not{3}}{{}^{1}\not{2}\not{10}} = \frac{2 \times 1 \times 1}{9 \times 1 \times 1} = \frac{2}{9}$$

Das Volumen des rechteckigen Körpers beträgt $\frac{2}{9}$ Kubikzentimeter.

7. Tischbreite $= \frac{3}{16}$ von $154 = \frac{3}{16} \times \frac{154}{1}$

Streichen Sie den Faktor 2 im Zähler und im Nenner, multiplizieren Sie dann und ändern Sie das Ergebnis in eine gemischte Zahl:

$$= \frac{3}{{}^{8}\not{16}} \times \frac{{}^{77}\not{154}}{1} = \frac{231}{8} = 28\frac{7}{8}$$

Der Tisch ist $28\frac{7}{8}$ Zentimeter breit.

8. Gesamte Dissertation – Im 1. Jahr geschrieben = Verbleibender Teil

Verbleibender Teil – Im 1. Halbjahr des 2. Jahrs geschrieben = Im 2. Halbjahr des 2. Jahrs geschrieben

Zunächst berechnen wir den Anteil, der nach dem ersten Jahr verblieb:

$$\text{Gesamte Dissertation} - \text{Im 1.Jahr geschrieben} = 1 - \frac{3}{8} = \frac{5}{8}$$

Also schrieb sie $\frac{5}{8}$ ihrer Dissertation im zweiten Jahr. Davon hat sie $\frac{1}{3}$ in der ersten Hälfte des Jahres geschrieben $\left(\frac{5}{8} \times \frac{1}{3} = \frac{5}{24}\right)$. Um zu berechnen, wie viel von der Dissertation noch übrig war, setzen Sie diesen Wert in die zweite Gleichung ein:

$$\text{Verbleibender Teil} - \text{Im 1. Halbjahr des 2. Jahrs geschrieben} =$$
$$\frac{5}{8} - \frac{5}{24} = \frac{15}{24} - \frac{5}{24} = \frac{10}{24} = \frac{5}{12}$$

Victoria muss also in der zweiten Hälfte des zweiten Jahres $\frac{5}{12}$ ihrer Dissertation schreiben.

9. Wandeln Sie $20\frac{1}{4}$ in einen unechten Bruch um:

$$20\frac{1}{4} = \frac{4 \times 20 + 1}{4} = \frac{81}{4}$$

Dividieren Sie den Bruch durch 6, indem Sie mit dem Kehrwert von 6 multiplizieren:

$$\frac{81}{4} \div 6 = \frac{81}{4} \div \frac{6}{1} = \frac{81}{4} \times \frac{1}{6}$$

Kürzen Sie den Bruch, multiplizieren Sie und wandeln Sie das Ergebnis in eine gemischte Zahl um:

$$= \frac{^{27}\cancel{81}}{4} \times \frac{1}{_2\cancel{6}} = \frac{27}{8} = 3\frac{3}{8}$$

Jeder Freund sollte $3\frac{3}{8}$ Liter Waschmittel bekommen.

10. Verwenden Sie eine umgestellte Form der Flächenformel für ein Rechteck: Höhe = Fläche ÷ Breite

Setzen Sie die gegebenen Werte ein:

$$\text{Höhe} = 18 \div 7\frac{1}{2}$$

Wenden Sie die »Popcorn«- und die Kehrwert-Methode an:

$$= 18 \div \frac{7 \times 2 + 1}{2} = \frac{18}{1} \div \frac{15}{2} = \frac{18}{1} \times \frac{2}{15}$$

Kürzen Sie den Bruch, multiplizieren Sie und wandeln Sie das Ergebnis in eine gemischte Zahl um:

$$= \frac{{}^{6}\cancel{18}}{1} \times \frac{2}{{}^{5}\cancel{15}} = \frac{12}{5} = 2\frac{2}{5}$$

Das Whiteboard muss mindestens $2\frac{2}{5}$ Meter hoch sein.

11. Bilden Sie einen Bruch mit der ersten Zahl (42) als Zähler und der zweiten Zahl (18) als Nenner und vereinfachen Sie ihn:

$$\frac{42 \div 6}{18 \div 6} = \frac{7}{3}$$

Das Verhältnis von Süßwasser- zu Meerwasseraquarien beträgt 7 zu 3.

12. Notieren Sie das Verhältnis 75:90:135. Da alle Zahlen durch 5 teilbar sind, vereinfachen Sie das Verhältnis zu 15:18:27. Da alle resultierenden Zahlen durch 3 teilbar sind, kann das Verhältnis weiter zu 5:6:9 vereinfacht werden.

Das Verhältnis von Studio- zu Einzimmer- zu Zweizimmerwohnungen beträgt 5:6:9.

13. Erfassen Sie das Verhältnis zwischen Ärzten und Pflegepersonal als Bruch, ausgedrückt in den niedrigsten Werten:

$$\frac{16 \div 4}{28 \div 4} = \frac{4}{7}$$

Die Addition von $4 + 7 = 11$ ergibt den Anteil des gesamten medizinischen Personals, sodass die Klinik ein Verhältnis von 4:7:11 zwischen Ärzten und Pflegepersonal und dem gesamten medizinischen Personal aufweist.

Das Verhältnis von Pflegepersonal zur Gesamtzahl des medizinischen Personals beträgt 7 zu 11.

14. Notieren Sie zwei Verhältnisgleichungen wie folgt:

$$\frac{\text{Länge}}{\text{Breite}} = \frac{8}{5} \quad \frac{\text{Länge}}{\text{Breite}} = \frac{8}{9}$$

Setzen Sie in jede dieser Gleichungen 72 für *Länge* ein und ersetzen Sie die anderen Wörter durch Anfangsbuchstaben:

$$\frac{72}{b} = \frac{8}{5} \quad \frac{72}{h} = \frac{8}{9}$$

Kreuzmultiplizieren Sie jede Gleichung und teilen Sie durch 8, um die Werte für Breite und Höhe zu ermitteln:

$$72 \times 5 = 8 \times b \qquad 72 \times 9 = 8 \times h$$

$$\frac{360}{8} = \frac{8b}{8} \qquad \frac{648}{8} = \frac{8h}{8}$$

$$b = 45 \qquad h = 81$$

Setzen Sie die Werte für die Länge, Breite und Höhe wie folgt in die Volumengleichung ein:

$$\text{Volumen} = \text{Länge} \times \text{Breite} \times \text{Höhe} = 72 \times 45 \times 81 = 262.440$$

Die Packkiste hat ein Volumen von 262.440 Kubikzentimetern.

15. Schreiben Sie das Verhältnis von bezahltem Personal zu Teilnehmenden zur Gesamtzahl der Personen im Ferienlager auf. Es beträgt 5:14:19.

Stellen Sie die folgende Verhältnisgleichung auf, um die Anzahl der Teilnehmenden zu ermitteln:

$$\frac{\text{Teilnehmende}}{\text{Gesamt}} = \frac{14}{19}$$

Ersetzen Sie *Teilnehmende* durch den Buchstaben *t* und ersetzen Sie *Gesamt* durch 247:

$$\frac{t}{247} = \frac{14}{19}$$

Kreuzmultiplizieren und teilen Sie dann beide Seiten der resultierenden Gleichung durch 19:

$$19t = 247 \times 14$$

$$19t = 3.458$$

$$\frac{19t}{19} = \frac{3.458}{19}$$

$$t = 182$$

Im Ferienlager befinden sich derzeit 182 Teilnehmende.

Teil III
Dezimalzahlen

IN DIESEM TEIL ...

- Die Grundlagen der Dezimalzahlen wiederholen
- Dezimalzahlen addieren, subtrahieren, multiplizieren und dividieren
- Mit Dezimalzahlen in Textaufgaben rechnen

IN DIESEM KAPITEL

Dezimalzahlen zur Darstellung von Werten zwischen 0 und 1 verwenden

Das Stellenwertsystem bei Dezimalzahlen verstehen

Gebräuchliche Äquivalenzen

Dezimalzahlen und Brüche ineinander umwandeln

Endliche und periodische Dezimalzahlen einsetzen

Kapitel 9
Dezimalzahlen entschlüsseln

Dezimalzahlen sind – wie Brüche – eine Möglichkeit zur Darstellung von Werten zwischen 0 und 1. Die gute Nachricht: Vielen Schülerinnen und Schülern fällt der Umgang mit Dezimalzahlen leichter als der Umgang mit Brüchen.

Dieses Kapitel bietet eine grundlegende Einführung in Dezimalzahlen. Aufbauend auf Ihrem vermutlich bereits vorhandenen Wissen über das Verhältnis von Eurocent zu einem Euro werden visuelle Hilfsmittel vorgestellt, die das Verständnis von Dezimalzahlen erleichtern.

Sie lernen auch, wie das Stellenwertsystem von Dezimalzahlen funktioniert, wie man Dezimalzahlen in Brüche umwandelt und umgekehrt und wie bestimmte Brüche als periodische Dezimalzahlen dargestellt werden.

Euro in Cent umwandeln

Sie wissen wahrscheinlich bereits, dass 1 Euro in 100 Eurocent unterteilt werden kann. Jeder Eurocent ist also $\frac{1}{100}$ eines Euros wert. Das dezimale Äquivalent dieses Wertes ist 0,01 Euro (€), was Sie als 0,01 € schreiben.

Die Euro-Währung umfasst verschiedene Münzen mit unterschiedlichen Werten, zum Beispiel die in Tabelle 9.1 dargestellten.

Münze	1 Cent	5 Cent	10 Cent	50 Cent
Wert in Eurocent (ct)	1 ct	5 ct	10 ct	50 ct
Wert in Euro (€)	0,01 €	0,05 €	0,10 €	0,50 €
Bruchteil von 1 €	$\frac{1}{100}$	$\frac{5}{100} = \frac{1}{20}$	$\frac{10}{100} = \frac{1}{10}$	$\frac{50}{100} = \frac{1}{2}$
Anzahl der Münzen pro 1 €	100	20	10	2

Tabelle 9.1: Euromünzen als Dezimalzahlen und Brüche

Tabelle 9.1 zeigt, dass bei der Bewertung einer Münze in Euro Dezimalwerte verwendet werden. Diese Dezimalwerte haben in der Regel genau zwei *Nachkommastellen*, das heißt zwei Stellen rechts vom Dezimalkomma (,). Lesen Sie den Abschnitt »Den Stellenwert von Dezimalzahlen verstehen« weiter unten in diesem Kapitel, um mehr über die Dezimalstellen zu erfahren.

Ein 10-Cent-Stück ist zum Beispiel $\frac{1}{10}$ Euro wert. Das dezimale Äquivalent von $\frac{1}{10}$ ist 0,1, aber wenn man mit Geld arbeitet, drückt man diesen Wert normalerweise als 0,10 € aus. Die zusätzliche Null rechts vom Dezimalkomma wird als *nachgestellte Null* bezeichnet.

Nachgestellte Nullen ändern den Wert einer Dezimalzahl nicht, aber sie können zu einem intuitiveren Verständnis von Dezimalzahlen beitragen. In diesem Beispiel für die Euro-Währung unterstreicht die Null am Ende die Tatsache, dass 0,10 € einem Wert von 10 Cent entsprechen (oder $\frac{10}{100}$, was $\frac{1}{10}$ gleicht).

Dezimalzahlen visuell veranschaulichen

Wie bei Brüchen können visuelle Hilfsmittel das Verständnis von Dezimalzahlen erleichtern. (Informationen zur Visualisierung von Brüchen finden Sie in Kapitel 4.) In den folgenden Abschnitten wird gezeigt, wie geteilte Kreise und Zahlenlinien zur Darstellung von Dezimalzahlen verwendet werden können.

Dezimalzahlen als Kreissegmente darstellen

Ähnlich wie bei Brüchen können Kreise, die in gleiche Teile unterteilt und anschließend teilweise schattiert werden, zur visuellen Darstellung von Dezimalzahlen dienen. Beginnen wir mit einem Kreis, der in zehn gleich große Segmente unterteilt ist.

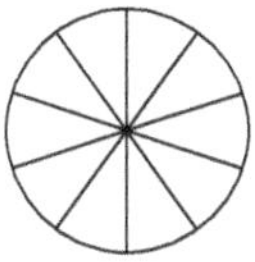

Durch Schattieren einzelner Segmente können nun Dezimalzahlen dargestellt werden. Abbildung 9.1 zeigt neun einstellige Dezimalzahlen (0,1 bis 0,9) als schattierte Segmente eines Kreises.

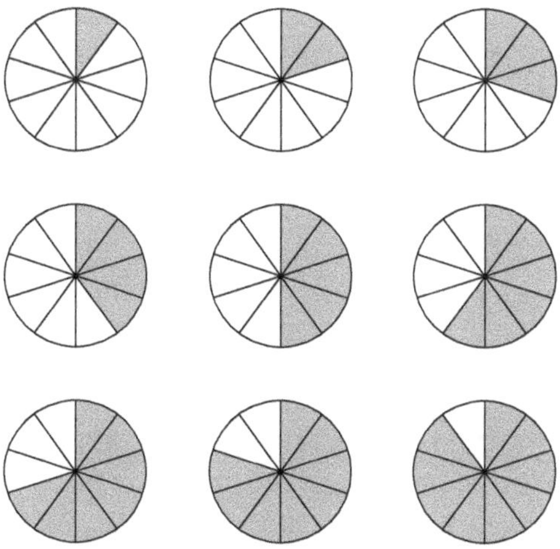

Abbildung 9.1: Dezimalzahlen von 0,1 bis 0,9, als schattierte Kreise dargestellt

In jedem Kreis in Abbildung 9.1 entspricht die Anzahl der schattierten Teile der Ziffer, die rechts vom Dezimalkomma steht.

1. Ermitteln Sie, ohne einen Blick auf Abbildung 9.1 zu werfen, die Dezimalzahl, die in jedem der folgenden Kreisdiagramme dargestellt ist:

   a.

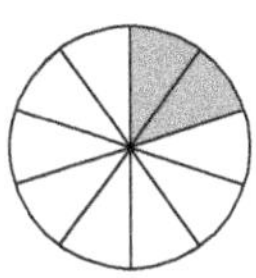

b.

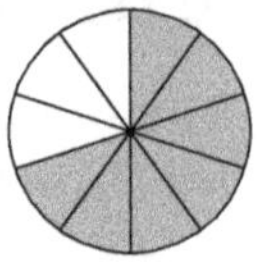

Dezimalzahlen auf dem Zahlenstrahl darstellen

Wie bei ganzen Zahlen und Brüchen kann der Zahlenstrahl ein wertvolles visuelles Hilfsmittel sein, um Dezimalzahlen zu veranschaulichen. Abbildung 9.2 zeigt die Dezimalzahlen von 0,1 bis 0,9 auf einem Zahlenstrahl.

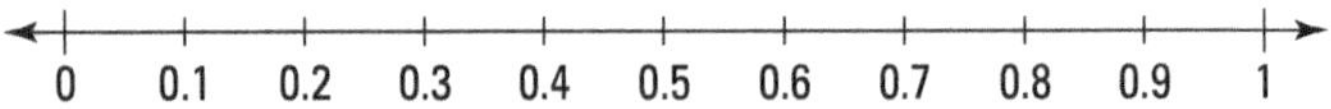

Abbildung 9.2: Dezimalzahlen von 0,1 bis 0,9 auf einem Zahlenstrahl

2. Bestimmen Sie, ohne Abbildung 9.2 zu betrachten, die Dezimalzahl, die auf jedem der folgenden Zahlenstrahlen markiert ist:

a.

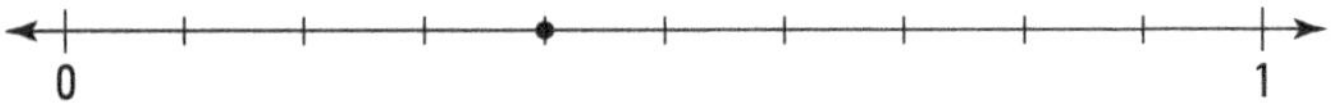

b.

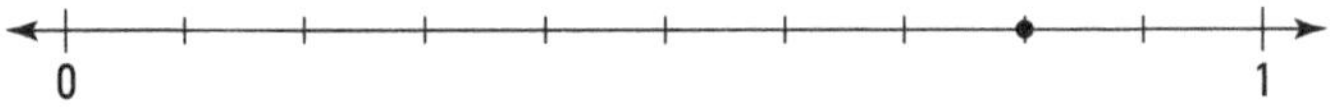

Den Stellenwert von Dezimalzahlen verstehen

Viele Menschen empfinden Dezimalzahlen als einfacher als Brüche, da sie den ganzen Zahlen ähnlicher sind. Wie ganze Zahlen verwenden Dezimalzahlen das Stellenwertsystem, um Werte zwischen 0 und 1 darzustellen und Berechnungen zu vereinfachen.

Falls Sie eine kurze Auffrischung zum Stellenwertsystem ganzer Zahlen benötigen, lesen Sie Kapitel 2, in dem erläutert wird, wie die zehn Ziffern (0 bis 9) größere Werte darstellen können.

Dezimalzahlen verwenden ein Dezimalkomma (,) zur Trennung von ganzzahligen Werten und positiven Werten, die kleiner als 1 sind. Jede Dezimalziffer trägt zum Gesamtwert der dargestellten Zahl bei.

Die Dezimalstellen repräsentieren folgende Werte:

- ✔ **Zehntelstelle:** Die Stelle unmittelbar rechts vom Dezimalkomma. Um den Bruchwert der Ziffer an dieser Dezimalstelle zu erhalten, multiplizieren Sie die Ziffer mit dem Bruch $\frac{1}{10}$.
- ✔ **Hundertstelstelle:** Die zweite Stelle rechts vom Dezimalkomma. Um den Bruchwert der Ziffer an dieser Stelle zu erhalten, multiplizieren Sie die Ziffer mit dem Bruch $\frac{1}{100}$.
- ✔ **Tausendstelstelle:** Die dritte Stelle rechts vom Dezimalkomma. Um den Bruchwert der Ziffer an dieser Stelle zu erhalten, multiplizieren Sie die Ziffer mit dem Bruch $\frac{1}{1.000}$.

Um zu verstehen, wie das Stellenwertsystem bei Dezimalzahlen funktioniert, betrachten wir die Zerlegung der Zahl 345,678 in Tabelle 9.2.

Ganze Zahl			Dezimalkomma	Dezimal		
Hunderte	**Zehner**	**Einer (Einheiten)**	**Dezimalkomma**	**Zehntel**	**Hundertstel**	**Tausendstel**
3	4	5	,	6	7	8

Tabelle 9.2: Stellenwerttabelle für die Zahl 345,678

Die Zerlegung des ganzzahligen Teils ergibt 3 Hunderter, 4 Zehner und 5 Einer. Der Dezimalteil besteht aus 6 Zehnteln, 7 Hundertsteln und 8 Tausendsteln. Die Tabelle verdeutlicht, dass 345,678 wie folgt zerlegt werden kann:

$$345{,}678 = 300 + 40 + 5 + \frac{6}{10} + \frac{7}{100} + \frac{8}{1.000}$$

Die Zerlegung dieser umständlichen Gleichung verdeutlicht, dass die Arbeit mit Dezimalzahlen zur Darstellung von Bruchteilen eines Ganzen wesentlich einfacher ist als der Umgang mit Brüchen. In Kapitel 10 zeige ich Ihnen, wie sich Dezimalzahlen einfacher addieren, subtrahieren, multiplizieren und dividieren lassen als Brüche.

3. Zerlegen Sie die folgenden Dezimalzahlen in eine Summe aus ganzen Zahlen und Brüchen, indem Sie jede Ziffer entsprechend der Tabelle 9.2 und dem vorangegangenen Beispiel darstellen:

a. 4,5

b. 0,81

c. 3,222

d. 19,76

e. 9,9999

f. 5.678,123

Multiplikation und Division durch Verschiebung des Dezimalkommas

Wie Sie bereits wissen, lassen sich ganze Zahlen leicht mit 10, 100 oder 1000 multiplizieren, indem man eine entsprechende Anzahl von Nullen hinzufügt. Zum Beispiel gilt:

$7 \times 10 = 70 \qquad 23 \times 100 = 2.300 \qquad 357 \times 1.000 = 357.000$

Ebenso lassen sich ganze Zahlen durch diese Werte dividieren, indem man Nullen entfernt:

$90 \div 10 = 9 \qquad 3.700 \div 100 = 37 \qquad 659.000 \div 1.000 = 659$

Bei Dezimalzahlen können Sie analog vorgehen: Zur Multiplikation verschieben Sie das Komma nach rechts, zur Division nach links.

Multiplikation von Dezimalzahlen mit 10,100, 1.000 und höheren Zehnerpotenzen

Um eine beliebige Dezimalzahl mit 10 zu multiplizieren, verschieben Sie das Dezimalkomma einfach um eine Stelle nach rechts. Zum Beispiel gilt:

$5{,}3 \times 10 = 53 \qquad 17{,}24 \times 10 = 172{,}4 \qquad 0{,}36 \times 10 = 3{,}6$

Um eine Dezimalzahl mit 100 zu multiplizieren, verschieben Sie das Dezimalkomma um zwei Stellen nach rechts. Zum Beispiel gilt:

$37{,}4 \times 100 = 3.740 \qquad 8{,}246 \times 100 = 824{,}6 \qquad 0{,}0227 \times 100 = 2{,}27$

Um eine Dezimalzahl mit einer beliebigen Potenz von 10 zu multiplizieren, verschieben Sie das Dezimalkomma um die Anzahl der Nullen in diesem Multiplikator nach rechts. Zum Beispiel gilt:

$8{,}9 \times 1.000 = 8.900 \qquad 0{,}057 \times 10.000 = 570 \qquad 51{,}27 \times 100.000 = 5.127.000$

Division von Dezimalzahlen durch 10, 100, 1.000 und höhere Zehnerpotenzen

Um eine Dezimalzahl durch 10 zu dividieren, verschieben Sie das Dezimalkomma einfach um eine Stelle nach links. Zum Beispiel gilt:

$8{,}5 \div 10 = 0{,}85 \qquad 347{,}2 \div 10 = 34{,}72 \qquad 0{,}04 \div 10 = 0{,}004$

Um eine Dezimalzahl durch 100 zu dividieren, verschieben Sie das Dezimalkomma um zwei Stellen nach links. Zum Beispiel gilt:

$12{,}3 \div 100 = 0{,}123 \qquad 562{,}1 \div 100 = 5{,}621 \qquad 0{,}88 \div 100 = 0{,}0088$

Um eine Dezimalzahl durch eine beliebige Potenz von 10 zu dividieren, verschieben Sie das Dezimalkomma um die Anzahl der Nullen im Divisor nach links. Zum Beispiel gilt:

$459 \div 1.000 = 0{,}459 \qquad 3{,}8 \div 10.000 = 0{,}000388.934 \div 100.000 = 0{,}08934$

4. Führen Sie die folgenden Multiplikationen durch:

a. $3{,}6 \times 10$

b. $11{,}92 \times 10$

c. $4{,}57 \times 100$

d. $0{,}006 \times 100$

e. $213{,}5 \times 1.000$

f. $2{,}4784 \times 10.000$

5. Führen Sie die folgenden Divisionen durch:

a. $7{,}2 \div 10$

b. $0{,}92 \div 10$

c. $86{,}3 \div 100$

d. $167{,}5 \div 100$

e. $0{,}345 \div 1.000$

f. $777{,}7 \div 10.000$

Die Umrechnung zwischen Dezimalzahlen und Brüchen

Da Dezimalzahlen eine mögliche Form der Darstellung von Brüchen sind, lässt sich jede Dezimalzahl in einen Bruch umwandeln. In den folgenden Abschnitten wird die Verbindung zwischen Dezimalzahlen und Brüchen näher beleuchtet. Sie lernen, wie Sie gängige Dezimalzahlen in Brüche umwandeln und wie Sie jede beliebige Dezimalzahl in einen Bruch oder umgekehrt umwandeln können.

Gängige Umrechnungen zwischen Brüchen und Dezimalzahlen

Einige Dezimalzahlen lassen sich leicht in Brüche umwandeln. Die Kenntnis dieser Umrechnungen kann Ihnen bei komplexeren Problemen Zeit sparen, daher empfiehlt es sich, sie auswendig zu lernen.

Schreiben wir zunächst alle Dezimalzahlen mit einer Nachkommastelle als vereinfachte Brüche:

0,1	0,2	0,3	0,4	0,5	0,6	0,7	0,8	0,9
$\frac{1}{10}$	$\frac{2}{10}=\frac{1}{5}$	$\frac{3}{10}$	$\frac{4}{10}=\frac{2}{5}$	$\frac{1}{2}$	$\frac{6}{10}=\frac{3}{5}$	$\frac{7}{10}$	$\frac{8}{10}=\frac{4}{5}$	$\frac{9}{10}$

Hier sind die sechs Dezimalzahlen, die sich in Brüche mit den Nennern 4 oder 8 umwandeln lassen:

0,125	0,25	0,375	0,625	0,75	0,875
$\frac{1}{8}$	$\frac{2}{8}=\frac{1}{4}$	$\frac{3}{8}$	$\frac{5}{8}$	$\frac{6}{8}=\frac{3}{4}$	$\frac{7}{8}$

Und zur Sicherheit (insbesondere bei Tischler-, Klempner- und anderen Arbeiten, die Präzision erfordern) hier die acht Dezimalzahlen, die sich in Brüche mit dem Nenner 16 umwandeln lassen (und nicht auf einen Nenner von 4 oder 8 vereinfacht werden können):

0,0625	0,1875	0,3125	0,4375	0,5625	0,6875	0,8125	0,9375
$\frac{1}{16}$	$\frac{3}{16}$	$\frac{5}{16}$	$\frac{7}{16}$	$\frac{9}{16}$	$\frac{11}{16}$	$\frac{13}{16}$	$\frac{15}{16}$

6. Nachdem Sie die Tabellen in diesem Abschnitt betrachtet haben, decken Sie sie ab und versuchen Sie, die folgenden Brüche in ihre Dezimaldarstellung umzuwandeln:
   a. $\frac{7}{10}$

   b. $\frac{2}{5}$

   c. $\frac{3}{4}$

   d. $\frac{1}{8}$

   e. $\frac{3}{8}$

   f. $\frac{3}{16}$

7. Nachdem Sie die Tabellen in diesem Abschnitt studiert haben, versuchen Sie, die folgenden Dezimalzahlen ohne Blick auf die Tabellen in ihre Bruchdarstellung umzuwandeln:
   a. 0,2

   b. 0,5

   c. 0,25

   d. 0,625

   e. 0,0625

   f. 0,9375

Dezimalzahlen kleiner als 1 in Brüche umwandeln

Um eine Dezimalzahl in einen Bruch umzuwandeln, verwenden wir die Ziffern nach dem Dezimalkomma als Zähler. Der Nenner ist eine Zehnerpotenz mit der entsprechenden Anzahl an Nullen. Der resultierende Bruch wird anschließend, wenn möglich, vereinfacht.

- ✔ **Einstellige Dezimalzahlen:** Die Ziffer rechts vom Dezimalkomma wird zum Zähler eines Bruchs mit dem Nenner 10.
- ✔ **Zweistellige Dezimalzahlen:** Die beiden Ziffern rechts vom Dezimalkomma bilden den Zähler eines Bruchs mit dem Nenner 100.
- ✔ **Dreistellige Dezimalzahlen:** Die drei Ziffern rechts vom Dezimalkomma ergeben den Zähler eines Bruchs mit dem Nenner 1.000.

Dezimalziffern	*Nenner*	*Beispiele*
Eine	10	$0{,}3 = \frac{3}{10}$
		$0{,}7 = \frac{7}{10}$
		$0{,}8 = \frac{8 \div 2}{10 \div 2} = \frac{4}{5}$
Zwei	100	$0{,}17 = \frac{17}{100}$
		$0{,}51 = \frac{51}{100}$
		$0{,}65 = \frac{65 \div 5}{100 \div 5} = \frac{13}{20}$
Drei	1.000	$0{,}289 = \frac{289}{1.000}$
		$0{,}888 = \frac{888 \div 8}{1.000 \div 8} = \frac{111}{125}$
		$0{,}225 = \frac{225 \div 25}{1.000 \div 25} = \frac{9}{40}$

Für längere Dezimalzahlen gilt die gleiche Grundstrategie: Zählen Sie die Nachkommastellen rechts vom Dezimalkomma und verwenden Sie 10 x (wobei x die Anzahl der gezählten Nachkommastellen ist) als Nenner.

Zum Beispiel:

$$0{,}5555 = \frac{5.555 \div 5}{10.000 \div 5} = \frac{1.111}{2.000}$$

Hier wird 10^4 oder 10.000 als Nenner verwendet.

$$0{,}40206 = \frac{40.206 \div 2}{100.000 \div 2} = \frac{20.103}{50.000}$$

Hier wird 10^5, also 100.000, als Nenner verwendet.

Bei der Umwandlung von Dezimalzahlen in Brüche können Sie nur durch Primfaktoren von 2 und 5 vereinfachen, da die Nenner nur durch diese beiden Primzahlen teilbar sind. (Weitere Informationen zu Primfaktoren finden Sie in Kapitel 3.) Wenn Sie sicher sind, dass Sie nicht mehr durch diese Werte vereinfachen können, haben Sie Ihre Antwort gefunden.

8. Wandeln Sie die folgenden Dezimalzahlen in Brüche um:

a. 0,6

b. 0,37

c. 0,65

d. 0,84

e. 0,206

f. 0,54321

Dezimalzahlen größer als 1 in Brüche umwandeln

Besitzt eine Dezimalzahl einen ganzzahligen Anteil, so können wir sie in eine gemischte Zahl umwandeln. Dabei bleibt der ganzzahlige Teil unverändert und der Dezimalteil wird wie im vorangegangenen Abschnitt beschrieben in einen Bruch umgewandelt. Zum Beispiel gilt:

$$5{,}9 = 5\frac{9}{10}$$

$$14{,}77 = 14\frac{77}{100}$$

$$50{,}063 = 50\frac{63}{1.000}$$

Der Bruchanteil der resultierenden gemischten Zahl kann, falls nötig, vereinfacht werden. Zum Beispiel:

$$23{,}28 = 23\frac{28 \div 4}{100 \div 4} = 23\frac{7}{25}$$

$$7{,}475 = 7\frac{475 \div 25}{1.000 \div 25} = 7\frac{19}{40}$$

9. Wandeln Sie jede der folgenden Dezimalzahlen in eine gemischte Zahl um:

a. 1,4

b. 4,35

c. 7,63

d. 99,44

e. 5,555

f. 876,5432

Brüche in endliche Dezimalzahlen umwandeln

Erinnern wir uns daran, dass jeder Bruch eine Division darstellt, bei der der Zähler durch den Nenner geteilt wird. Diese Division kann genutzt werden, um jeden Bruch in eine Dezimalzahl umzuwandeln. **Hinweis:** In diesem Abschnitt zeige ich Ihnen, wie ein Bruch durch Verwendung eines Taschenrechners in eine Dezimalzahl umgewandelt werden kann. In Kapitel 10 erläutere ich, wie diese Umwandlung mithilfe der schriftlichen Division durchgeführt werden kann.

Viele Brüche lassen sich unkompliziert in ihre exakte Dezimaldarstellung überführen. Im Abschnitt »Gängige Umrechnungen zwischen Brüchen und Dezimalzahlen« weiter oben in diesem Kapitel finden Sie eine nützliche Liste mit Beispielen, die Sie sich einprägen sollten.

Wenn der Nenner eines Bruchs als Primfaktoren *ausschließlich* 2 und 5 in beliebiger Kombination enthält (etwa $20 = 2 \times 2 \times 5$ oder $50 = 5 \times 5 \times 2$), lässt sich dieser Bruch als *endliche Dezimalzahl* darstellen, das heißt als Dezimalzahl mit einer begrenzten Anzahl an Nachkommastellen. (Eine kurze Übersicht über Primfaktoren finden Sie in Kapitel 3.)

Zur Umwandlung eines Bruchs in seine Dezimaldarstellung können Sie entweder die schriftliche Division oder einen Taschenrechner verwenden. Nehmen wir an, Sie möchten den Bruch $\frac{7}{25}$ als Dezimalzahl darstellen: $7 \div 25 = 0{,}28$. Das Dezimaläquivalent von $\frac{7}{25}$ ist also 0,28, eine Dezimalzahl mit zwei Nachkommastellen.

Ein weiteres Beispiel: Um den Bruch $\frac{153}{160}$ in eine Dezimalzahl umzuwandeln, führen wir die Division $153 \div 160 = 0{,}95625$ durch. In diesem Fall endet die Dezimalzahl mit fünf Nachkommastellen.

10. Wandeln Sie jeden der folgenden Brüche in eine Dezimalzahl um:

a. $\frac{5}{8}$

b. $\frac{7}{16}$

c. $\frac{17}{20}$

d. $\frac{12}{25}$

e. $\frac{13}{40}$

f. $\frac{79}{80}$

Brüche in periodische Dezimalzahlen umwandeln

Wenn der Nenner eines Bruchs andere Primfaktoren als 2 oder 5 enthält, lässt sich dieser Bruch nur als *periodische Dezimalzahl* darstellen – eine Dezimalzahl mit unendlich vielen Nachkommastellen und einem sich wiederholenden Ziffernmuster. (Details zu Primfaktoren finden Sie in Kapitel 3.)

Um beispielsweise den Bruch $\frac{1}{3}$ als Dezimalzahl darzustellen, dividieren Sie 1 durch 3, entweder durch schriftliche Division oder mit einem Taschenrechner:

$$1 \div 3 = 0{,}333333\ldots$$

Sie erhalten eine Dezimalzahl mit unendlich vielen Nachkommastellen. Da sich die Ziffer 3 endlos wiederholt, kann diese Dezimalzahl kompakter als $0{,}\overline{3}$ geschrieben werden, wobei der Strich über der 3 die Periodizität kennzeichnet.

$$1 \div 3 = 0{,}\overline{3}$$

Zu jedem Bruch gibt es eine äquivalente Dezimalzahl, die entweder endlich oder periodisch ist. Wenn ein Bruch einer periodischen Dezimalzahl entspricht, kann der Wiederholungszyklus in bestimmten Fällen zwei, drei, vier oder sogar mehr Ziffern umfassen.

Nenner von 7 sind besonders knifflig. Betrachten wir die Umwandlung des Bruchs $\frac{6}{7}$ in eine Dezimalzahl:

$$6 \div 7 = 0{,}857142857142857142\ldots = 0{,}\overline{857142}$$

Bei dieser Umrechnung wiederholt sich der Zyklus alle sechs Dezimalstellen, daher wird ein Balken über diese sechs Ziffern gesetzt.

In einigen Fällen treten eine oder mehrere Dezimalstellen auf, bevor der Wiederholungszyklus beginnt. Betrachten wir die Umwandlung des Bruchs $\frac{5}{12}$ in eine Dezimalzahl:

$$5 \div 12 = 0{,}41666666\ldots = 0{,}41\overline{6}$$

In der endgültigen kompakten Form enthält diese periodische Dezimalzahl die Ziffern 4 und 1 ohne Balken, da sie sich nicht wiederholen. Die sich wiederholende Ziffer 6 erhält den Balken.

11. Wandeln Sie die folgenden Brüche in periodische Dezimalzahlen um:

a. $\frac{2}{3}$

b. $\frac{5}{6}$

c. $\frac{1}{7}$

d. $\frac{2}{9}$

e. $\frac{8}{11}$

f. $\frac{11}{18}$

Sind irrationale Zahlen ein Problem?

Definitionsgemäß sind Brüche *rationale Zahlen*, da jeder Bruch als *Verhältnis* zweier ganzer Zahlen dargestellt werden kann. Einige Zahlen, wie $\sqrt{2}$ und π, lassen sich jedoch nicht auf diese Weise ausdrücken. Diese Zahlen werden als *irrationale Zahlen* bezeichnet.

Eine irrationale Zahl kann nicht als Bruch geschrieben werden. Jede irrationale Zahl entspricht jedoch einer unendlichen, nicht-periodischen Dezimalzahl, das heißt einer Dezimalzahl, deren Ziffern niemals enden und kein sich wiederholendes Muster aufweisen.

Die gute Nachricht für Sie: Solange Sie sich mit Brüchen beschäftigen, müssen Sie sich keine Gedanken über irrationale Zahlen machen. Seien Sie sich jedoch bewusst, dass die irrationalen Zahlen geduldig auf Sie warten, wenn Sie in die höheren Sphären der Mathematik aufsteigen!

Lösungen zu den Übungsaufgaben

1. **a.** 0,2

b. 0,7

2. **a.** 0,4

b. 0,8

3. **a.** $4 + \frac{5}{10}$

   b. $\frac{8}{10} + \frac{1}{100}$

   c. $3 + \frac{2}{10} + \frac{2}{100} + \frac{2}{1.000}$

   d. $10 + 9 + \frac{7}{10} + \frac{6}{100}$

   e. $9 + \frac{9}{10} + \frac{9}{100} + \frac{9}{1.000} + \frac{9}{10.000}$

   f. $5.000 + 600 + 70 + 8 + \frac{1}{10} + \frac{2}{100} + \frac{3}{1.000}$

4. **a.** 36

   b. 119,2

   c. 457

   d. 0,6

   e. 213.500

   f. 24.784

5. **a.** 0,72

   b. 0,092

   c. 0,863

   d. 1,675

   e. 0,000345

   f. 0,07777

6. **a.** 0,7

   b. 0,4

   c. 0,75

   d. 0,125

   e. 0,375

   f. 0,1875

7. **a.** $\frac{2 \div 2}{10 \div 2} = \frac{1}{5}$

b. $\frac{5 \div 5}{10 \div 5} = \frac{1}{2}$

c. $\frac{25 \div 25}{100 \div 25} = \frac{1}{4}$

d. $\frac{625 \div 125}{1.000 \div 125} = \frac{5}{8}$

e. $\frac{625 \div 625}{10.000 \div 625} = \frac{1}{16}$

f. $\frac{9.375 \div 625}{10.000 \div 625} = \frac{15}{16}$

8. **a.** $\frac{6 \div 2}{10 \div 2} = \frac{3}{5}$

b. $\frac{37}{100}$

c. $\frac{65 \div 5}{100 \div 5} = \frac{13}{20}$

d. $\frac{84 \div 4}{100 \div 4} = \frac{21}{25}$

e. $\frac{206 \div 2}{1.000 \div 2} = \frac{103}{500}$

f. $\frac{54.321}{100.000}$

9. **a.** $1\frac{4 \div 2}{10 \div 2} = 1\frac{2}{5}$

b. $4\frac{35 \div 5}{100 \div 5} = 4\frac{7}{20}$

c. $7\frac{63}{100}$

d. $99\frac{44 \div 4}{100 \div 4} = 99\frac{11}{25}$

e. $5\frac{555 \div 5}{1.000 \div 5} = 5\frac{111}{200}$

f. $876\frac{5.432 \div 8}{10.000 \div 8} = 876\frac{679}{1.250}$

10. **a.** 0,625

b. 0,4375

c. 0,85

d. 0,48

e. 0,325

f. 0,9875

11. **a.** $0{,}\overline{6}$

b. $0{,}8\overline{3}$

c. $0{,}\overline{142857}$

d. $0{,}\overline{2}$

e. $0{,}\overline{72}$

f. $0{,}6\overline{1}$

IN DIESEM KAPITEL

Das Dezimalkomma bei der Addition und Subtraktion ausrichten

Dezimalstellen bei der Multiplikation hinzufügen

Das Dezimalkomma bei der Division verschieben

Kapitel 10

Operationen mit Dezimalzahlen: die Grundrechenarten

Nach dem Umgang mit Brüchen erweist sich die Arbeit mit Dezimalzahlen für die meisten Menschen als angenehmer, was insbesondere für die Grundrechenarten Addition, Subtraktion, Multiplikation und Division gilt. (Diese Operationen mit Brüchen werden in den Kapiteln 5 und 6 detailliert behandelt.)

Das Rechnen mit Dezimalzahlen folgt denselben Regeln wie der Umgang mit ganzen Zahlen. In diesem Kapitel zeige ich Ihnen, wie Sie Ihre Kenntnisse über Berechnungen mit ganzen Zahlen auf Dezimalzahlen übertragen können.

Addition von Dezimalzahlen

Die exakte Ausrichtung der Dezimalpunkte untereinander ist die Grundlage für eine korrekte Addition von Dezimalzahlen.

Das Dezimaltrennzeichen wird zur Trennung zwischen dem ganzzahligen Teil und dem Bruchteil einer Zahl verwendet. Es gibt zahlreiche Länder, die ein Komma verwenden – wie Deutschland – und zahlreiche, die einen Punkt verwenden.

Zur Berechnung der Summe 0,01 + 27,5 + 8,347 =? ist folgende Vorgehensweise zu empfehlen:

1. **Zunächst ordnen wir die Dezimalzahlen vertikal an und achten dabei auf die präzise Ausrichtung der Dezimalkommas:**

$$\begin{array}{r} 0{,}01 \\ 27{,}5 \\ +\ \ 8{,}347 \\ \hline \end{array}$$

   Eine saubere und korrekt ausgerichtete Anordnung der Spalten kann dazu beitragen, dass Sie nicht durcheinander kommen.

2. **Optional können Sie Nullen am Ende hinzufügen, um die Leerstellen rechts des Dezimalpunkts aufzufüllen:**

$$\begin{array}{r} 0{,}010 \\ 27{,}500 \\ +\ \ 8{,}347 \\ \hline \end{array}$$

   Dieser Schritt verdeutlicht die Beziehungen zwischen den Dezimalstellen und erleichtert die Addition. Das Hinzufügen von Nullen am Ende verändert den Wert der Dezimalzahlen nicht.

3. **Das Komma des Ergebnisses wird unter die Linie gesetzt, ausgerichtet am Komma der Summanden**

$$\begin{array}{r} 0{,}010 \\ 27{,}500 \\ +\ \ 8{,}347 \\ \hline , \end{array}$$

   Schauen Sie genau hin, es ist klein, aber es steht ganz unten, direkt unter den anderen Dezimalstellen!

4. **Addieren Sie die Dezimalzahlen analog zur Addition ganzer Zahlen:**

$$\begin{array}{r} 0{,}010 \\ 27{,}500 \\ +\ \ 8{,}347 \\ \hline 35{,}857 \end{array}$$

   Also: 0,01 + 27,5 + 8,347 = 35,857

Wie bei der Addition ganzer Zahlen ist bei vielen Aufgaben zur Addition von Dezimalzahlen ein Übertrag von einer Spalte zur nächsten erforderlich.

Um 17,89 + 5,678 + 239 =? zu berechnen, gehen Sie wie folgt vor:

1. **Zuerst stapeln Sie die Dezimalzahlen und achten darauf, dass die Dezimalkommas in einer Linie stehen, setzen ein Dezimalkomma an die richtige Stelle für die Antwort und füllen gegebenenfalls nachfolgende Nullen ein:**

   Es ergibt sich diese Gleichung:
   $$\begin{array}{r} 17{,}890 \\ 5{,}678 \\ +\ 239{,}000 \\ \hline , \end{array}$$

2. **Anschließend addieren Sie die Dezimalzahlen auf die gleiche Weise wie die ganzen Zahlen:**

   $$\begin{array}{r} 2\,1\,1 \\ 17{,}890 \\ 5{,}678 \\ +\ 239{,}000 \\ \hline 262{,}568 \end{array}$$

   Übertragen Sie bei Bedarf einen Wert von einer Spalte zur nächsten.

   Daher gilt: 17,89 + 5,678 + 239 = 262,568

1. Addieren Sie 15,2 + 1,43 + 0,0297.
2. Berechnen Sie 67,8 + 2,84 + 0,765.
3. Bestimmen Sie die Summe von 185,3 + 6,71 + 25,489.
4. Addieren Sie die folgenden Werte: 7,6 + 43,38 + 239 + 0,3752.

Subtraktion von Dezimalzahlen

Analog zur Addition von Dezimalzahlen (siehe vorheriger Abschnitt) ist bei der Subtraktion von Dezimalzahlen die exakte Ausrichtung der Dezimalkommas von zentraler Bedeutung.

Um die Differenz von 78,65 – 2,3 =? zu ermitteln, gehen Sie wie folgt vor:

1. **Zuerst werden die Dezimalzahlen unter Berücksichtigung der Kommaausrichtung vertikal angeordnet. Ein Dezimalkomma wird unterhalb der Linie für das Ergebnis platziert, und es wird eine nachgestellte Null hinzugefügt.**

   Die Ergänzung der Null am Ende vervollständigt die Darstellung und verdeutlicht die Subtraktion in jeder Spalte. Die Gleichung sollte wie folgt aussehen (achten Sie auf das Dezimalkomma am Ende!):

$$\begin{array}{r} 78{,}65 \\ -\ \ 2{,}30 \\ \hline {,} \end{array}$$

2. **Anschließend erfolgt die Subtraktion analog zur Subtraktion ganzer Zahlen:**

$$\begin{array}{r} 78{,}65 \\ -\ \ 2{,}30 \\ \hline 76{,}35 \end{array}$$

   Daher gilt: 78,65 – 2,3 = 76,35.

Wie bei der Subtraktion ganzer Zahlen ist auch bei der Subtraktion von Dezimalzahlen in vielen Fällen ein Übertrag erforderlich, um die Aufgabe zu lösen.

Um 132,7 – 18,47 zu berechnen, gehen Sie wie folgt vor:

1. **Zuerst werden die Dezimalzahlen unter Beachtung der Kommaausrichtung vertikal angeordnet. Das Dezimalkomma wird unterhalb der Linie für das Ergebnis platziert, und die Darstellung wird durch nachfolgende Nullen vervollständigt:**

   Es ergibt sich diese Gleichung:

$$\begin{array}{r} 132{,}70 \\ -\ \ 18{,}47 \\ \hline {,} \end{array}$$

2. **Um in der Spalte ganz rechts zu subtrahieren, erfolgt eine Umgruppierung von 1 aus der Spalte unmittelbar links:**

$$\begin{array}{r} 6\phantom{^{1}0} \\ 132{,}\not{7}^{1}0 \\ -\ \ 18{,}47 \\ \hline {,}3 \end{array}$$

Dieser Vorgang entspricht der Umgruppierung bei der Subtraktion ganzer Zahlen. In diesem Beispiel wird 1 von der 7 links genommen und umgruppiert, wodurch die 7 zu 6 wird. Die umgruppierte 1 wird genutzt, um die 0 in 10 zu verwandeln; nun wird 10 – 7 = 3 subtrahiert.

3. **Anschließend werden die Werte links von den Werten ganz rechts subtrahiert:**

$$\begin{array}{r} 6\phantom{{}^{1}0} \\ 132{,}\not{7}{}^{1}0 \\ -\ 18{,}47 \\ \hline {,}23 \end{array}$$

In diesem Fall wird 6 – 4 = 2 berechnet.

4. **Es erfolgt erneut eine Umgruppierung, um die Subtraktion in der Spalte unmittelbar links vom Dezimalkomma zu ermöglichen:**

$$\begin{array}{r} 2\phantom{{}^{1}2{,}}6\phantom{{}^{1}0} \\ 1\not{3}{}^{1}2{,}\not{7}{}^{1}0 \\ -\ 18{,}47 \\ \hline {,}23 \end{array}$$

Durch die Umgruppierung einer Einheit von der 3 wird diese zu 2, und die 2 wird zu 12.

5. **Subtrahieren Sie die Zahlen direkt links vom Dezimalkomma.**

$$\begin{array}{r} 2\phantom{{}^{1}2{,}}6\phantom{{}^{1}0} \\ 1\not{3}{}^{1}2{,}\not{7}{}^{1}0 \\ -\ 18{,}47 \\ \hline 4{,}23 \end{array}$$

Dieses Mal wird 12 – 8 = 4 berechnet.

6. **Vervollständigen Sie die Aufgabe durch die Subtraktion der restlichen Spalten:**

$$\begin{array}{r} 2\phantom{{}^{1}2{,}}6\phantom{{}^{1}0} \\ 1\not{3}{}^{1}2{,}\not{7}{}^{1}0 \\ -\ 18{,}47 \\ \hline 114{,}23 \end{array}$$

Somit gilt 132,7 – 18,47 = 114,23.

5. Berechnen Sie 296,54 – 71,3.
6. Bestimmen Sie den Wert von 84,6 – 3,42.
7. Führen Sie die Subtraktion 35,07 – 0,419 durch.
8. Ermitteln Sie die Differenz 156,3 – 89,714.

Multiplikation von Dezimalzahlen

Im Gegensatz zur Addition oder Subtraktion von Dezimalzahlen (siehe vorherige Abschnitte) ist bei der Multiplikation keine Ausrichtung der Dezimalkommas erforderlich. Stattdessen werden die Dezimalzahlen zunächst ohne Berücksichtigung der Kommas wie ganze Zahlen multipliziert. Anschließend wird das Dezimalkomma im Ergebnis so platziert, dass die Anzahl der Nachkommastellen der Summe der Nachkommastellen der Faktoren entspricht.

Um die Multiplikation 43,92 × 5,3 durchzuführen, folgen Sie diesen Schritten:

1. **Zuerst richten Sie die Multiplikation mit Dezimalzahlen so ein, wie Sie es von ganzen Zahlen kennen:**

   $\underline{43{,}92 \times 5{,}3}$

2. **Dann ignorieren wir die Dezimalstellen und multiplizieren die Zahlen wie ganze Zahlen:**

   $$\begin{array}{r} \underline{43{,}92 \times 5{,}3} \\ 13176 \\ \underline{+\,219600} \\ 232776 \end{array}$$

   Dieses vorläufige Ergebnis ist noch unvollständig, da das Dezimalkomma noch nicht gesetzt ist.

3. **Die Anzahl der Nachkommastellen im Ergebnis wird durch Addition der Nachkommastellen der Faktoren bestimmt: 2 Dezimalstellen + 1 Dezimalstelle = 3 Dezimalstellen**

4. **Das Dezimalkomma wird im vorläufigen Ergebnis durch Abzählen von rechts nach links platziert, um die in Schritt 3 ermittelte Anzahl von Nachkommastellen zu berücksichtigen: 232776 → 232,776.**

   Das Endergebnis lautet somit: 43,92 × 5,3 = 232,776.

Bei der Multiplikation kann es vorkommen, dass das vorläufige Ergebnis eine oder mehrere nachgestellte Nullen aufweist. Diese sind bei der Kommaplatzierung zu berücksichtigen und können im Anschluss entfernt werden, da sie den Ergebniswert nicht beeinflussen.

Um die Multiplikation $8{,}15 \times 0{,}76$ durchzuführen, gehen Sie folgendermaßen vor:

1. **Zunächst werden die Faktoren analog zur Multiplikation ganzer Zahlen vertikal angeordnet und multipliziert:**

$$\begin{array}{r} \underline{8{,}15 \times 0{,}76} \\ 4890 \\ \underline{+\,57050} \\ 61940 \end{array}$$

   Dieses vorläufige Ergebnis endet mit einer 0, die jedoch erst nach der Kommaplatzierung relevant wird.

2. **Die Anzahl der Nachkommastellen im Ergebnis bestimmen Sie durch Addition der Nachkommastellen der Faktoren: 2 Dezimalstellen + 2 Dezimalstellen = 4 Dezimalstellen.**

3. **Verschieben Sie das Dezimalkomma im vorläufigen Ergebnis durch Abzählen von rechts nach links, um die in Schritt 2 ermittelte Anzahl von Nachkommastellen zu berücksichtigen: 61940 → 6,1940.**

4. **Entfernen Sie die nachgestellte Null, um das Ergebnis zu vereinfachen.**

   Ihr Endergebnis lautet somit 6,194.

9. Berechnen Sie $7{,}5 \times 2{,}3$.

10. Berechnen Sie $13{,}9 \times 0{,}52$.

11. Berechnen Sie das Produkt aus 8,455 und 0,072.

12. $0{,}02436 \times 0{,}105 = ?$

Division von Dezimalzahlen

Die Division von Dezimalzahlen erfordert lediglich eine geringfügige Anpassung des Verfahrens der schriftlichen Division bei der Arbeit mit ganzen Zahlen.

Zur Vorbereitung der Division von Dezimalzahlen, beispielsweise $1{,}47 \div 0{,}3$, gehen Sie wie folgt vor:

1. **Zuerst ordnen Sie die Zahlen analog zur schriftlichen Division mit ganzen Zahlen an:**

   1,47 : 0,3

2. **Die Dezimalkommas von Divisor und Dividend werden um die gleiche Anzahl von Stellen nach rechts verschoben, um den Divisor in eine ganze Zahl umzuwandeln.**

   - *Divisor*: Die Zahl, durch die dividiert wird; wir verschieben das Dezimalkomma so weit nach rechts, bis der Divisor eine ganze Zahl wird.
   - *Dividend*: Die Zahl, die dividiert wird; wir verschieben das Dezimalkomma um die gleiche Anzahl von Stellen nach rechts wie beim Divisor.

   14,7 : 3

3. **Der *Quotient* ist das Ergebnis der Divisionsaufgabe.**

   Jetzt kann die schriftliche Division durchgeführt werden.

Achten Sie bei der Division darauf, dass die Ziffern im Quotienten korrekt positioniert werden, um das Dezimalkomma richtig zu setzen.

4. **Ermitteln Sie, wie oft der Divisor in die ersten Ziffern des Dividenden passt.**

   In diesem Beispiel passt die 3 maximal viermal in die 14. Setzen Sie hinter die Aufgabe ein Gleichheitszeichen, und schreiben Sie die 4 hinter dieses Gleichheitszeichen. Anschließend machen Sie die Gegenrechnung, indem Sie $4 \times 3 = 12$ rechnen und das Ergebnis unter die 14 schreiben.

   14,7 : 3 = 4

   12

5. **Um den Rest zu ermitteln, führen Sie eine Subtraktion durch und ziehen die nächste Ziffer herunter. Achtung: Wenn Sie in der Aufgabenstellung auf das Komma stoßen und Sie die erste Zahl rechts vom Komma runterziehen, müssen Sie im Ergebnis das Komma setzen!**

   In diesem Beispiel beträgt der Rest 2, und die nächste Ziffer, die 7, wird heruntergezogen. Gleichzeitig setzen sie im Ergebnis rechts der 4 das Komma.

   $$\begin{array}{l} 14{,}7 : 3 = 4{,} \\ \underline{12} \\ \;\;27 \end{array}$$

6. **Anschließend wird das Teilergebnis durch den Divisor dividiert.**

   In diesem Beispiel wird 27 durch 3 geteilt.

   $$\begin{array}{l} 14{,}7 : 3 = 4{,}9 \\ \underline{12} \\ \;\;27 \\ \;\;\underline{27} \\ \;\;\;\;0 \end{array}$$

   Somit gilt: $1{,}47 \div 0{,}3 = 4{,}9$.

Ergänzung von Nullen bei Bedarf

In bestimmten Fällen ist es erforderlich, bei der Division von Dezimalzahlen eine oder mehrere Platzhalter-Nullen zum Dividenden hinzuzufügen, um die korrekte Positionierung des Dezimalkommas zu gewährleisten. Ebenso kann es notwendig sein, eine oder mehrere nachgestellte Nullen rechts vom Dezimalkomma zu ergänzen, um die Division abzuschließen.

Ein Beispiel für die Verwendung von Nachkommastellen bei der Dezimaldivision ist die folgende Vorgehensweise zur Bestimmung des Werts von $1{,}95 \div 0{,}008$:

1. **Ordnen Sie die Zahlen für die schriftliche Division an:**

   $1{,}95 : 0{,}008$

2. **Transformieren Sie den Divisor 0,008 in eine ganze Zahl, indem Sie das Dezimalkomma drei Stellen nach rechts verschieben.**

3. **Verschieben Sie das Dezimalkomma des Dividenden 1,95 um die gleiche Anzahl Stellen (drei) nach rechts.**

4. **Zu der in Schritt 3 erhaltenen Zahl fügen Sie eine Dezimalstelle und eine nachgestellte Null hinzu, um die Division fortsetzen zu können.**

5. **Setzen Sie diese neuen Werte in die Divisionsaufgabe ein.**

   1950,0 : 8

6. **Führen Sie die schriftliche Division wie im vorangegangenen Abschnitt beschrieben durch:**

```
1950,0 : 8 = 243,7
16
‾‾
 35
 32
 ‾‾
  30
  24
  ‾‾
   60
   56
   ‾‾
    4
```

Bei der Division von Dezimalzahlen darf die Antwort niemals einen Rest enthalten.

Daher ist die obige Aufgabe der schriftlichen Division noch nicht vollständig gelöst, da ein Rest von 4 verbleibt.

7. **Fügen Sie eine weitere nachgestellte Null zum Dividenden hinzu und schließen Sie die Division ab:**

```
1950,00 : 8 = 243,75
16
‾‾
 35
 32
 ‾‾
  30
  24
  ‾‾
   60
   56
   ‾‾
    40
    40
    ‾‾
     0
```

Somit gilt: 1,95 ÷ 0,008 = 243,75.

Umgang mit periodischen Dezimalquotienten

Bei der Division von Dezimalzahlen kann es vorkommen, dass das Ergebnis eine periodische Dezimalzahl ist. In solchen Fällen werden Nachkommastellen zum Dividenden hinzugefügt, bis sich ein sich wiederholender Zyklus abzeichnet.

Gehen Sie folgendermaßen vor, um die Aufgabe 2,59 ÷ 1,1 zu lösen:

1. **Bereiten Sie die schriftliche Division durch Anpassung der Dezimalstellen vor:**

   25,9 : 11

   Die Anpassung der Dezimalstellen wird im Abschnitt »Division von Dezimalzahlen« weiter oben in diesem Kapitel erläutert.

2. **Teilen Sie die Zahlen, die Sie in Schritt 1 festgelegt haben:**

   25,9 : 11 = 2,3
   22
   39
   33
   6

3. **Setzen Sie die Division durch sukzessive Ergänzung von Nullen nach dem Dezimalkomma im Dividenden fort:**

   25,90000 : 11 = 2,35454
   22
   39
   33
   60
   55
   50
   44
   6

Nach einigen Iterationen wird ersichtlich, dass sich die Ziffernfolge »54« im Quotienten periodisch wiederholt.

Es gilt also: $2{,}59 \div 1{,}1 = 2{,}3\overline{54}$. (Mehr über diese Notation für periodische Dezimalzahlen finden Sie in Kapitel 9).

13. Berechnen Sie 5,95 ÷ 0,7.

14. Was ergibt 39,6 ÷ 0,04?

15. Ermitteln Sie den Quotienten: 239,5 ÷ 0,016.

16. Berechnen Sie das Ergebnis von 8,1 ÷ 0,22.

Lösungen zu den Übungsaufgaben

1. 16,6597 $\begin{array}{r} 15{,}2000 \\ 1{,}4300 \\ +\ 0{,}0297 \\ \hline 16{,}6597 \end{array}$

2. 71,405 $\begin{array}{r} 67{,}800 \\ 2{,}840 \\ +\ 0{,}765 \\ \hline 71{,}405 \end{array}$

3. 217,499 $\begin{array}{r} 185{,}300 \\ 6{,}710 \\ +\ 25{,}489 \\ \hline 217{,}499 \end{array}$

4. 290,3552 $\begin{array}{r} 7{,}6000 \\ 43{,}3800 \\ +\ 239{,}0000 \\ 0{,}3752 \\ \hline 290{,}3552 \end{array}$

5. 225,24 $\begin{array}{r} 296{,}54 \\ -\ 71{,}30 \\ \hline 225{,}24 \end{array}$

6. 81,18 $\begin{array}{r} 84{,}60 \\ -\ 3{,}42 \\ \hline 81{,}18 \end{array}$

7. 34,651

$$\begin{array}{r} 35{,}070 \\ -\ 0{,}419 \\ \hline 34{,}651 \end{array}$$

8. 66,586

$$\begin{array}{r} 156{,}300 \\ -\ 89{,}714 \\ \hline 66{,}586 \end{array}$$

9. 17,25

$$\begin{array}{r} 7{,}5 \times 2{,}3 \\ \hline 225 \\ +\ 1500 \\ \hline 17{,}25 \end{array}$$

10. 7,228

$$\begin{array}{r} 13{,}9 \times 0{,}52 \\ \hline 278 \\ +\ 6950 \\ \hline 7{,}228 \end{array}$$

11. 0,60876

$$\begin{array}{r} 8{,}455 \times 0{,}072 \\ \hline 16910 \\ +\ 591850 \\ \hline 0{,}608760 \end{array}$$

12. 0,025578

$$\begin{array}{r} 0{,}02436 \times 0{,}105 \\ \hline 12180 \\ +\ 243600 \\ \hline 0{,}0255780 \end{array}$$

13. $59{,}5 : 7 = 8{,}5$

$$\begin{array}{l} \underline{56} \\ 35 \\ \ \ \underline{35} \end{array}$$

14. $3960 : 4 = 990$

$$\begin{array}{l} \underline{36} \\ \ \ 36 \\ \ \ 36 \end{array}$$

15. 239500,00 : 16 = 14968,75

$\underline{16}$
79
$\underline{64}$
155
$\underline{144}$
110
$\underline{96}$
140
$\underline{128}$
120
$\underline{112}$
80
$\underline{80}$

16. 810,0000 : 22 = 36,8181

$\underline{66}$
150
$\underline{132}$
180
$\underline{176}$
40
$\underline{22}$
180
$\underline{176}$
40
$\underline{22}$
18

IN DIESEM KAPITEL

- Addition und Subtraktion von Dezimalzahlen in alltäglichen Situationen
- Anwendung der Multiplikation von Dezimalzahlen zur Lösung realer Probleme
- Anwendung der Division von Dezimalzahlen in praktischen Szenarien
- Auswahl der richtigen Dezimaloperation zur Lösung von Aufgaben
- Kombination von Operationen zur Lösung komplexerer Probleme

Kapitel 11 Textaufgaben mit Dezimalzahlen

Ähnlich wie bei Brüchen helfen Textaufgaben mit Dezimalzahlen, die Anwendung der Mathematik in der realen Welt zu verstehen.

Ob beim Abmessen von Zutaten für ein Rezept, der Berechnung der Gesamtkosten im Supermarkt oder der Aufteilung von Geldbeträgen – Dezimalzahlen sind allgegenwärtig. Die Aufgaben in diesem Kapitel fordern Sie heraus, über einfache Berechnungen hinauszugehen und den Kontext sowie die praktische Anwendung von Dezimalzahlen im Alltag zu berücksichtigen.

In diesem Kapitel finden Sie eine Vielzahl von Textaufgaben, die alle vier Grundrechenarten – Addition, Subtraktion, Multiplikation und Division – mit Dezimalzahlen kombinieren. Ich werde mein Bestes geben, die Probleme in überschaubare Schritte zu zerlegen, um den Lösungsprozess zu vereinfachen. Falls Sie keinen Taschenrechner verwenden, finden Sie in Kapitel 10 detaillierte Anleitungen für die schriftlichen Berechnungen, die zur Lösung der Aufgaben erforderlich sind.

Lösen von Textaufgaben durch Addition und Subtraktion von Dezimalzahlen

Um Textaufgaben zu lösen, die Addition und Subtraktion beinhalten, ist es entscheidend, zunächst sorgfältig zu analysieren, was die Frage verlangt. Anschließend führen Sie die Berechnungen mit den Dezimalzahlen durch (siehe Kapitel 10 für detaillierte Anleitungen).

Dezimalzahlen addieren

Einige Textaufgaben mit Dezimalzahlen erfordern lediglich die Addition einer Reihe von Dezimalwerten. Zum Beispiel:

> Maria misst die Zutaten für einen Smoothie ab. Sie gibt 1,25 Liter Orangensaft, 0,375 Liter Joghurt und 1,4 Liter Wasser hinzu. Wie viel Flüssigkeit verwendet Maria insgesamt für die Zubereitung ihres Smoothies?

Um diese Aufgabe zu lösen, addieren Sie die Dezimalwerte der drei Zutaten, die Maria verwendet. **Hinweis:** Wenn Sie die Addition ohne Taschenrechner durchführen, achten Sie darauf, die Dezimalkommas korrekt untereinander anzuordnen!

1,25 Liter + 0,375 Liter + 1,4 Liter = 3,025 Liter

Marias Smoothie enthält also insgesamt 3,025 Liter Flüssigkeit.

Differenzen von Dezimalzahlen berechnen

Wenn eine Textaufgabe die Differenz oder den Abstand zwischen zwei Werten erfragt, ist die Subtraktion die naheliegende Lösung. Betrachten wir folgendes Beispiel:

> Veronica lief ein Rennen in 39,3 Sekunden und schlug Janice, die dieselbe Strecke in 42,1 Sekunden lief. Mit welchem Vorsprung hat Veronica das Rennen gewonnen?

Das Wort »Vorsprung« deutet an, dass die kürzere Zeit von der längeren Zeit subtrahiert werden muss:

42,1 Sekunden – 39,3 Sekunden = 2,8 Sekunden

Veronica hat das Rennen also mit 2,8 Sekunden Vorsprung gewonnen.

Berechnung von Restbeträgen mit Dezimalstellen

In manchen Fällen ist es erforderlich, mehrfach zu subtrahieren, um eine Textaufgabe zu lösen. Zum Beispiel:

> Robin kaufte eine 50 Meter lange Spule mit einer schweren Edelstahl-Gliederkette für Bauprojekte. Beim ersten Projekt wurden 14,3 Meter und beim zweiten Projekt 21,8 Meter verwendet. Wie viele Meter Kette sind noch auf der Spule?

50 m – 14,3 m – 21,8 m = 13,9 m

Robin hat also noch 13,9 Meter Kette für andere Projekte übrig.

Addition und Subtraktion zur Lösung von Dezimalaufgaben kombinieren

Bei komplexeren Dezimalaufgaben kann es erforderlich sein, eine Reihe von Berechnungen durchzuführen, um die richtige Lösung zu finden. Zum Beispiel:

> Lindsay hat in ihrem Lieblingsgeschäft einen Rock für 45,89 €, einen Gürtel für 21,30 € und ein Haargummi für 6,97 € ausgewählt. An der Kasse teilte ihr die Verkäuferin mit, dass sie Punkte auf ihrer Kundenkarte einlösen könne, um einen Rabatt von 13,50 € auf den Kauf zu erhalten. Lindsay stimmte zu und bezahlte den Rest des Einkaufs mit einem 100-Euro-Schein. Wie viel Wechselgeld erhielt Lindsay?

Um diese Aufgabe zu lösen, müssen Sie zunächst die Gesamtkosten von Lindsays Einkauf ermitteln, dann den Rabatt in Höhe von 13,50 € abziehen und schließlich die Differenz zu ihrem 100-Euro-Schein berechnen. Gehen Sie wie folgt vor:

1. **Addieren Sie die Kosten der drei Artikel, um die Gesamtsumme zu erhalten:**

   45,89 € + 21,30 € + 6,97 € = 74,16 €

2. **Subtrahieren Sie den Rabatt von den Gesamtkosten, um die reduzierten Kosten zu ermitteln:**

   74,16 € – 13,50 € = 60,66 €

3. **Subtrahieren Sie den reduzierten Preis von 100 € (Lindsays Zahlung), um das Wechselgeld zu berechnen:**

   100,00 € – 60,66 € = 39,34 €

Lindsay erhielt also 39,34 € Wechselgeld.

1. Liam unternahm eine Autoreise durch das irische Hinterland und notierte sich die Entfernungen, die er jeden Tag zurücklegte. Am ersten Tag fuhr er 45,3 Kilometer, am zweiten Tag 78,6 Kilometer und am dritten Tag 52,75 Kilometer. Wie viele Kilometer hat Liam in den drei Tagen insgesamt zurückgelegt?

2. Vor einem großen Brotbackprojekt hatte Jing einen Sack Mehl mit einem Gewicht von 5,6 Kilogramm. Nach Abschluss des Projekts wog der Sack 2,35 Kilogramm. Wie viel Mehl hat Jing zum Backen verwendet?

3. Juliann notiert sich, wie viel Wasser sie an einem Tag trinkt. Am Morgen füllt sie drei 1-Liter-Flaschen und trinkt 0,7 Liter. Am Nachmittag, nach einem langen Lauf, trinkt sie weitere 1,45 Liter. Am Abend trinkt sie weitere 0,65 Liter aus ihren Wasserflaschen. Wie viel Wasser hat Juliann am Ende des Tages übrig?

4. Eine Bautruppe asphaltiert eine neue Straße. Am Montag haben sie 6,8 Kilometer der Straße asphaltiert und am Dienstag weitere 6,1 Kilometer. Aufgrund der Wetterbedingungen am Mittwoch und Donnerstag wurden jedoch 1,1 Kilometer der am Dienstag bearbeiteten Straße überflutet und mussten erneuert werden, als die Bautruppe am Freitag mit der Arbeit begann. Am Ende dieses Tages beendete die Mannschaft das Projekt mit dem Asphaltieren von 5,95 Kilometern. Wie lang ist der Straßenabschnitt, den die Mannschaft von Montag bis Freitag asphaltiert hat?

Dezimalzahlen multiplizieren, um Textaufgaben zu lösen

Ob es um die Berechnung von Kosten, die Flächenbestimmung oder das Abmessen von Mengen in Rezepten geht – die Multiplikation von Dezimalzahlen ist eine unverzichtbare Fähigkeit im Alltag.

Multiplikation mit Zehnerpotenzen

Einige Textaufgaben erfordern die Multiplikation mit 10, 100, 1.000 oder anderen Zehnerpotenzen. In solchen Fällen ist die Lösung oft einfach zu berechnen, indem man das Dezimalkomma nach rechts verschiebt, wie in Kapitel 9 beschrieben. Zum Beispiel:

> Daniel hat einen Saisonjob in einem Freibad angenommen, der von Anfang Juni bis Ende August dauert. Nach Abzug der Steuern verdient er 86,45 € pro Tag. Er kann bis zu 100 Tage arbeiten, bevor die Saison endet. Wie viel Geld wird er verdienen, wenn er alle Tage arbeitet?

Obwohl die Aufgabe umfangreich erscheint, reduziert sie sich auf eine einfache Rechnung:

86,45 € × 100 Tage

Das Ergebnis lässt sich leicht ermitteln, indem man das Dezimalkomma um zwei Stellen nach rechts verschiebt:

8.645,00 €

Daniel kann also im Sommer bis zu 8.645 € verdienen.

Multiplikation mit anderen Zahlen

Natürlich erfordern nicht alle Multiplikationen mit Dezimalzahlen das Rechnen mit Zehnerpotenzen, wie im vorherigen Abschnitt beschrieben. Im folgenden Beispiel geht es um eine Kollegin von Daniel aus dem vorherigen Abschnitt:

> Petra hat einen Saisonjob in einem Freibad angenommen, der von Anfang Juni bis Ende August dauert. Sie hat ausgerechnet, dass sie nach Abzug der Steuern 86,45 € pro Tag mit nach Hause nehmen kann. Petra kann bis zu 100 Tage arbeiten, bevor die Saison endet. Wenn sie sich entscheidet, 11 Tage frei zu nehmen, wie viel wird sie dann verdienen?

In diesem Fall müssen Sie zunächst die Anzahl der Arbeitstage von Petra ermitteln und diese dann mit dem Tageslohn multiplizieren:

86,45 € × 89 Tage = 7.694,05 €

Bei 11 freien Tagen kann Petra im Sommer also bis zu 7.694,05 € mit nach Hause nehmen.

Multiplikation von Dezimalzahlen zur Flächenberechnung

Die Multiplikation von Dezimalzahlen ermöglicht auch die Berechnung von Rechteckflächen. Die Formel lautet:

Fläche = Länge × Breite

Diese Formel lässt sich auf Aufgaben wie die folgende anwenden:

> Ein rechteckiger Park ist 3,1 Kilometer breit und 6,4 Kilometer lang. Wie groß ist die Gesamtfläche des Parks in Quadratkilometern?

Um diese Aufgabe zu lösen, wenden Sie die Flächenformel an:

Fläche = 6,4 km × 3,1 km = 19,84 km^2

Die Fläche des Parks beträgt also 19,84 Quadratkilometer.

Die mehrstufige Multiplikation zur Lösung von Textaufgaben verwenden

Komplexere Textaufgaben können mehrere Schritte erfordern, die sowohl die Multiplikation von Dezimalzahlen als auch andere Rechenoperationen beinhalten. Zum Beispiel:

Ashley plant, in drei Räumen ihres Hauses neue Teppiche zu verlegen. Die Abmessungen der Räume lauten wie folgt:

- ✔ Das Wohnzimmer ist 5,3 Meter lang und 3,7 Meter breit.
- ✔ Das Esszimmer ist 4,5 Meter lang und 3,2 Meter breit.
- ✔ Das Schlafzimmer ist 4,1 Meter lang und 3,8 Meter breit.

Wie groß ist die Gesamtfläche, die Ashley mit Teppich auslegen muss, in Quadratmetern? (Runden Sie auf den nächsten Zehntel Quadratmeter.)

Um die Gesamtfläche von Ashleys Zimmern zu ermitteln, gehen Sie wie folgt vor:

1. **Berechnen Sie die Fläche jedes Raumes mit der Formel Fläche = Länge × Breite:**

   5,3 m × 3,7 m = 19,61 m^2

   4,5 m × 3,2 m = 14,4 m^2

   4,1 m × 3,8 m = 15,58 m^2

2. **Addieren Sie die drei Flächenwerte aus Schritt 1.**

   $19{,}61\,\text{m}^2 + 14{,}4\,\text{m}^2 + 15{,}58\,\text{m}^2 = 49{,}59\,\text{m}^2$

3. **Runden Sie auf das nächste Zehntel.**

   $49{,}59\,\text{m}^2 \approx 49{,}6\,\text{m}^2$

   Die Gesamtfläche der drei Räume beträgt somit 49,6 Quadratmeter.

5. Reese muss fünf kleine und drei große Kisten an einen Kunden versenden. Jede kleine Kiste wiegt 8,3 Kilogramm und jede große Kiste wiegt 14,8 Kilogramm. Wie hoch ist das Gesamtgewicht der Sendung?

6. Charlotte pflanzt Blumen in zwei getrennten Beeten. Im ersten Beet pflanzt sie 15 Reihen Blumen, wobei jede Reihe 2,5 Liter Wasser pro Tag benötigt. Im zweiten Beet pflanzt sie 10 Reihen Blumen, wobei jede Reihe 4,75 Liter Wasser pro Tag benötigt. Wie viel Wasser muss Charlotte insgesamt pro Tag für beide Beete bereitstellen?

7. Eine Bäckerei backt für einen Schulausflug zwei Sorten Kekse: Schokoladenkekse (30 Stück, je 1,75 Gramm Zucker) und Schoko-Doppelkekse (25 Stück, je 2,2 Gramm Zucker). Welche Sorte enthält mehr Zucker und um wie viel?

8. Ein Vermessungsbüro erfasst drei rechteckige Grundstücke für die Bebauung. Die Abmessungen der Grundstücke sind wie folgt:

   - *Grundstück 1* hat eine Länge von 12,5 Kilometern und eine Breite von 8,4 Kilometern.
   - *Grundstück 2* hat eine Länge von 15,3 Kilometern und eine Breite von 9,2 Kilometern.
   - *Grundstück 3* hat eine Länge von 10,7 Kilometern und eine Breite von 6,8 Kilometern.

   Wie groß ist die Gesamtfläche aller drei Grundstücke zusammen?

Mit Dezimalbrüchen in Textaufgaben rechnen

Dezimalbrüche sind essenziell für Kostenaufteilung, Gewichtsverteilung, Durchschnittsberechnungen und Mengenbestimmung. Die Aufgaben in den folgenden Abschnitten helfen Ihnen, das Teilen von Dezimalzahlen sicher zu beherrschen.

Division durch Zehnerpotenzen

Wenn eine Textaufgabe die Division durch 10, 100, 1.000 oder eine beliebige Zehnerpotenz erfordert, lässt sich die Aufgabe durch Verschieben des Dezimalkommas nach links lösen (wie in Kapitel 9 beschrieben). Zum Beispiel:

> Eine Mehllieferung wiegt 457 Kilogramm. Das Mehl soll gleichmäßig auf 100 Säcke verteilt werden. Wie viel Mehl muss in jeden Sack gefüllt werden?

Diese Aufgabe lässt sich schnell lösen, da die Division durch 100 eine einfache Rechenoperation darstellt: $457\,\text{kg} \div 100\,\text{Säcke} = 4{,}57\,\text{kg/Sack}$

Die Verpacker müssen also 4,57 Kilogramm Mehl in jeden Sack füllen.

Nutzen Sie stets einfache Rechenmethoden, um Textaufgaben zu lösen!

Division durch beliebige Zahlen

In den meisten Fällen liefern Textaufgaben mit Dezimaldivisionen keine glatten Ergebnisse. Zum Beispiel:

> Jenny ist in sieben Tagen insgesamt 64,5 Kilometer gewandert und hat dabei jeden Tag ungefähr die gleiche Strecke zurückgelegt. Wie viele Kilometer ist sie – auf den nächsten Zehntelkilometer genau – täglich gewandert?

Um diese Aufgabe zu lösen, dividieren Sie die Gesamtstrecke durch die Anzahl der Tage: $64{,}5\,\text{km} \div 7\,\text{Tage} \approx 9{,}2\,\text{km/Tag}$

Jenny ist also etwa 9,2 Kilometer pro Tag gewandert.

Division von Dezimalzahlen durch andere Dezimalzahlen

Nicht alle Textaufgaben zur Dezimaldivision erfordern die Division durch eine ganze Zahl. Manchmal ist ein Dezimaldivisor erforderlich. Beispiel:

> Ein Weingut produziert einen Bottich mit 866,5 Litern Cabernet. Wenn das Produktionsteam diesen Wein in Flaschen mit einem Fassungsvermögen von je 0,75 Litern abfüllt, wie viele ganze Flaschen kann das Weingut produzieren?

Zur Lösung dieses Problems teilen Sie die Gesamtmenge des Weins durch das Flaschenvolumen:

$$866{,}5\ l \div 0{,}75\ \text{l/Flasche} = 1.155{,}\overline{3}\ \text{Flaschen}$$

Der Strich über der 3 im Quotienten kennzeichnet eine periodische Dezimalzahl (siehe Kapitel 9). Da der Dezimalanteil jedoch kleiner als 1 ist, kann er in der endgültigen Antwort vernachlässigt werden (aber vielleicht freut sich ein Mitarbeiter über den Rest!).

Nach der Berechnung können also 1155 ganze Flaschen Wein abgefüllt werden.

Division von Dezimalzahlen bei der Flächenberechnung

Im Abschnitt »Multiplikation von Dezimalzahlen zur Flächenberechnung« weiter oben in diesem Kapitel wird die Flächenformel für Rechtecke vorgestellt: *Fläche* = *Länge* × *Breite*.

Manchmal erfordert die Arbeit mit dieser Formel die Division von Dezimalzahlen. Zum Beispiel:

> Landschaftsarchitekt Joel arbeitet an einem rechteckigen Grundstück mit einer Fläche von 172 Quadratmetern. Die Breite des Grundstücks beträgt 12,4 Meter. Wie lang ist das Grundstück (auf den nächsten Zehntelmeter genau)?

Gehen Sie wie folgt vor, um diese Aufgabe zu lösen:

1. **Setzen Sie die gegebenen Werte für die Fläche und die Breite des Grundstücks in die Flächenformel ein:**

   $$172\ \text{m}^2 = L \times 12{,}4\ m$$

2. **Um die Länge (L) zu ermitteln, dividieren Sie beide Seiten der Gleichung durch 12,4:**

$$\frac{172\ \mathrm{m}^2}{12{,}4\ m} = \frac{L \times 12{,}4\ m}{12{,}4\ m}\ 172\ m^2 \div 12{,}4\ m = 13{,}8709677\ldots m$$

3. **Runden Sie die in Schritt 2 berechnete Zahl auf das nächste Zehntel.**

$13{,}8709677\ldots\ \mathrm{m} \approx 13{,}9\ \mathrm{m}$

Die Länge des Grundstücks beträgt also ungefähr 13,9 Meter.

Die mehrstufige Division zur Lösung von Textaufgaben verwenden

Einige Textaufgaben erfordern die Division von Dezimalzahlen in Kombination mit anderen Fertigkeiten der Dezimalrechnung. Zum Beispiel:

> Wenn ein Auto in 1,2 Stunden 78,6 Kilometer zurücklegt, wie weit kann es dann in 4,5 Stunden fahren, wenn es sich mit der gleichen Geschwindigkeit bewegt? (Runden Sie Ihre Antwort auf den nächsten Zehntelkilometer auf.)

Verwenden Sie die Formel *Geschwindigkeit* × *Zeit* = *Strecke*.

Gehen Sie wie folgt vor, um diese Aufgabe zu lösen:

1. **Dividieren Sie die zurückgelegte Strecke durch die benötigte Zeit:**

   78,6 Kilometer ÷ 1,2 Stunden = 65,5 Kilometer/Stunde

   Diese Berechnung zeigt die Geschwindigkeit des Autos: 65,5 Kilometer pro Stunde.

2. **Multiplizieren Sie den in Schritt 1 berechneten Wert mit 4,5 Stunden, um die Frage zu beantworten, wie weit das Auto in dieser Zeit fahren kann:**

   65,5 Kilometer/Stunde × 4,5 Stunden = 294,75 Kilometer

   Das Auto kann in 4,5 Stunden 294,75 Kilometer zurücklegen.

3. Runden Sie Ihre Antwort auf den nächsten Zehntelkilometer:

294,75 Kilometer ≈ 294,8 Kilometer

Das Auto kann also in 4,5 Stunden etwa 294,8 Kilometer zurücklegen.

9. Eine Radfahrerin legt in 5,5 Stunden 82,8 Kilometer zurück. Wie viele Kilometer legt die Radfahrerin durchschnittlich pro Stunde zurück? (Runden Sie Ihre Antwort auf den nächsten Zehntelkilometer pro Stunde.)

10. Efrain kaufte 10 identische Notizbücher für 36,40 € und 12 identische Stifte für 28,68 €. Wie viel hätte er bei gleichen Preisen ausgegeben, wenn er ein Notizbuch und einen Stift gekauft hätte?

11. Ein Lagerhaus mit einer Fläche von 408,51 Quadratmetern ist 15,3 Meter breit. Wie groß ist der Gesamtumfang des Lagerhauses? Verwenden Sie die Formel für den Umfang, um diese Strecke zu ermitteln.

12. Eine Fabrik produziert täglich 150,75 Kilogramm Schokolade. Die Verpacker teilen die Schokolade normalerweise gleichmäßig in Kartons auf, die 0,67 Kilogramm Schokolade enthalten und an die Geschäfte geliefert werden. Für eine Sonderaktion hat das Unternehmen jedoch beschlossen, den Schokoladenanteil in jeder Schachtel auf 0,75 Kilogramm zu erhöhen und sie zum gleichen Preis zu verkaufen. Wenn die Aktion 15 Tage lang dauert, wie viele Schachteln weniger muss die Fabrik während dieser Aktion produzieren?

Lösungen zu den Übungsaufgaben

1. Liam legte 176,65 Kilometer zurück. 45,3 km + 78,6 km + 52,75 km = 176,65 km

2. Jing verbrauchte 3,25 Kilogramm Mehl. 5,6 kg – 2,35 kg = 3,25 kg

3. Juliann hatte noch 0,2 Liter Wasser übrig.

   Getrunkenes Wasser: 0,7 l + 1,45 l + 0,65 l = 2,8 l

   Verbleibendes Wasser: 3 l – 2,8 l = 0,2 l

4. Die Straße ist 17,75 Kilometer lang.

   Montag und Dienstag: 6,8 km + 6,1 km = 12,9 km

   Rest nach der Überschwemmung: 12,9 km – 1,1 km = 11,8 km

   Gesamt: 11,8 km + 5,95 km = 17,75 km

5. Die Lieferung wiegt 85,9 Kilogramm.

   Kleine Kisten: 8,3 kg × 5 = 41,5 kg

   Große Kisten: 14,8 kg × 3 = 44,4 kg

   Gesamtgewicht: 41,5 kg + 44,4 kg = 85,9 kg

6. Die Beete benötigen 85 Liter Wasser pro Tag.

   Erstes Beet: 2,5 l × 15 = 37,5 l

   Zweites Beet: 4,75 l × 10 = 47,5 l

   Gesamtwasserbedarf: 37,5 l + 47,5 l = 85 l

7. Die Schoko-Doppelkekse benötigen 2,5 Gramm mehr Zucker als die Schokoladenkekse.

   Schokoladenkekse: 1,75 g × 30 = 52,5 g

   Schoko-Doppelkekse: 2,2 g × 25 = 55 g

   Zuckerunterschied: 55 g – 52,5 g = 2,5 g

8. Die Gesamtfläche der drei Grundstücke beträgt 318,52 Quadratkilometer.

   Grundstück 1: 12,5 km × 8,4 km = 105 km^2

   Grundstück 2: 15,3 km × 9,2 km = 140,76 km^2

   Grundstück 3: 10,7 km × 6,8 km = 72,76 km^2

   Gesamtfläche: 105 km^2 + 140,76 km^2 + 72,76 km^2 = 318,52 km^2

   Die Gesamtfläche der drei Grundstücke beträgt 318,52 Quadratkilometer.

9. Die Radfahrerin fährt mit einer Geschwindigkeit von etwa 15,1 km/h.

82,8 km ÷ 5,5 h = 15,05 km/h ≈ 15,1 km/h

10. Ein Notizbuch und ein Stift kosten zusammen 6,03 €.

Kosten pro Notizbuch: 36,40 € ÷ 10 = 3,64 €

Kosten pro Stift: 28,68 € ÷ 12 = 2,39 €

Gesamtkosten: 3,64 € + 2,39 € = 6,03 €

11. Der Umfang des Lagerhauses beträgt 84 Meter.

$408{,}51\ m^2 = \textit{Länge} \times 15{,}3\ \text{m}\quad \frac{408{,}51\ m^2}{15{,}3\ \text{m}} = \frac{L \times 15{,}3\ \text{m}}{15{,}3\ \text{m}}$

$408{,}51\ \text{m}^2 \div 15{,}3\ \text{m} = 26{,}7\ \text{m}$

Die Länge des Lagerhauses beträgt also 26,7 m.
Umfang = 2 × (26,7 m + 15,3 m) = 2 × 42 m = 84 m

12. Die Fabrik produziert während der Aktion 360 Schachteln Schokolade weniger.

Normale Produktion pro Tag: 150,75 Kilogramm ÷ 0,67 Kilogramm/Schachtel = 225 Schachteln

Produktion während der Aktion: 150,75 Kilogramm ÷ 0,75 Kilogramm/Schachtel = 201 Schachteln

Differenz pro Tag: 225 Schachteln – 201 Schachteln = 24 Schachteln

Differenz während der Aktion: 24 Schachteln × 15 Tage = 360 Schachteln

Teil IV
Prozentrechnung

IN DIESEM TEIL …

- ✔ Verstehen, wie Prozentrechnung funktioniert.
- ✔ Die häufigsten Arten von Prozentaufgaben lösen
- ✔ Volle Punktzahl bei Textaufgaben mit Prozentrechnung erzielen

IN DIESEM KAPITEL

Mit Prozenten Werte zwischen ganzen Zahlen darstellen

Die wichtigsten Zusammenhänge zwischen Prozenten, Dezimalzahlen und Brüchen kennenlernen

Einfache Prozentrechnungen im Kopf durchführen

Dezimalzahlen und Prozente ineinander umwandeln

Brüche und Prozente ineinander umwandeln

Kapitel 12
Prozentwerte ermitteln

Prozente sind eine praktische Möglichkeit, Zahlen darzustellen, die – ähnlich wie Brüche und Dezimalzahlen – auf dem Zahlenstrahl zwischen den ganzen Zahlen liegen.

Viele Menschen finden es einfacher, mit Prozenten zu rechnen als mit Brüchen. In diesem Kapitel zeige ich Ihnen, wie Prozente aus Dezimalzahlen entstehen, wie Sie häufig verwendete Brüche als Dezimalzahlen und Prozente darstellen können, und wir üben gemeinsam einige einfache Kopfrechenaufgaben mit Prozenten.

Außerdem erkläre ich, wie Sie Prozente und Dezimalzahlen ineinander umwandeln und welche Bedeutung diese Umwandlung für die Umrechnung von Prozenten in Brüche und umgekehrt hat.

Prozentsätze verstehen

Das Wort *Prozent*, das durch das Symbol % dargestellt wird, bedeutet wörtlich *von 100*. Angenommen, ein Tierheim beherbergt insgesamt 100 Hunde und Katzen, davon sind 43 Hunde und 57 Katzen. Da 43 von 100 Tieren Hunde sind, sind 43 % der Tiere Hunde. Ebenso sind 57 % der Tiere Katzen.

Diese Situation lässt sich auch wie folgt beschreiben:

- **Brüche:** $\frac{43}{100}$ der Tiere sind Hunde und $\frac{57}{100}$ Katzen.
- **Dezimalzahlen:** 0,43 der Tiere sind Hunde und 0,57 sind Katzen.

Diese Darstellungen zeigen, dass Prozente, Brüche und Dezimalzahlen ähnliche Konzepte sind. Alle repräsentieren Werte, die Teile eines Ganzen darstellen und – wie in der Einleitung erwähnt – auf dem Zahlenstrahl zwischen den *ganzen Zahlen* (positiven und negativen ganzen Zahlen) liegen.

Tabelle 12.1 bietet eine Übersicht über häufig vorkommende Prozentwerte und ihre jeweiligen Entsprechungen als Dezimalzahlen und Brüche.

Prozentsatz	Dezimalzahl	Bruch
1 %	0,01	$\frac{1}{100}$
5 %	0,05	$\frac{5 \div 5}{100 \div 5} = \frac{1}{20}$
10 %	0,1	$\frac{1}{10}$
20 %	0,2	$\frac{2 \div 2}{10 \div 2} = \frac{1}{5}$
25 %	0,25	$\frac{25 \div 25}{100 \div 25} = \frac{1}{4}$
30 %	0,3	$\frac{3}{10}$
40 %	0,4	$\frac{4 \div 2}{10 \div 2} = \frac{2}{5}$
50 %	0,5	$\frac{5 \div 5}{10 \div 5} = \frac{1}{2}$
60 %	0,6	$\frac{6 \div 2}{10 \div 2} = \frac{3}{5}$
70 %	0,7	$\frac{7}{10}$
75 %	0,75	$\frac{75 \div 25}{100 \div 25} = \frac{3}{4}$
80 %	0,8	$\frac{8 \div 2}{10 \div 2} = \frac{4}{5}$
90 %	0,9	$\frac{9}{10}$
100 %	1,0	$\frac{1}{1} = 1$

Tabelle 12.1: Gebräuchliche Prozentzahlen, Dezimalzahlen und Brüche

1. Studieren Sie Tabelle 12.1, bis Sie die Zusammenhänge verinnerlicht haben. Schreiben Sie dann die folgenden Prozentsätze als Dezimalzahlen auf (nicht spicken!).

   a. 20 %

   b. 90 %

   c. 100 %

   d. 75 %

   e. 5 %

   f. 1 %

2. Studieren Sie Tabelle 12.1, um die Beziehung zwischen Prozenten und Brüchen zu verstehen. Schreiben Sie anschließend – ohne nachzuschauen! – die Brüche auf, die den folgenden Prozentsätzen entsprechen:

   a. 50 %

   b. 25 %

   c. 75 %

   d. 10 %

   e. 40 %

   f. 80 %

Prozentsätze im Kopf berechnen

Um sich mit Prozenten vertraut zu machen, beginnen wir mit einigen einfachen Berechnungen. Mit einigen gängigen Prozentsätzen lassen sich Aufgaben leicht im Kopf lösen. In den folgenden Abschnitten finden Sie Beispiele und Kopfrechentricks, die Ihnen nützlich sein können (und mit denen Sie vielleicht sogar Ihre Freundinnen und Freunde beeindrucken!).

Berechnung von 100 %, 200 % und 50 %

Die Berechnung von 100 % ist denkbar einfach: 100 % einer beliebigen Zahl entsprechen der Zahl selbst.

- ✔ 100 % von 3 sind 3.

- 100 % von 75 sind 75.
- 100 % von 222 sind 222.

Um 200 % einer Zahl zu berechnen, multiplizieren Sie diese Zahl einfach mit 2.

- 200 % von 7 sind 14 (7 × 2).
- 200 % von 30 sind 60 (30 × 2).
- 200 % von 440 sind 880 (440 × 2).

50 % entsprechen der Hälfte einer Zahl ($\frac{1}{2}$). Um 50 % einer Zahl zu berechnen, halbieren Sie diese Zahl (das heißt, Sie teilen sie durch 2).

- 50 % von 40 sind 20 (40 ÷ 2).
- 50 % von 300 sind 150 (300 ÷ 2).
- 50 % von 642 sind 321 (642 ÷ 2).

Berechnung von 10 %, 20 % und 5 %

Um 10 % einer Zahl zu berechnen, die auf 0 endet, lassen Sie einfach die letzte 0 weg.

- 10 % von 90 sind 9.
- 10 % von 300 sind 30.
- 10 % von 760 sind 76.

Um dieselbe Berechnung mit einer ganzen Zahl durchzuführen, die nicht auf 0 endet, setzen Sie zwischen die Zehner- und Einerstelle ein Dezimalkomma.

- 10 % von 8 sind 0,8.
- 10 % von 24 sind 2,4.
- 10 % von 456 sind 45,6.

Um 20 % einer Zahl zu berechnen, berechnen Sie zuerst 10 % und verdoppeln Sie dann diesen Wert (das heißt multiplizieren Sie ihn mit 2).

- 20 % von 60 sind 12 (10 % von 60 sind 6; 6 × 2 = 12).
- 20 % von 250 sind 50 (10 % von 250 sind 25; 25 × 2 = 50).
- 20 % von 11 sind 2,2 (10 % von 11 sind 1,1; 1,1 × 2 = 2,2).

Um 5 % einer beliebigen Zahl zu berechnen, berechnen Sie zuerst 10 % und halbieren Sie dann das Ergebnis (das heißt dividieren Sie es durch 2).

- ✔ 5 % von 80 sind 4 (10 % von 80 sind 8; $8 \div 2 = 4$).
- ✔ 5 % von 300 sind 15 (10 % von 300 sind 30; $30 \div 2 = 15$).
- ✔ 5 % von 88 sind 4,4 (10 % von 88 sind 8,8; $8{,}8 \div 2 = 4{,}4$).

Berechnung von 25 % und 75 %

Da 25 % dem Bruch $\frac{1}{4}$ entsprechen (siehe Tabelle 12.1), können Sie 25 % einer Zahl berechnen, indem Sie diese Zahl durch 4 teilen. Im Kopf ist es oft einfacher, die Zahl zu halbieren und dann das Ergebnis noch einmal zu halbieren (zweimal durch 2 teilen).

- ✔ 25 % von 80 sind 20 ($80 \div 2 = 40$; $40 \div 2 = 20$).
- ✔ 25 % von 500 sind 125 ($500 \div 2 = 250$; $250 \div 2 = 125$).
- ✔ 25 % von 888 sind 222 ($888 \div 2 = 444$; $444 \div 2 = 222$).

Um 75 % einer Zahl zu berechnen, ermitteln Sie zunächst 25 %, indem Sie die Zahl zweimal durch 2 teilen, und multiplizieren das Ergebnis dann mit 3 (weil 75 % gleich 25 % mal 3 sind). (Möglicherweise müssen Sie sich einige Zahlen notieren, aber probieren Sie es aus.)

- ✔ 75 % von 60 sind 45 ($60 \div 2 = 30$; $30 \div 2 = 15$; $15 \times 3 = 45$).
- ✔ 75 % von 200 sind 150 ($200 \div 2 = 100$; $100 \div 2 = 50$; $50 \times 3 = 150$).
- ✔ 75 % von 444 sind 333 ($444 \div 2 = 222$; $222 \div 2 = 111$; $111 \times 3 = 333$).

2. Berechnen Sie die folgenden Werte im Kopf:

a. 10 % von 57

b. 50 % von 62

c. 25 % von 84

d. 200 % von 43

e. 20 % von 53

f. 5 % von 28

g. 100 % von 91

h. 75 % von 600

Das Umstellen von Zahlen zum Berechnen von Prozenten

Hier ist ein Trick, mit dem Sie einige schwierige Prozentaufgaben ganz einfach lösen können: Vertauschen Sie die Reihenfolge der beiden Zahlen in der Aufgabe.

Angenommen, Sie müssen 82 % von 50 berechnen. Kehren Sie dazu die Reihenfolge der Zahlen um und berechnen Sie dann wie folgt:

82 % von 50 = 50 % von 82 = 41

In diesem Fall ist der Trick besonders hilfreich, da 50 % einer Zahl leicht im Kopf zu bestimmen sind. Ein weiteres Beispiel lautet:

98 % von 10 = 10 % von 98 = 9,8

Auch hier vereinfacht der Trick die Berechnung, da 10 % einer Zahl leicht zu ermitteln sind. Ein letztes Beispiel lautet:

45 % von 200 = 200 % von 45 = 90

Achten Sie auf Gelegenheiten, diesen Trick anzuwenden, wann immer es Ihnen möglich ist.

3. Lösen Sie die folgenden Prozentaufgaben, indem Sie die Zahlen vertauschen und die Kopfrechentricks aus dem Abschnitt »Prozentsätze im Kopf berechnen« anwenden.

a. 48 % von 50

b. 29 % von 10

c. 35 % von 20

d. 67 % von 100

e. 160 % von 5

f. 8 % von 25

g. 40 % von 75

h. 92 % von 200

Prozentwerte und Dezimalzahlen ineinander umwandeln

Im Gegensatz zu Brüchen sind Prozente und Dezimalzahlen einander numerisch sehr ähnlich. Diese Tatsache erleichtert die Umwandlung zwischen beiden Darstellungsformen erheblich.

Dezimalzahlen in Prozente umwandeln

Um eine Dezimalzahl in einen Prozentsatz umzuwandeln, verschieben Sie das Dezimalkomma um zwei Stellen nach rechts und fügen ein Prozentzeichen hinzu. Hier sind einige Beispiele:

- **Dezimalzahlen mit zwei Dezimalstellen:** Das Verschieben des Kommas ist besonders einfach.

  0,34 = 34 %

  0,55 = 55 %

  1,23 = 123 %

- **Dezimalzahlen mit einer Dezimalstelle:** Achten Sie darauf, dem Prozentsatz eine Null als Platzhalter hinzuzufügen.

  0,8 = 80 %

  1,5 = 150 %

  10,3 = 1030 %

- **Dezimalzahlen mit drei oder mehr Dezimalstellen:** Der resultierende Prozentsatz enthält ein Dezimalkomma.

  0,175 = 17,5 %

  0,007 = 0,7 %

  9,8765 = 987,65 %

4. Wandeln Sie die folgenden Dezimalzahlen in Prozente um:

a. 1,25

b. 0,02

c. 2,4

d. 0,555

e. 0,004

f. 3,0303

Prozente in Dezimalzahlen umwandeln

Um einen Prozentsatz in eine Dezimalzahl umzuwandeln, platzieren Sie zunächst ein Dezimalkomma nach der Einerstelle, verschieben dieses Komma dann um zwei Stellen nach links und lassen das Prozentzeichen weg.

So wandeln Sie Prozentwerte verschiedener Konfigurationen in Dezimalzahlen um:

- **Prozentzahlen mit zwei oder mehr Ziffern:** Stellen Sie sich vor, am Ende der Zahl würde ein Komma stehen. Verschieben Sie dieses Komma dann einfach um zwei Stellen nach links.

  99 % = 0,99

  125 % = 1,25

  1000 % = 10,00 = 10

- **Prozentzahlen mit Dezimalkomma:** Hier genügt es, das Komma um zwei Stellen nach links zu verschieben.

  37,5 % = 0,375

  177,7 % = 1,777

  0,1 % = 0,001

- **Prozentzahlen mit nur einer Ziffer:** Fügen Sie am Ende der Zahl ein Komma hinzu und ergänzen Sie davor einige Nullen. Verschieben Sie dann das Komma um zwei Stellen nach links.

  1 % = 001,0 % = 0,01

  4 % = 004,0 % = 0,04

  9 % = 009,0 % = 0,09

5. Überführen Sie die folgenden Prozentzahlen in Dezimalzahlen:

   a. 51 %

   b. 78,9 %

   c. 110 %

   d. 6,3 %

   e. 0,5 %

   f. 7 %

Umrechnung zwischen Prozenten und Brüchen

Da Sie bereits wissen, wie man zwischen Brüchen und Dezimalzahlen (siehe Kapitel 9) sowie zwischen Dezimalzahlen und Prozenten (siehe Abschnitt »Prozentwerte und Dezimalzahlen ineinander umwandeln« weiter oben in diesem Kapitel) umrechnet, verfügen Sie über alle notwendigen Kenntnisse, um Brüche in Prozente umzuwandeln. Die Umwandlung von Prozenten in Brüche ist sogar noch einfacher!

Brüche in Prozente umwandeln

Die Umwandlung eines Bruchs in einen Prozentsatz erfolgt in zwei Schritten:

1. **Wandeln Sie den Bruch in eine endliche oder periodische Dezimalzahl um, indem Sie den Bruch als Divisionsaufgabe betrachten.**

   Bei der Divisionsaufgabe ist der *Zähler des Bruchs* (die obere Zahl) der *Dividend* (die zu teilende Zahl) und der *Nenner* (die untere Zahl) der *Divisor* (die teilende Zahl). In Kapitel 9 werden Techniken zur Lösung solcher Aufgaben erläutert.

2. **Wandeln Sie die in Schritt 1 berechnete Dezimalzahl in einen Prozentsatz um, indem Sie das Dezimalkomma um zwei Stellen nach rechts verschieben und ein Prozentzeichen hinzufügen.**

   Wie Sie diesen Schritt durchführen, wurde im Abschnitt »Dezimalzahlen in Prozente umwandeln« detailliert beschrieben.

Um beispielsweise den Bruch $\frac{3}{8}$ in eine Dezimalzahl umzuwandeln, führen Sie die folgenden Schritte aus:

1. **Wandeln Sie den Bruch in eine Divisionsaufgabe um.**

   $\frac{3}{8} = 3 \div 8 = 0{,}375$

   Wenn Sie diese Rechnung schriftlich durchführen, dann folgt:

   ```
   3,000 : 8 = 0,375
   24
   60
    56
     40
     40
      0
   ```

2. **Wandeln Sie die in Schritt 1 berechnete Dezimalzahl in einen Prozentsatz um:**

   $0{,}375 = 37{,}5\%$

In manchen Fällen führt der erste Schritt zu einer periodischen Dezimalzahl.

Betrachten Sie beispielsweise den Bruch $\frac{7}{12}$:

$$\frac{7}{12} = 7 \div 12 = 0{,}58\overline{3}$$

Der Strich über der 3 zeigt – wie in Kapitel 9 erläutert – an, dass es sich um eine periodische Dezimalzahl mit einer unendlichen Folge von Dreien handelt. Um diese Dezimalzahl in einen Prozentsatz umzuwandeln, verschieben Sie das Komma um zwei Stellen nach rechts und fügen ein Prozentzeichen hinzu (Hinweis: Der Strich über der 3 bleibt erhalten, da die 3 sich wiederholt):

$$0{,}58\overline{3} = 58{,}\overline{3}\,\%$$

6. Wandeln Sie jeden dieser Brüche in einen Prozentsatz um:

a. $\frac{7}{8}$

b. $\frac{5}{16}$

c. $\frac{2}{3}$

d. $\frac{1}{6}$

e. $\frac{4}{9}$

f. $\frac{10}{11}$

Prozente in Brüche umwandeln

Erinnern Sie sich daran, dass *Prozent* »von Hundert« bedeutet. Um einen Prozentsatz in einen Bruch umzuwandeln, setzen Sie den numerischen Wert des Prozentsatzes als *Zähler* und 100 als *Nenner* ein. Betrachten wir die folgenden Fälle:

- **Ein Prozentsatz, der keine gemeinsamen Faktoren (außer 1) mit 100 hat,** lässt sich direkt umwandeln. Beispiel:

  $$57\,\% = \frac{57}{100}$$

- **Ein Prozentsatz, der gemeinsame Faktoren (außer 1) mit 100 hat,** muss vereinfacht werden. Um 48 % in einen Bruch umzuwandeln, verwenden Sie dieselbe Technik und vereinfachen das Ergebnis:

  $$48\,\% = \frac{48 \div 4}{100 \div 4} = \frac{12}{25}$$

- **Ein Prozentsatz, der größer als 100 % ist,** erfordert die Arbeit mit einem unechten Bruch. Wandeln Sie den resultierenden unechten Bruch in eine gemischte Zahl um und vereinfachen Sie dann. Beispiel:

  $$135\,\% = \frac{135}{100} = 1\frac{35 \div 5}{100 \div 5} = 1\frac{7}{20}$$

- **Ein Prozentwert mit Dezimalstelle** erfordert eine zusätzliche Berechnung. Befolgen Sie einfach diese Schritte, um einen Prozentsatz mit Dezimalkomma in einen Bruch umzuwandeln:

  1. **Wandeln Sie den Prozentsatz in einen Bruch um:**

     Um 12,5 % in einen Bruch umzuwandeln, beginnen Sie wie gewohnt:

     $$12{,}5\,\% = \frac{12{,}5}{100}$$

2. **Multiplizieren Sie Zähler und Nenner mit 10, bis das Dezimalkomma verschwindet. (Möglicherweise müssen Sie mehr als einmal mit 10 multiplizieren.)**

   Durch diese Multiplikation wird der Wert des Bruchs nicht geändert, aber das Dezimalkomma wird entfernt:

   $$= \frac{12{,}5 \times 10}{100 \times 10} = \frac{125}{1.000}$$

3. **Vervollständigen Sie die Umwandlung, indem Sie den Bruch bei Bedarf vereinfachen.**

   Zur Übersichtlichkeit vereinfache ich diesen Bruch in zwei Schritten:

   $$\frac{125 \div 5}{1.000 \div 5} = \frac{25 \div 5}{200 \div 5} = \frac{5 \div 5}{40 \div 5} = \frac{1}{8}$$

7. Wandeln Sie die folgenden Prozentsätze jeweils in Brüche um:
   a. 39 %

   b. 64 %

   c. 122 %

   d. 474 %

   e. 15,5 %

   f. 10,08 %

Lösungen zu den Übungsaufgaben

1. **a.** 0,2

   b. 0,9

   c. 1

   d. 0,75

   e. 0,05

   f. 0,01

2. **a.** $\frac{1}{2}$

   b. $\frac{1}{4}$

   c. $\frac{3}{4}$

   d. $\frac{1}{10}$

   e. $\frac{2}{5}$

   f. $\frac{4}{5}$

3. **a.** 5,7

   b. 31

   c. 21

   d. 86

   e. 10,6

   f. 1,4

   g. 91

   h. 450

4. **a.** 24

   b. 2,9

   c. 7

   d. 67

   e. 8

   f. 2

   g. 30

   h. 184

5. **a.** 125 %

   b. 2 %

c. 240 %

d. 55,5 %

e. 0,4 %

f. 303,03 %

6. **a.** 0,51

b. 0,789

c. 1,1

d. 0,063

e. 0,005

f. 0,07

7. **a.** $7 \div 8 = 0{,}875 = 87{,}5\%$

b. $5 \div 16 = 0{,}3125 = 31{,}25\%$

c. $2 \div 3 = 0{,}\overline{6} = 66{,}\overline{6}\%$

d. $1 \div 6 = 0{,}1\overline{6} = 16{,}\overline{6}\%$

e. $4 \div 9 = 0{,}\overline{4} = 44{,}\overline{4}\,\%$

f. $10 \div 11 = 0{,}90 = 90{,}90\%$

8. **a.** $\frac{39}{100}$

b. $\frac{64 \div 4}{100 \div 4} = \frac{16}{25}$

c. $\frac{122}{100} = 1\frac{22 \div 2}{100 \div 2} = 1\frac{11}{50}$

d. $\frac{474}{100} = 4\frac{74 \div 2}{100 \div 2} = 4\frac{37}{50}$

e. $\frac{15{,}5}{100} = \frac{15{,}5 \times 10}{100 \times 10} = \frac{155 \div 5}{1.000 \div 5} = \frac{31}{200}$

f. $\frac{10{,}08}{100} = \frac{10{,}08 \times 100}{100 \times 100} = \frac{1.008 \div 16}{10.000 \div 16} = \frac{63}{625}$

IN DIESEM KAPITEL

Einfache Prozentaufgaben lösen

Verschiedene Aufgabentypen kennenlernen

Prozentaufgaben mit Gleichungen lösen

Kapitel 13
Prozentaufgaben meistern

Nachdem Sie die Grundlagen der Prozentrechnung und die Zusammenhänge zwischen häufig verwendeten Prozentzahlen (wie 50 % und 10 %), Dezimalzahlen und Brüchen (siehe Kapitel 12) verinnerlicht haben, können wir uns komplexeren Aufgaben widmen. In diesem Kapitel begeben wir uns gemeinsam auf eine Reise durch die Welt der Prozentrechnung, bei der Sie lernen, Prozentzahlen in Dezimalzahlen umzuwandeln und diese für Berechnungen zu nutzen.

Darüber hinaus erhalten Sie einen umfassenden Überblick über verschiedene Aufgabentypen, der Ihnen hilft, auch schwierige Probleme souverän zu bewältigen. Sie werden lernen, Prozentaufgaben rückwärts zu lösen, indem Sie vom Ergebnis ausgehen und sich zum Ausgangspunkt vorarbeiten. Zudem werden Sie entdecken, wie Sie unbekannte Prozentsätze ermitteln können, wenn Sie Anfangs- und Endwerte kennen.

Prozente berechnen

Um den Prozentsatz einer Zahl zu berechnen, wandeln Sie den Prozentsatz zunächst in eine Dezimalzahl um und multiplizieren Sie diese dann mit der gegebenen Zahl.

Betrachten wir folgende Aufgabe: Was sind 17 % von 84?

Um die Lösung zu finden, wandeln wir 17 % in die entsprechende Dezimalzahl um, indem wir das Komma um zwei Stellen nach links verschieben. Anschließend ersetzen wir das Wort »von« durch das Multiplikationszeichen:

$17\,\%$ von $84 = 0{,}17 \times 84$

Nun führen wir die Multiplikation gemäß den in Kapitel 10 erläuterten Regeln durch:

$$\begin{array}{r} \underline{84 \times 0{,}17} \\ 588 \\ \underline{+840} \\ 14{,}28 \end{array}$$

Somit gilt: 17 % von 84 sind 14,28.

1. Berechnen Sie 23 % von 65.
2. Ermitteln Sie den Wert von 81 % von 39.
3. Berechnen Sie 67 % von 132.
4. Berechnen Sie 8,5 % von 271.
5. Bestimmen Sie das Ergebnis von 135 % von 780.
6. Berechnen Sie 0,7 % von 1200.

Drei Arten von Prozentaufgaben lösen

In diesem Abschnitt werden wir uns mit Prozentaufgaben befassen, die etwas komplexer sind als die zuvor behandelten. Sie werden Aufgaben kennenlernen, bei denen die gegebenen Informationen – üblicherweise das Ergebnis – am Ende der Aufgabe stehen und es somit erforderlich machen, von hinten nach vorne zu arbeiten.

Um das Verständnis solcher Aufgaben zu erleichtern, betrachten wir zunächst eine grundlegende Aussage:

10 % von 70 sind 7.

Diese Aussage beinhaltet drei zentrale Werte:

- den **Prozentsatz**: 10 %
- den **Ausgangswert**: 70
- den **Endwert**: 7

Jedes beliebige Paar dieser Werte kann verwendet werden, um den fehlenden dritten Wert zu ermitteln. Daraus ergeben sich drei grundlegende Aufgabentypen der Prozentrechnung, die wir im Folgenden näher betrachten werden:

- **Berechnung des Endwerts:** Der häufigste Aufgabentyp ist der, bei dem der Prozentsatz und der Ausgangswert gegeben sind und der Endwert gesucht wird.

  Zum Beispiel: 10 % von 70 ergeben welchen Wert?

  Diese Aufgaben können entweder durch Kopfrechnen (siehe Kapitel 12) oder durch Umwandlung des Prozentsatzes in eine Dezimalzahl und anschließende Multiplikation gelöst werden (wie zuvor in diesem Kapitel erläutert).

- **Berechnung des Ausgangswerts:** Bei diesem Aufgabentyp sind der Prozentsatz und der Endwert gegeben und der Ausgangswert wird gesucht.

  Zum Beispiel: 10 % von welchem Wert ergeben 7?

- **Berechnung des Prozentsatzes:** Hier sind der Ausgangswert und der Endwert gegeben und der Prozentsatz wird gesucht.

  Wie viel Prozent von 70 sind 7?

Prozentaufgaben durch das Aufstellen von Gleichungen lösen

Die Kenntnis der grundlegenden Struktur von Prozentaufgaben, bestehend aus Ausgangswert, Prozentsatz und Endwert, ermöglicht es Ihnen, für die beiden komplexeren Aufgabentypen aus dem vorherigen Abschnitt Gleichungen aufzustellen und zu lösen.

Ausgangswert durch eine Gleichung ermitteln

Die Bestimmung des Ausgangswerts in einer Prozentaufgabe kann aufgrund der oft unklaren Formulierung schwierig sein. Betrachten wir folgendes Beispiel:

> 45 % von welcher Zahl ergeben 54?

Viele Menschen empfinden solche Aufgaben als verwirrend. Durch eine schrittweise Herangehensweise lässt sich die Lösung jedoch leicht finden. Wir lösen diese Aufgabe in vier Schritten:

1. **Der Prozentsatz wird in eine Dezimalzahl umgewandelt und das Wort »von« durch das Multiplikationszeichen ersetzt.**

45 %	von	welcher Zahl	sind 54
0,45	$\times$		54

2. **Die Formulierung »welcher Zahl« wird durch die Variable »n« und das Wort »sind« durch das Gleichheitszeichen ersetzt.**

45 %	von	welcher Zahl	sind	54
0,45	$\times$	n	$=$	54

3. **Die resultierende Gleichung wird notiert:**

$$0{,}45 \times n = 54$$

4. **Die Gleichung wird durch Division beider Seiten durch 0,45 gelöst.**

$$\frac{0{,}45 \times n}{0{,}45} = \frac{54}{0{,}45}$$

$$n = 120$$

Somit sind 45 % von 120 gleich 54.

Prozentaufgaben dieser Art können auch in einer anderen Form formuliert werden. Betrachten wir folgendes Beispiel:

153 sind 17 % von welcher Zahl?

Zur Lösung dieser Aufgabe verwenden wir dieselbe methodische Vorgehensweise wie zuvor. Die Schritte 1 und 2 werden jedoch zusammengefasst, um die Darstellung zu vereinfachen:

153	sind	17 %	von	welcher Zahl
153	$=$	0,17	$\times$	n

Aus dieser Tabellendarstellung ergibt sich direkt die zu lösende Gleichung:

$$153 = 0{,}17 \times n$$

$$\frac{153}{0{,}17} = \frac{0{,}17 \times n}{0{,}17}$$

$$900 = n$$

Somit sind 153 gleich 17 % von 900.

7. 15 % von welcher Zahl ergeben 9?

8. 27 % von welcher Zahl ergeben 81?

9. 35 % von welcher Zahl ergeben 28?

10. 160 % von welcher Zahl ergeben 1360?

Prozentsatz durch Gleichungen ermitteln

Prozentaufgaben, bei denen der Prozentsatz anhand von Ausgangs- und Endwerten bestimmt werden soll, können verwirrend sein. Betrachten wir folgendes Beispiel:

Wie viel Prozent von 85 sind 34?

Um diese Aufgabe zu lösen, gehen Sie wie folgt vor:

1. **Ersetzen Sie das Wort »von« durch ein Multiplikationszeichen und das Wort »sind« durch ein Gleichheitszeichen.**

Wie viel Prozent	von	85	sind	34
	$\times$	85	$=$	34

2. **Ersetzen Sie die Formulierung »wie viel Prozent« durch die Variable »n%«.**

Wie viel Prozent	von	85	sind	34
$n\%$	$\times$	85	$=$	34

3. **Schreiben Sie das Ergebnis als Gleichung:** $n\% \times 85 = 34$

4. **Lösen Sie diese Gleichung, indem Sie beide Seiten durch 85 dividieren:**

$$\frac{n\% \times 85}{85} = \frac{34}{85}$$

$$n\% = 0{,}4$$

Dieser Dezimalwert entspricht dem gesuchten Prozentsatz.

5. **Wandeln Sie die Dezimalzahl in einen Prozentsatz um, indem Sie das Dezimalkomma um zwei Stellen nach rechts verschieben: 0,4 = 40 %**

Daher sind 34 gleich 40 % von 85.

Diese Art von Prozentaufgabe kann auf verschiedene Weisen formuliert werden. Zum Beispiel:

27 ist wie viel Prozent von 72?

Diese Aufgabe ist in einer anderen Reihenfolge als die vorherige formuliert. Übertragen Sie die Aufgabe in eine Gleichung, indem Sie die Schritte 1 und 2 aus der vorherigen Liste verwenden, um die Tabelle auszufüllen.

27	sind	wie viel Prozent	von	72
27	=	$n\%$	$\times$	72

Aus dieser Darstellung ergibt sich unmittelbar die zu lösende Gleichung:

$$27 = n\% \times 72$$

$$\frac{27}{72} = \frac{n\% \times 72}{72}$$

$$0{,}375 = n\%$$

Der gesuchte Prozentsatz entspricht somit der Dezimalzahl 0,375, was 37,5 % ergibt. Folglich sind 27 gleich 37,5 % von 72.

11. Bestimmen Sie, wie viel Prozent 76 von 95 sind.

12. Ermitteln Sie, wie viel Prozent 161 von 230 sind.

13. Berechnen Sie, wie viel Prozent 368 von 400 sind.

14. Finden Sie heraus, wie viel Prozent 93,5 von 85 sind.

Lösungen zu den Übungsaufgaben

1. $23\,\%$ von $65 = 0{,}23 \times 65 = 14{,}95$
2. $81\,\%$ von $39 = 0{,}81 \times 39 = 31{,}59$
3. $67\,\%$ von $132 = 0{,}67 \times 132 = 88{,}44$
4. $8{,}5\,\%$ von $271 = 0{,}085 \times 271 = 23{,}035$
5. $135\,\%$ von $780 = 1{,}35 \times 780 = 1053$
6. $0{,}7\,\%$ von $1200 = 0{,}007 \times 1200 = 8{,}4$

7. 60 $0{,}15 \times n = 9$

$$\frac{0{,}15 \times n}{0{,}15} = \frac{9}{0{,}15}$$

$$n = 60$$

8. 300 $81 = 0{,}27 \times n$

$$\frac{81}{0{,}27} = \frac{0{,}27 \times n}{0{,}27}$$

$$300 = n$$

9. 820 $287 = 0{,}35 \times n$

$$\frac{287}{0{,}35} = \frac{0{,}35 \times n}{0{,}35}$$

$$820 = n$$

10. 850 $1.360 = 1{,}6 \times n$

$$\frac{1.360}{1.6} = \frac{1{,}6 \times n}{1{,}6}$$

$$850 = n$$

11. 80% $n\% \times 95 = 76$

$$\frac{n\% \times 95}{95} = \frac{76}{95} \quad 0{,}8 = 80\%$$

$$n\% = 0{,}8$$

12. 70% $161 = n\% \times 230$

$$\frac{161}{230} = \frac{n\% \times 230}{230} \quad 0{,}7 = 70\%$$

$$0{,}7 = n\%$$

13. 92 % $n\% \times 400 = 368$

$$\frac{n\% \times 400}{400} = \frac{368}{400} \quad 0{,}92 = 92\%$$

$$n\% = 0{,}92$$

14. 110% $93{,}5 = n\% \times 85$

$$\frac{93{,}5}{85} = \frac{n\% \times 85}{85} \quad 1{,}1 = 110\%$$

$$1{,}1 = n\%$$

IN DIESEM KAPITEL

Lösung grundlegender Textaufgaben zur Prozentrechnung

Sorgfältige Analyse der Aufgabenstellung als Basis für die Berechnung

Ermittlung von Ausgangswert und Prozentsatz in Textaufgaben

Bewältigung kniffliger Textaufgaben zu prozentualen Zu- und Abnahmen

Kapitel 14
Textaufgaben mit Prozentangaben

Ähnlich wie bei Brüchen und Dezimalzahlen bereiten Textaufgaben zur Prozentrechnung vielen Lernenden Schwierigkeiten.

In diesem Kapitel liegt der Fokus auf der Umwandlung von Text in mathematische Ausdrücke. Sie lernen, wie Sie Textaufgaben lösen, bei denen der Prozentsatz zu berechnen ist. Darüber hinaus werden verschiedene Aufgabentypen behandelt, bei denen entweder der Ausgangswert oder der Prozentsatz zu ermitteln ist (siehe Kapitel 13 für eine Erläuterung der Aufgabentypen).

Ein wesentlicher Teil dieses Kapitels widmet sich dem Verständnis prozentualer Zu- und Abnahmen. Sie lernen, wie Sie Aufgaben zu prozentualen Zu- und Abnahmen für unterschiedliche Aufgabentypen lösen.

Einfache Textaufgaben zur Prozentrechnung lösen

Einige Textaufgaben zur Prozentrechnung sind relativ unkompliziert und erfordern lediglich die Anwendung der in Kapitel 12 und 13 erläuterten Berechnungsmethoden. Betrachten wir folgendes Beispiel:

> Esther muss für ihre Abschlussprüfung einen Roman mit 516 Seiten lesen. Sie hat bereits 65 % des Romans gelesen. Wie viele Seiten hat sie gelesen (auf die nächste ganze Seite gerundet)?

Um diese Aufgabe zu lösen, berechnen wir 65 % von 516 wie folgt:

$$65\ \%\ \text{von 516 Seiten} = 0{,}65 \times 516\ \text{Seiten} = 335{,}4 \approx 335\ \text{Seiten}$$

Bei der Bearbeitung von Textaufgaben zur Prozentrechnung kann die Formulierung gelegentlich etwas unübersichtlich sein. Es ist daher entscheidend, die gestellte Frage genau zu erfassen. Betrachten wir folgendes Beispiel:

> Eine dreitägige Radtour von Konstanz nach Freiburg im Breisgau umfasst insgesamt 238 Kilometer. Wenn Sie am ersten Tag 45 % und am zweiten Tag 30 % der Gesamtstrecke zurücklegen, wie viele Kilometer fahren Sie dann am dritten Tag?

Es ist wichtig zu erkennen, dass die Aufgabe keine direkte Angabe darüber enthält, wie viel Prozent der Strecke am dritten Tag zurückgelegt wird. Da die Gesamtsumme der drei Tage jedoch 100 % beträgt, ergibt sich für den dritten Tag ein Anteil von 25 % (100 % – 45 % – 30 % = 25 %). Die am dritten Tag zurückgelegte Strecke berechnen wir wie folgt:

$$25\ \%\ \text{von 238 Kilometern} = 0{,}25 \times 238\ \text{Kilometer} = 59{,}5\ \text{Kilometer}$$

Somit beträgt die am dritten Tag der Tour zurückgelegte Strecke 59,5 Kilometer.

1. Anita legt stets 15 % ihres Gehalts auf ein Sparkonto. Wenn ihre letzte Gehaltsabrechnung 1.675 € betrug, wie viel Geld hat sie dann gespart?

2. Victor legt derzeit 20 Kilometer auf seinem Heimtrainer in 67 Minuten zurück. Sein Ziel ist es, dieselbe Strecke in nur 85 % dieser Zeit zu absolvieren. Auf die nächste volle Minute genau: Wie schnell muss er die 20 Kilometer zurücklegen, um dieses Ziel zu erreichen?

3. Amari hat eine dekorative Kerze gekauft, die ursprünglich 46 Zentimeter hoch war. Bisher sind 42 % der Kerze abgebrannt. Auf den nächsten Zehntelzentimeter genau, wie hoch ist die Kerze jetzt?

4. Jacqui hat in der ersten Woche ihrer Sommerferien 30 % eines 780-seitigen Buches gelesen und den Rest gleichmäßig auf die zweite und dritte Woche aufgeteilt. Wie viele Seiten hat sie in der zweiten Woche gelesen?

Komplexe Textaufgaben mit Prozentwerten lösen

Wie in Kapitel 13 erläutert, bestehen Prozentaufgaben üblicherweise aus drei Werten: einem Ausgangswert, einem Prozentsatz und einem Endwert. Darüber hinaus haben Sie gelernt, wie Sie entweder den Ausgangswert oder den Prozentsatz berechnen, wenn die beiden anderen Werte bekannt sind.

In den folgenden Abschnitten zeige ich Ihnen, wie Sie diese Kenntnisse nutzen können, um Textaufgaben zu lösen, die auf den ersten Blick möglicherweise verwirrend erscheinen.

Den Ausgangswert ermitteln

Die folgende Textaufgabe erfordert eine rückwärtsgerichtete Vorgehensweise, um den Ausgangswert zu ermitteln:

> Als Orion Japan besuchte, erklomm er 40 % des Aufstiegs zum Gipfel des Fuji, was einer Höhe von etwa 1.500 Metern über dem Meeresspiegel entspricht. Wenn er den ganzen Weg bis zum Gipfel geklettert wäre, wie hoch wäre er ungefähr gewesen?

Die Aufgabe liefert uns die Information, dass 40 % des Aufstiegs zum Gipfel des Fuji 1.500 Metern entsprechen. Somit sind der Prozentsatz und der Endwert bekannt. Um den unbekannten Ausgangswert (n) zu ermitteln, tragen wir die gegebenen Werte in eine übersichtliche Tabelle ein:

Prozentsatz	mal	Ausgangswert	ist	Endwert
40 %	×	N	=	1.500

Aus der Tabelle lässt sich direkt die folgende Gleichung ableiten, die wir im nächsten Schritt lösen:

$$0{,}4 \times n = 1.500\ m$$

$$\frac{0{,}4 \times n}{0{,}4} = \frac{1.500\ m}{0{,}4}$$

$$n = 3.750\ m$$

Der Fuji ist demnach etwa 3.750 Meter hoch (keine schlechte Schätzung: Seine tatsächliche Höhe über dem Meeresspiegel beträgt 3.776 Meter).

Den Prozentsatz ermitteln

Die folgende Textaufgabe erfordert die Ermittlung des Prozentsatzes anhand von Ausgangs- und Endwerten:

> Die Bevölkerung Kaliforniens beträgt etwa 39 Millionen Menschen, von denen etwa 3,8 Millionen in Los Angeles leben. Wie viel Prozent der kalifornischen Bevölkerung leben in Los Angeles (auf ein Zehntel Prozent gerundet)?

Um den gesuchten Prozentsatz zu ermitteln, tragen wir die Werte in eine Tabelle ein: Der Ausgangswert beträgt 39.000.000, der Endwert 3.800.000 und der gesuchte Prozentsatz $n\%$:

Prozentwert	mal	Ausgangswert	ist	Endwert
$N\%$	$\times$	39.000.000	=	3.800.000

Aus der Tabelle lässt sich die folgende Gleichung ableiten:

$$n\% \times 39.000.000 = 3.800.000$$

$$\frac{n\% \times 39.000.000}{39.000.000} = \frac{3.800.000}{39.000.000}$$

$$n\% \approx 0{,}097$$

Die Dezimalzahl 0,097 entspricht dem gesuchten Prozentsatz. Um diesen in eine Prozentzahl umzuwandeln, verschieben wir das Komma um zwei Stellen nach rechts. Somit leben etwa 9,7 % der kalifornischen Bevölkerung in Los Angeles.

5. In einer Schule sind 54 Lehrkräfte tätig, was einem Anteil von etwa 63 % des gesamten Personals entspricht. Bestimmen Sie die Gesamtanzahl der an der Schule tätigen Personen. (Runden Sie das Ergebnis auf die nächste ganze Zahl.)

6. Im Rahmen einer Umfrage in einer Eisdiele gaben 67 von 292 Befragten an, dass Schokolade ihre bevorzugte Eissorte sei. Berechnen Sie den prozentualen Anteil der Befragten, die Schokolade bevorzugen (auf die nächste ganze Prozentzahl gerundet).

7. Bodie möchte einen 1965er Mustang von seinem Freund erwerben und hat dafür 9.216 € gespart, was 72 % des Kaufpreises entspricht. Ermitteln Sie den Kaufpreis des Mustangs.

8. Eine Fußballmannschaft der Bundesliga bestreitet 34 Saisonspiele. Wenn sie 12 Spiele verliert und kein Spiel unentschieden endet, wie groß ist dann der prozentuale Anteil der gewonnenen Spiele (auf den nächsten ganzen Prozentwert gerundet)?

Grundlegende Aufgaben zur Berechnung prozentualer Veränderungen

Einige Textaufgaben erfordern die Berechnung prozentualer Veränderungen, das heißt von prozentualen Zunahmen oder Abnahmen. Diese Aufgabenstellungen sind relevant in Kontexten, die die Berechnung von Gewinnen und Verlusten, Steuern, Trinkgeldern und ähnlichen Sachverhalten umfassen. In den folgenden Abschnitten werden wir uns mit grundlegenden Aufgaben zur Berechnung prozentualer Veränderungen befassen, wobei der Fokus auf der Bestimmung des Endwerts anhand des Ausgangswerts und des Prozentsatzes liegt.

Prozentuale Zunahmen berechnen

Textaufgaben, die die Berechnung prozentualer Zunahmen erfordern, beinhalten typischerweise Szenarien wie:

- ✔ Berechnung des Gewinns einer Geldanlage
- ✔ Bestimmung der Gehaltserhöhung
- ✔ Berechnung des Trinkgelds in Gastronomiebetrieben

Zur Berechnung einer prozentualen Zunahme wird der Standardprozess zur Lösung von Prozentaufgaben um einen zusätzlichen Schritt erweitert (siehe Abschnitt »Einfache Textaufgaben zur Prozentrechnung lösen« weiter oben in diesem Kapitel). Dies wird anhand des folgenden Beispiels verdeutlicht:

> Marci erhielt zu Jahresbeginn eine Gehaltserhöhung von 15 %. Ihr Vorjahresgehalt betrug 62.000 €. Wie hoch ist ihr aktuelles Jahresgehalt?

Führen Sie die folgenden Schritte aus, um die Aufgabe zu lösen:

1. **Bestimmung des Gesamtprozentsatzes:**

   Um eine Gehaltserhöhung von 15 % zu berechnen, addieren Sie den Prozentsatz der Zunahme (15 %) zum Grundprozentsatz (100 %): 100 % + 15 % = 115 %.

2. **Berechnung des Endwerts:**

   Berechnen Sie 115 % (entspricht dem Dezimalfaktor 1,15) von 62.000 €: 1,15 × 62.000 € = 71.300 €.

   Marcis aktuelles Jahresgehalt beträgt 71.300 €.

Prozentuale Abnahmen berechnen

In den folgenden Szenarien ist die Berechnung einer prozentualen Abnahme erforderlich:

- ✔ Bestimmung des Verlusts einer Kapitalanlage
- ✔ Ermittlung des Rückgangs einer Population
- ✔ Berechnung des reduzierten Preises eines Artikels

Zur Berechnung einer prozentualen Abnahme wird der Lösungsprozess von Prozentaufgaben um einen zusätzlichen Schritt ergänzt, analog zur Berechnung prozentualer Zunahmen (siehe vorheriger Abschnitt). Betrachten wir das folgende Beispiel:

> Morgan investierte 4.100 € in den Aktienmarkt und erlitt beim Verkauf der Aktien einen Verlust von 9 %. Zu welchem Preis verkaufte er seine Aktien?

1. **Bestimmen Sie den verbleibenden Prozentsatz:**

   Um eine Abnahme von 9 % zu berechnen, subtrahieren Sie den Prozentsatz der Abnahme (9 %) vom Grundprozentsatz (100 %): 100 % – 9 % = 91 %.

2. **Verwenden Sie diesen Prozentwert für Ihre Berechnung des Endwerts:**

   Berechnen Sie 91 % (entspricht dem Dezimalfaktor 0,91) von 4.100 €: 0,91 × 4.100 € = 3.731 €.

   Morgan verkaufte seine Aktien für 3.731 €.

9. Jamal erwarb ein Haus für 137.000 € und verkaufte es mit einem Gewinn von 11 %. Bestimmen Sie den Verkaufspreis des Hauses.

10. Helene erhielt 35 % Rabatt auf einen Computer, dessen ursprünglicher Preis 1.350 € betrug. Berechnen Sie den von ihr gezahlten Betrag.

11. Rajni möchte ihrem Kellner für ein Mittagessen, das 23 € kostet, ein Trinkgeld von 18 % geben. Berechnen Sie den Gesamtbetrag, den sie hinterlassen sollte.

12. Die Population von Wildhirschen im Landkreis Shikaosenbe ist in den letzten zehn Jahren um 27 % zurückgegangen. Wenn die Population vor zehn Jahren 920 Tiere betrug, bestimmen Sie die aktuelle Populationsgröße. (Runden Sie das Ergebnis auf die nächste ganze Zahl.)

Anspruchsvolle Textaufgaben zur prozentualen Veränderung

In Kapitel 13 wurde erläutert, wie komplexere Prozentaufgaben in Gleichungen umgewandelt und gelöst werden können. Dieser Ansatz basiert auf der Analyse von Prozentaufgaben anhand der drei grundlegenden Größen: Ausgangswert, Prozentsatz und Endwert.

Diese Strategien lassen sich mühelos auf Aufgaben zur prozentualen Zunahme und Abnahme übertragen. In den folgenden Abschnitten werden wir Diagramme verwenden, um die Lösungswege zu strukturieren und Gleichungen zur Lösung dieser Aufgabentypen zu erstellen.

Den Ausgangswert ermitteln

Eine anspruchsvolle Textaufgabe zur Berechnung prozentualer Veränderungen, insbesondere von Zunahmen, stellt Ihnen einen Prozentsatz und einen Endwert zur Verfügung und fordert Sie auf, den Ausgangswert zu ermitteln. Betrachten wir folgendes Beispiel:

> Tamara erzielte mit einer Investition in einen Investmentfonds einen Gewinn von 23 %. Wenn sie den Investmentfonds für 10.701 € verkauft hat, zu welchem Preis hat sie ihn dann erworben?

In dieser Aufgabe sind der Prozentsatz der Zunahme (23 %) und der Endwert (10.701 €) bekannt. Wir tragen diese Werte in eine Tabelle ein und verwenden die Variable *n* für den gesuchten Ausgangswert:

Prozentwert	mal	Ausgangswert	ist	Endwert
123 %	×	*n*	=	10.701 €

Da es sich um eine prozentuale Zunahme handelt, addieren wir den Prozentsatz der Zunahme (23 %) zum Grundprozentsatz (100 %), um den Gesamtprozentsatz (123 %) zu erhalten: 100 % + 23 % = 123 % (siehe Abschnitt »Prozentuale Zunahmen berechnen« weiter oben in diesem Kapitel).

Aus der Tabelle lässt sich die folgende Gleichung ableiten (indem wir 123 % in die Dezimalzahl 1,23 umrechnen):

$$1{,}23 \times n = 10.701\ €$$

Diese Gleichung lässt sich leicht lösen, indem wir beide Seiten durch 1,23 dividieren:

$$\frac{1{,}23 \times n}{1{,}23} = \frac{10701}{1{,}23}$$

$$n = 8.700\ €$$

Tamara erwarb den Investmentfonds für 8.700 €.

Die Strategie der Diagrammvisualisierung lässt sich ebenso effektiv auf die Berechnung des Ausgangswerts bei Aufgaben zur prozentualen Abnahme anwenden. Betrachten wir folgendes Beispiel:

> Phyllis wählte in einem Elektrofachmarkt einen neuen Fernseher aus und begab sich zur Kasse. Dort teilte ihr die Verkäuferin mit, dass sie einen Rabatt von 17 % auf den Kaufpreis erhalte. Wenn Phyllis am Ende 987,70 € bezahlte, wie hoch war der ursprüngliche Preis des Fernsehers?

In dieser Aufgabe sind der Prozentsatz der Abnahme (17 %) und der Endwert (987,70 €) gegeben. Wir tragen diese Werte in eine übersichtliche Tabelle ein und verwenden die Variable *n* für den gesuchten Ausgangswert:

Prozentwert	mal	Ausgangswert	ist	Endwert
83 %	×	*n*	=	987,70 $

Da es sich um eine prozentuale Abnahme handelt, subtrahieren wir den Prozentsatz der Abnahme (17 %) vom Grundprozentsatz (100 %), um den verbleibenden Prozentsatz (83 %) zu erhalten. (Siehe Abschnitt »Prozentuale Abnahmen berechnen« in diesem Kapitel.)

Aus der Tabelle lässt sich direkt die folgende Gleichung ableiten, die wir im nächsten Schritt lösen:

$$0{,}83 \times n = 987{,}70\ €$$

Durch Division beider Seiten durch 0,83 erhalten wir:

$$\frac{0.83 \times n}{0{,}83} = \frac{987{,}70\ €}{0{,}83}$$

$$n = 1.190\ €$$

Der ursprüngliche Preis des von Phyllis ausgewählten Fernsehers betrug somit 1.190 €.

Den Prozentsatz bei prozentualen Veränderungen bestimmen

Eine weitere Art von Textaufgaben zur Prozentrechnung, die Lernende häufig vor Herausforderungen stellt, ist die Ermittlung des Prozentsatzes bei einer prozentualen Zu- oder Abnahme anhand von Ausgangs- und Endwert. Betrachten wir folgendes Beispiel:

> Nachdem das Naturschutzgebiet »Am Silberbach« ausgewiesen wurde, wurde die dortige Vogelpopulation auf 5.700 Tiere geschätzt. Drei Jahre später wurde die Population auf etwa 7.700 Tiere geschätzt. Um wie viel Prozent ist die Vogelpopulation gestiegen (auf die nächste ganze Prozentzahl gerundet)?

Um diese Aufgabe zu lösen, tragen wir die Ausgangs- und Endwerte in eine übersichtliche Tabelle ein und verwenden die Variable *n*% für den gesuchten Prozentsatz:

Prozentwert	mal	Ausgangswert	ist	Endwert
n%	×	5.700	=	7.700

Aus der Tabelle lässt sich direkt die folgende Gleichung ableiten:

$$n\% \times 5.700\ \text{Vögel} = 7.700\ \text{Vögel}$$

Durch Division beider Seiten durch 5.700 erhalten wir:

$$\frac{n\% \times 5.700\ \text{Vögel}}{5.700\ \text{Vögel}} = \frac{7.700\ \text{Vögel}}{5.700\ \text{Vögel}}$$

$$n\% \approx 1{,}35$$

Das Ergebnis 1,35 entspricht dem *Gesamtprozentsatz* der aktuellen Vogelpopulation, also 135 %. Somit beträgt der prozentuale Anstieg der Vogelpopulation 135 % – 100 % = 35 %.

Eine ähnliche Strategie lässt sich auf die Berechnung des Prozentsatzes bei Aufgaben zur prozentualen Abnahme anwenden. Betrachten wir folgendes Beispiel:

> Lori hat ein tolles Angebot für einen Aufsitzrasenmäher erhalten und nur 2.690,80 € für ein Modell bezahlt, das normalerweise 4.340 € kostet. Um wie viel Prozent wurde der ursprüngliche Preis reduziert?

Um diese Aufgabe zu lösen, verwenden wir dasselbe Diagramm wie im vorhergehenden Problem und tragen die Ausgangs- und Endwerte ein. Der gesuchte Prozentsatz wird durch *n*% dargestellt:

Prozentwert	mal	Ausgangswert	ist	Endwert
n%	×	4.340 €	=	2.690,80 €

Aus der Tabelle lässt sich direkt die folgende Gleichung ableiten:

$$n\% \times 4.340\text{ €} = 2.690{,}80\text{ €}$$

Durch Division beider Seiten durch 4.340 € erhalten wir:

$$\frac{n\% \times 4.340{,}00\text{ €}}{4.340} = \frac{2.690{,}80\text{ €}}{4.340}$$

$$n\% \approx 0{,}62$$

Das Ergebnis 0,62 entspricht dem Prozentsatz des *gezahlten* Preises im Verhältnis zum ursprünglichen Preis, also 62 %. Um die prozentuale Reduzierung zu ermitteln, subtrahieren wir diesen Prozentsatz vom Grundprozentsatz (100 %): 100 % – 62 % = 38 %.

Lori hat somit einen Rabatt von 38 % auf den ursprünglichen Preis erhalten.

13. Travis zahlte 57,33 € für ein Abendessen im Restaurant. Dieser Betrag setzt sich aus dem Preis für das Essen und einem Trinkgeld von 17 % für den Kellner zusammen. Wie hoch war der Preis für das Essen ohne Trinkgeld?

14. Zu Beginn des Sommers wurde der Bestand an Regenbogenforellen in einem See auf etwa 14.500 Tiere geschätzt. Bis zum Ende des Sommers war der Bestand auf 12.670 Tiere gesunken. Um wie viel Prozent ist der Bestand an Regenbogenforellen zurückgegangen (runden Sie Ihre Antwort auf die nächste ganze Prozentzahl)?

15. Als Janine ihr Haus erwarb, zahlte sie 175.780 €, was 6 % unter dem Listenpreis des Hauses lag. Wie hoch war der Listenpreis des Hauses?

16. Aubrey wollte ihr Motorrad für 4.400 € verkaufen, erhielt jedoch von einem Freund ein Angebot über 3.200 €. Um wie viel Prozent wurde der ursprüngliche Preis durch dieses Angebot reduziert (runden Sie auf den nächsten ganzen Prozentwert)?

Lösungen zu den Übungsaufgaben

1. Anita hat 251,25 € gespart: 15 % von 1.675 € = 0,15 × 1.675 € = 251,25 €

2. Victor muss 20 Kilometer in etwa 57 Minuten zurücklegen:

   $$85\,\% \text{ von } 67 \text{ Minuten} = 0{,}85 \times 67 \text{ Minuten} = 56{,}95 \approx 57 \text{ Minuten}$$

3. Amaris Kerze ist jetzt ungefähr 26,7 Zentimeter hoch:

   Verbleibende Kerze in Prozent: 100 % – 42 % = 58 %

   58 % von 46 cm = 0,58 × 46 cm = 26,68 ≈ 26,7 cm

4. Jacqui hat in der zweiten Woche 273 Seiten gelesen:

   gelesene Seiten in den letzten zwei Wochen: 100 % – 30 % = 70 %;

   prozentualer Anteil der gelesenen Seiten in jeder dieser beiden Wochen: 70 % ÷ 2 = 35 %; 35 % von 780 Seiten = 0,35 × 780 Seiten = 273 Seiten

5. An der Schule sind ca. 86 Personen beschäftigt:

   $$0{,}63 \times n = 54 \text{ Lehrkräfte}$$
   $$\frac{0{,}63 \times n}{0{,}63} = \frac{54 \text{ Lehrkräfte}}{0{,}63}$$
   $$n = 85{,}7 \approx 86 \text{ Beschäftigte}$$

6. Laut der Umfrage bevorzugen 23 % der Menschen Schokoladeneis:

   $$n\% \times 292 \text{ Menschen} = 67 \text{ Schokoliebhaber}$$
   $$\frac{n\% \times 292 \text{ Menschen}}{292 \text{ Menschen}} = \frac{67 \text{ Schokoliebhaber}}{292 \text{ Menschen}}$$
   $$n\% \approx 0{,}229$$

   0,229 = 22,9 % ≈ 23 %

7. Bodies Freund verlangt 12.800 € für das Auto

$$0{,}72 \times n = 9.216\ €$$
$$\frac{0{,}72 \times n}{0{,}72} = \frac{9{,}216\ €}{0{,}72}.$$
$$n = 12.800\ €$$

8. Das Bundesliga-Team gewinnt 65 % der Spiele: Anzahl der gewonnenen Spiele: 34 Spiele – 12 Spiele = 22 Spiele; $n\% \times 34$ Spiele = 22 Spiele; $n\%$ = 22 Spiele / 34 Spiele ≈ 0,647 ≈ 65 % Das Team gewinnt 65 % der Spiele.

   Anzahl der gewonnenen Spiele:

   34 Spiele gespielt – 12 Spiele verloren = 22 Spiele gewonnen

$$n\% \times 34 \text{ Spiele gespielt} = 22 \text{ Spiele gewonnen}$$
$$\frac{n\% \times 34 \text{ Spiele gespielt}}{34 \text{ Spiele gespielt}} = \frac{22 \text{ Spiele gewonnen}}{34 \text{ Spiele gespielt}} \quad 0{,}65 = 65\ \%$$
$$n\% \approx 0{,}647$$

9. Jamal verkaufte sein Haus für 152.070 €:

   111 % von 137.000 € = 1,11 × 137.000 € = 152.070 €

10. Helene zahlte 877,50 € für ihren Computer:

    65 % von 1.350 € = 0,65 × 1.350 € = 877,50 €

11. Rajni sollte 27,14 € hinterlassen:

    118 % von 23 € = 1,18 × 23 € = 27,14 €

12. Der Hirschbestand beträgt etwa 672 Tiere:

    73 % von 920 Tieren = 0,73 × 920 Tiere = 671,6 ≈ 672 Tiere

13. Ohne Trinkgeld kostete Travis' Mahlzeit 49 €:

    Prozentuale Erhöhung: 17 % + 100 % = 117 % = 1,17

$$1{,}17 \times n = 57{,}33\ €$$
$$\frac{1.17 \times n}{1{,}17} = \frac{57{,}33\ €}{1{,}17}$$
$$n = 49\ €$$

14. Der Bestand an Regenbogenforellen ist um etwa 13 % zurückgegangen:

$$n\% \times 14.500 \text{ Anfangsbestand} = 12.670 \text{ Endbestand}$$

$$\frac{n\% \times 14.500 \text{ Anfangsbestand}}{14.500 \text{ Endbestand}} = \frac{12.670 \text{ Endbestand}}{14.500 \text{ Anfangsbestand}}.$$

$$n\% \approx 0{,}87$$

$0{,}87 = 87\ \%$

$100\ \% - 87\ \% = 13\ \%$

15. Der Listenpreis des Hauses betrug 187.000 €.

Prozentuale Abnahme: 100 % – 6 % = 94 % = 0,94

$$0{,}94 \times n = 175.780\ €$$

$$\frac{0{,}94 \times n}{0{,}94} = \frac{175.780\ €}{0{,}94}$$

$$n = 187.000\ €$$

16. Der Verkaufspreis betrug etwa 27 % Rabatt auf den Originalpreis.

$$n\% \times 4.400\ € = 3.200\ €$$

$$\frac{n\% \times 4.400\ €}{4.400\ €} = \frac{3.200\ €}{4.400\ €}.$$

$$n\% \approx 0{,}727$$

$0{,}727 = 72{,}7\ \%$

$100\ \% - 72{,}7\ \% = 27{,}3\ \% \approx 27\ \%$

Teil V
Der Top-Ten-Teil

Besuchen Sie uns auf www.fuer-dummies.de oder unseren Social-Media-Kanälen:

Facebook
www.facebook.com/fuerdummies

Instagram
www.instagram.com/furdummies

YouTube
www.youtube.com/@dummies-mann

IN DIESEM TEIL …

- Zehn wichtige Dinge, die Sie bei der Arbeit mit Brüchen beachten sollten
- Zehn Möglichkeiten, Brüche, Dezimalzahlen und Prozentangaben in der realen Welt zu verwenden

IN DIESEM KAPITEL

Vereinfachung und Erweiterung von Brüchen

Entscheiden, wann ein gemeinsamer Nenner erforderlich ist

Anwendung der Kehrwertregel (Division von Brüchen)

Umwandlung gemischter Zahlen in unechte Brüche (und entscheiden, wann dies nicht nötig ist)

Kapitel 15
Zehn wichtige Aspekte des Bruchrechnens

Die Bruchrechnung stellt für viele Lernende eine Herausforderung dar, was auf die Vielzahl der zu beachtenden Regeln zurückzuführen ist.

In diesem Kapitel erläutere ich die zehn grundlegenden Prinzipien der Bruchrechnung, die Ihnen die Arbeit erleichtern sollen. Für vertiefende Informationen verweise ich auf Teil II dieses Buchs.

Brüche vereinfachen

Um einen Bruch zu vereinfachen, teilen Sie Zähler und Nenner stets durch dieselbe Zahl.

Nehmen wir als Beispiel den Bruch $\frac{36}{84}$. Da beide Zahlen gerade sind, teilen wir sie durch 2:

$$\frac{36 \div 2}{84 \div 2} = \frac{18}{42}$$

Da auch diese beiden Zahlen gerade sind, teilen wir sie erneut durch 2:

$$\frac{18 \div 2}{42 \div 2} = \frac{9}{21}$$

Nun erkennen wir, dass beide Zahlen durch 3 teilbar sind. Wir teilen also sowohl Zähler als auch Nenner durch 3:

$$\frac{9 \div 3}{21 \div 3} = \frac{3}{7}$$

An diesem Punkt haben Zähler und Nenner keinen gemeinsamen Teiler mehr, der größer als 1 ist (weitere Informationen zu gemeinsamen Teilern finden Sie in Kapitel 3). Der Bruch ist somit vollständig vereinfacht.

Weitere Informationen zur Vereinfachung von Brüchen finden Sie in Kapitel 4.

Brüche erweitern

Um die Terme eines Bruchs zu erweitern, multiplizieren Sie Zähler und Nenner stets mit derselben Zahl.

Angenommen, Sie möchten die Terme des Bruchs $\frac{5}{8}$ so erweitern, dass sein Nenner 48 ergibt.

Beachten Sie, dass Sie den Nenner 8 mit 6 multiplizieren müssen, um ihn auf 48 zu erweitern:

$$\frac{5}{8 \times 6} = \frac{\square}{48}$$

Jetzt müssen Sie den Zähler mit demselben Wert multiplizieren:

$$\frac{5 \times 6}{8 \times 6} = \frac{30}{48}$$

Daher ist das Ergebnis $\frac{30}{48}$.

Weitere Informationen zum Erweitern von Brüchen finden Sie in Kapitel 4.

Gemischte Zahlen in unechte Brüche umwandeln

Die Umwandlung einer gemischten Zahl in einen unechten Bruch gelingt mühelos mithilfe der sogenannten »Popcorn-Methode«:

1. **Um den Zähler zu ermitteln, multiplizieren Sie den Nenner mit der ganzen Zahl.**

Nehmen wir an, Sie möchten $8\frac{3}{5}$ in einen unechten Bruch überführen. Beginnen Sie mit der Multiplikation des Nenners mit der ganzen Zahl: $5 \times 8 = 40$.

2. **Addieren Sie den Zähler des Bruchs zum Ergebnis des ersten Schritts.**

   Addieren Sie 40 zum Zähler 3: $40 + 3 = 43$.

3. **Das Ergebnis des zweiten Schritts wird zum Zähler des unechten Bruchs.**

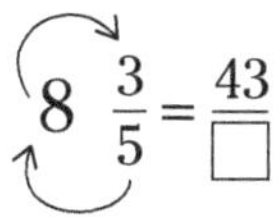

4. **Beibehaltung des Nenners: Der Nenner des unechten Bruchs entspricht dem Nenner der gemischten Zahl.**

   Übernehmen Sie die 5 als Nenner des Ergebnisses: $\frac{43}{5}$

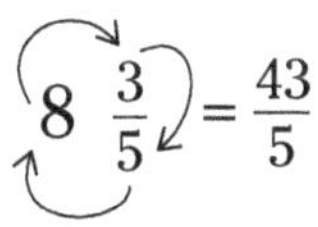

Die visuelle Darstellung verdeutlicht, dass der Umwandlungsprozess an das Zeichnen einer Popcorn-Skizze um die ursprüngliche gemischte Zahl erinnert.

Weitere Informationen zur Umwandlung gemischter Zahlen in unechte Brüche finden Sie in Kapitel 4.

Gemeinsamen Nenner ermitteln

Bei der Addition oder Subtraktion von Brüchen mit unterschiedlichen Nennern ist die Bestimmung eines gemeinsamen Nenners unerlässlich.

Betrachten wir diese Addition: $\frac{3}{8} + \frac{1}{2}$. Da der kleinere Nenner 2 ein Teiler des größeren Nenners 8 ist, erweitern wir den Bruch $\frac{1}{2}$ so, dass sein Nenner ebenfalls 8 beträgt, und führen anschließend die Addition durch:

$$\frac{3}{8} + \frac{1 \times 4}{2 \times 4} = \frac{3}{8} + \frac{4}{8} = \frac{7}{8}$$

Bei der Subtraktion $\frac{4}{5} - \frac{2}{3}$ hingegen ist der kleinere Nenner 3 kein Teiler des größeren Nenners 5. In diesem Fall multiplizieren wir die beiden Nenner, um einen gemeinsamen Nenner zu erhalten, passen die Zähler durch Kreuzmultiplikation an und führen die Subtraktion durch:

$$\frac{4}{5} - \frac{2}{3} = \frac{12}{15} - \frac{10}{15} = \frac{2}{15}$$

Weiterführende Informationen zur Addition und Subtraktion von Brüchen finden Sie in Kapitel 5.

Erkennen, wann kein gemeinsamer Nenner erforderlich ist

Diese Regel steht der zuvor behandelten in ihrer Bedeutung in nichts nach: Bei der Multiplikation und Division von Brüchen ist die Ermittlung eines gemeinsamen Nenners *nicht* erforderlich.

Um beispielsweise $\frac{7}{9} \times \frac{5}{6}$ zu berechnen, ist die Bestimmung eines gemeinsamen Nenners überflüssig. Stattdessen multiplizieren wir die Zähler miteinander, um den Zähler des Ergebnisses zu erhalten, und ebenso die Nenner, um den Nenner des Ergebnisses zu bestimmen: $\frac{7}{9} \times \frac{5}{6} = \frac{7 \times 5}{9 \times 6} = \frac{35}{54}$

Ähnlich verhält es sich mit der Division $\frac{3}{8} \div \frac{2}{5}$. Auch hier ist die Bestimmung eines gemeinsamen Nenners nicht notwendig. Stattdessen wird die Division von Brüchen durch Kehrwertbildung in eine Multiplikation umgewandelt, gefolgt von der Multiplikation der resultierenden Brüche.

$$\frac{3}{8} \div \frac{2}{5} = \frac{3}{8} \times \frac{5}{2} = \frac{3 \times 5}{8 \times 2} = \frac{15}{16}$$

Weitere Informationen zum Multiplizieren und Dividieren von Brüchen finden Sie in Kapitel 6.

Vereinfachung vor der Multiplikation

Bei der Multiplikation von Brüchen empfiehlt es sich stets, nach Möglichkeiten zur Vereinfachung zu suchen.

Betrachten wir die Aufgabe $\frac{15}{22} \times \frac{16}{21}$. Auf den ersten Blick scheint die Berechnung des Ergebnisses eine komplexe Multiplikation zu erfordern:

$$\frac{15}{22} \times \frac{16}{21} = \frac{240}{462}$$

Darüber hinaus ist das Ergebnis noch nicht in seiner einfachsten Form und bedarf weiterer Vereinfachung. Solche umfangreichen Berechnungen mit großen Zahlen können leicht zu Fehlern führen.

Es ist daher ratsam, vor der eigentlichen Multiplikation nach gemeinsamen Faktoren im Zähler des einen Bruchs und im Nenner des anderen Bruchs zu suchen. Beginnen wir beispielsweise damit, sowohl 16 als auch 22 durch 2 zu teilen:

$$\frac{15}{22} \times \frac{16}{21} = \frac{15}{{}^{11}\not{22}} \times \frac{{}^{8}\not{16}}{21}$$

Anschließend teilen wir 15 und 21 durch 3 und führen die Multiplikation durch:

$$= \frac{{}^{5}\not{15}}{{}^{11}\not{22}} \times \frac{{}^{8}\not{16}}{{}^{7}\not{21}} = \frac{5}{11} \times \frac{8}{7} = \frac{5 \times 8}{11 \times 7} = \frac{40}{77}$$

Weiterführende Informationen zur Vereinfachung von Brüchen vor der Multiplikation finden Sie in Kapitel 6.

Die Anwendung der Kehrwertregel bei der Division von Brüchen

Die Kehrwertbildung zur Umwandlung in eine Multiplikation ist eine spezielle Methode, die ausschließlich bei der Division von Brüchen angewendet wird. Sie ermöglicht es, eine Division in eine Multiplikation zu überführen. Um beispielsweise $\frac{2}{7} \div \frac{3}{4}$ zu berechnen, wird der zweite Bruch durch Vertauschen von Zähler und Nenner in seinen Kehrwert umgewandelt. Anschließend wird die Division durch eine Multiplikation des ersten Bruchs mit dem Kehrwert des zweiten Bruchs ersetzt und ausgeführt:

$$\frac{2}{7} \div \frac{3}{4} = \frac{2}{7} \times \frac{4}{3} = \frac{8}{21}$$

Die Methode der Kehrwertbildung zur Umwandlung in eine Multiplikation ist ausschließlich für die Division von Brüchen vorgesehen und darf nicht bei anderen Rechenoperationen mit Brüchen angewendet werden.

Weiterführende Informationen zur Division von Brüchen finden Sie in Kapitel 6.

Vereinfachung durch Kehrwertbildung vor dem Kürzen von Faktoren

Bei der Division von Brüchen ist es ratsam, stets zuerst die Kehrwertregel anzuwenden, um die Division in eine Multiplikation zu überführen, *bevor* Sie mit der Vereinfachung durch Kürzen von Faktoren beginnen.

Betrachten wir die Division $\frac{6}{11} \div \frac{9}{10}$. Ein intuitiver Ansatz könnte sein, vorab zu versuchen, einen gemeinsamen Faktor von 2 aus 6 und 10 zu kürzen. Diese Vorgehensweise, das Kürzen über Kreuz in einer Divisionsaufgabe, führt jedoch zu einem falschen Ergebnis. Stattdessen ist es unerlässlich, zuerst die Division durch Anwendung der Kehrwertregel in eine Multiplikation zu überführen:

$$\frac{6}{11} \div \frac{9}{10} = \frac{6}{11} \times \frac{10}{9}$$

Jetzt können wir die Vereinfachung durch Kürzen vornehmen. Sowohl 6 als auch 9 sind durch 3 teilbar, was uns ermöglicht, die Brüche vor der Multiplikation zu vereinfachen:

$$= \frac{{}^{2}\cancel{6}}{11} \times \frac{10}{{}_{3}\cancel{9}} = \frac{2 \times 10}{11 \times 3} = \frac{20}{33}$$

Weitere Informationen zum Dividieren von Brüchen finden Sie in Kapitel 6.

Die Umwandlung gemischter Zahlen in unechte Brüche

Bei der Multiplikation und Division gemischter Zahlen ist es von Vorteil, diese *vor* der Durchführung der Operation in unechte Brüche umzuwandeln.

Betrachten wir die Multiplikation $1\frac{2}{3} \times 2\frac{2}{5}$. Wir beginnen, indem wir die beiden gemischten Zahlen mithilfe der »Popcorn-Methode« (siehe Abschnitt

»Gemischte Zahlen in unechte Brüche umwandeln« weiter vorne in diesem Kapitel) in unechte Brüche überführen:

$$1\frac{2}{3} \times 2\frac{2}{5} = \frac{3+2}{3} \times \frac{10+2}{5} = \frac{5}{3} \times \frac{12}{5}$$

Anschließend kürzen wir die gemeinsamen Faktoren und führen die Multiplikation durch:

$$= \frac{{}^{1}\cancel{5}}{{}^{1}\cancel{3}} \times \frac{{}^{4}\cancel{12}}{{}^{1}\cancel{5}} = \frac{1 \times 4}{1 \times 1} = \frac{4}{1} = 4$$

Um die Division $3\frac{3}{4} \div 3\frac{1}{3}$ zu berechnen, wandeln wir beide gemischten Zahlen auf ähnliche Weise in unechte Brüche um und wenden die Kehrwertregel an:

$$3\frac{3}{4} \div 3\frac{1}{3} = \frac{12+3}{4} \div \frac{9+1}{3} = \frac{15}{4} \div \frac{10}{3} = \frac{15}{4} \times \frac{3}{10}$$

Im nächsten Schritt kürzen wir die gemeinsamen Faktoren 5 von 15 und 10, führen die Multiplikation durch und wandeln den resultierenden unechten Bruch wieder in eine gemischte Zahl um:

$$= \frac{{}^{3}\cancel{15}}{4} \times \frac{3}{{}^{2}\cancel{10}} = \frac{3 \times 3}{4 \times 2} = \frac{9}{8} = 1\frac{9-8}{8} = 1\frac{1}{8}$$

Weiterführende Informationen zur Multiplikation gemischter Zahlen finden Sie in Kapitel 7.

Prüfen, ob die Umwandlung in unechte Brüche überflüssig ist

Neben der zuvor erläuterten Regel ist es wichtig zu beachten, dass die Umwandlung gemischter Zahlen in unechte Brüche bei der Addition und Subtraktion nicht zwingend erforderlich ist.

Betrachten wir die Addition $5\frac{2}{7} + 3\frac{4}{7}$. In diesem Fall ist es effizienter, die gemischten Zahlen direkt untereinander anzuordnen und die Bruchteile und die ganzen Zahlen separat zu addieren:

$$\begin{array}{r} 5\frac{2}{7} \\ +\,3\frac{4}{7} \\ \hline 8\frac{6}{7} \end{array}$$

Bei der Subtraktion $9\frac{3}{4} - 2\frac{5}{8}$ gehen wir ähnlich vor. Zunächst ordnen wir die gemischten Zahlen untereinander an und erweitern den ersten Bruch so, dass beide Brüche denselben Nenner haben:

$$\begin{array}{r} 9\frac{3}{4} = 9\frac{6}{8} \\ -2\frac{5}{8} = 2\frac{5}{8} \\ \hline \end{array}$$

Anschließend subtrahieren wir die Bruchteile und die ganzen Zahlen separat:

$$\begin{array}{r} 9\frac{3}{4} = 9\frac{6}{8} \\ -2\frac{5}{8} = 2\frac{5}{8} \\ \hline 7\frac{1}{8} \end{array}$$

Weiterführende Informationen zur Addition und Subtraktion gemischter Zahlen finden Sie in Kapitel 7.

IN DIESEM KAPITEL

Anwendung von Brüchen im Alltag

Umgang mit Geld und praktische Aufgaben mit Brüchen und Dezimalzahlen

Maßangaben in Sport, Kunst und Gesundheitswesen

Kapitel 16
Zehn Anwendungsbereiche von Brüchen in der realen Welt

Brüche sind ein unverzichtbares mathematisches Konzept, das in zahlreichen realen Situationen Anwendung findet. Brüche ermöglichen die Darstellung von Anteilen eines Ganzen und unterstützen somit das Messen, Teilen und Zuweisen von Ressourcen oder Mengen im Alltag. Die Beherrschung des Bruchrechnens ist in vielfältigen Bereichen von Nutzen, von der kulinarischen Kunst bis zum Bauwesen. Dieses Kapitel präsentiert zehn praktische Anwendungsfälle von Brüchen, die deren Relevanz in alltäglichen und professionellen Kontexten verdeutlichen.

Kochen und Backen

Beim Kochen und Backen ist das exakte Abmessen von Zutaten von entscheidender Bedeutung. Dabei finden sowohl traditionelle als auch metrische Maßeinheiten Anwendung. Rezepte können beispielsweise die Verwendung von einer 3/4 Tasse Zucker oder 1/2 gehackten Zwiebel vorsehen (aber hoffentlich nicht beides). Ebenso sind metrische Angaben wie Kilogramm (kg) oder Liter (l) üblich. In manchen Fällen erfordern Rezepte das Verständnis von Dezimalzahlen, wie etwa bei der Angabe von 2,5 kg Garnelen.

Eine fundierte Kenntnis von Brüchen und Dezimalzahlen ermöglicht es, die korrekten Mengenverhältnisse der Zutaten zu bestimmen und somit konsistente Ergebnisse zu erzielen. Auch die Anpassung von Rezepten zur Reduzierung der Portionen erfordert den Umgang mit Brüchen. Ein Rezept für acht Personen, das $1\frac{1}{2}$ Kilogramm Rinderhackfleisch vorsieht, muss beispielsweise wie folgt angepasst werden, wenn Sie nur vier Personen versorgen möchten: $1\frac{1}{2} \times \frac{1}{2} = \frac{3}{2} \times \frac{1}{2} = \frac{3}{4}$ (eine detaillierte Erläuterung dieser Berechnung finden Sie in Kapitel 7).

Sie sehen schon – ohne ein grundlegendes Verständnis von Brüchen und Dezimalzahlen kommt man in keiner Küche – weder zu Hause noch in der Gastronomie – weit.

Bauwesen und Konstruktion

Im Bauwesen und der Konstruktionstechnik verwenden Fachleute Brüche, um Längen, Breiten und Höhen präzise zu messen. Beispielsweise müssen Materialien wie Holz oder Fliesen auf spezifische Maße zugeschnitten werden, zum Beispiel auf $2\frac{1}{2}$ Meter oder $\frac{3}{4}$ Zentimeter. Präzision ist im Bauwesen von entscheidender Bedeutung, und Brüche tragen dazu bei, dass die Materialien passgenau zusammengefügt werden können.

Im Schreinerhandwerk – wie auch in anderen Bereichen des Bauwesens, wie beispielsweise bei Klempner- und Elektroarbeiten – sind exakte Messungen unerlässlich. Schreiner verwenden häufig Maßbänder, die in Bruchteilen eines Zolls oder in Unterteilungen eines Meters skaliert sind, um die für ein Projekt erforderlichen genauen Abmessungen zu erzielen.

Das wesentliche Maßsystem ist das metrische System, darüberhinaus gibt es auch noch das angloamerikanische System:

- ✔ **Metrische Einheiten (Meter, Zentimeter und Millimeter)** verwenden Dezimalzahlen, um die Unterteilung von Einheiten darzustellen (beispielsweise 2,8 Zentimeter).
- ✔ **Angloamerikanische Einheiten (Zoll, Fuß und Yard)** verwenden Brüche, um Teile eines Ganzen auszudrücken (beispielsweise $5\frac{1}{2}$ Yards).

Unabhängig vom verwendeten System gilt: Ohne Brüche oder Dezimalzahlen wäre der Bau eines einfachen Tisches – geschweige denn eines Hauses – undenkbar.

Geld und Finanzen

Im Bereich von Geld und Finanzen finden Brüche häufig Anwendung, insbesondere im Kontext von Zinssätzen, Rabatten und Börsengeschäften. Beispielsweise kann eine Bank einen Zinssatz von $4\frac{1}{2}\%$ anbieten, oder ein Geschäft kann einen Rabatt von $\frac{1}{3}$ auf den regulären Preis gewähren.

Das Verständnis dieser Brüche befähigt Verbraucher, fundierte Entscheidungen über ihre Finanzen zu treffen, wie beispielsweise die Berechnung von Einsparungen bei Einkäufen oder die Bestimmung der Höhe der Zinsen, die mit einer Investition im Laufe der Zeit erwirtschaftet werden.

Brüche werden auch in Situationen verwendet, in denen Vermögenswerte oder Ressourcen auf mehrere Personen oder Einheiten aufgeteilt werden müssen. Das Verständnis und die Anwendung von Brüchen in diesen Zusammenhängen gewährleisten eine faire und gerechte Verteilung, verhindern Streitigkeiten und stellen sicher, dass alle ihren angemessenen Anteil erhalten.

Beispiele sind:

- ✔ **Erben in einem Erbschaftsszenario** können Bruchteile eines Nachlasses erhalten, zum Beispiel $\frac{1}{4}$ oder $\frac{3}{4}$ des Gesamtbetrags.
- ✔ **Geschäftspartner** können Gewinne auf der Grundlage von Bruchteilen des Eigentums aufteilen.

Unter anderem der in weiten Teilen von Europa verwendete Euro beruht auf dem Dezimalsystem, sodass kleinere Geldbeträge in Dezimalstellen angegeben werden. In den Vereinigten Staaten von Amerika basiert das Geldsystem auf dem Dollar, der in 100 gleiche Dezimalteile unterteilt ist, die jeweils einen Cent wert sind.

Aber selbst in Ländern wie Japan oder Korea, in denen Dezimalzahlen normalerweise nicht für den täglichen Zahlungsverkehr verwendet werden, ist das Finanzwesen stark von Bruchteilen abhängig, die in der Regel durch Dezimalzahlen dargestellt werden. Karrieren in allen Bereichen des Finanzsektors, vom Bankwesen bis zur Börse, sind stark vom Umgang mit der Mathematik mit Dezimalzahlen und Prozentsätzen abhängig.

Sport

Brüche spielen im Sport eine bedeutende Rolle, insbesondere in Statistiken wie Schlagdurchschnitt, Wurfquote und Gewinn- und Verlustbilanzen. Die Wurfquote eines Basketballspielers kann beispielsweise als $\frac{3}{4}$ ausgedrückt werden, was bedeutet, dass er drei von vier oder 75 % seiner Freiwürfe trifft.

Im Baseball werden häufig Bruchangaben – insbesondere Dezimalzahlen und Prozentsätze – verwendet, um Spielerstatistiken zu interpretieren. Ein Schlagdurchschnitt von 0,333 entspricht beispielsweise dem Bruch $\frac{1}{3}$, was bedeutet, dass der Spieler bei jedem dritten Schlag einen Treffer erzielt. Diese Brüche erleichtern Fans und Analysten die Bewertung der Spielerleistung.

Bei Geschwindigkeitssportarten wie Laufen und Schwimmen werden in der Regel Zehntel- und Hundertstelsekunden verwendet, die als Dezimalzahlen ausgedrückt werden können, um den Sieger eines Rennens zu bestimmen.

Zeitmessung

Brüche sind für die Zeitmessung von entscheidender Bedeutung, insbesondere im Hinblick auf Minuten und Stunden. Wenn beispielsweise eine Besprechung $\frac{3}{4}$ Stunden dauern soll, entspricht dies 45 Minuten. Ebenso helfen Brüche wie $\frac{1}{4}$ und $\frac{1}{2}$ bei der präzisen Zeitangabe, wenn es um Teile einer Stunde geht, wie zum Beispiel Viertel nach der vollen Stunde. Das Verständnis von Brüchen ermöglicht es, Zeitpläne effektiv zu verwalten und sicherzustellen, dass man pünktlich zu Terminen und Veranstaltungen erscheint.

Des Weiteren können Dezimalzahlen verwendet werden, um Zeiten unterhalb einer Sekunde zu beschreiben und zu berechnen. Beispielsweise entspricht 1 Mikrosekunde einer Tausendstelsekunde, was entweder als Bruch $\left(\frac{1}{1.000}\right)$ oder als Dezimalzahl 0,001 ausgedrückt werden kann.

Musik und bildende Kunst

Die meisten Musikstücke sind in gleichmäßig verteilte Takte unterteilt, die durch die Verwendung von Brüchen weiter untergliedert werden können. Noten in der Musik definieren nicht nur Tonhöhen (wie C, D, E usw.), sondern auch Dauern (ganze Noten, halbe Noten, Viertelnoten usw.). Somit ist ein grundlegendes Verständnis von Brüchen für das Spielen und Komponieren von Musik unerlässlich.

Für eine vertiefte Auseinandersetzung mit dem Konzept der Noten und ihrer Werte empfiehlt sich die Lektüre von *Musiktheorie für Dummies* von Michael Pilhofer und Holly Day (Wiley).

Brüche sind auch in Kunst und Design von wesentlicher Bedeutung, insbesondere in Bezug auf Proportionen, Skalierung und Symmetrie. Beispielsweise kann eine Künstlerin eine Leinwand in Hälften oder Drittel unterteilen, um eine ausgewogene Komposition zu schaffen. Grafikdesigner verwenden Brüche, um Bilder oder Text proportional zu skalieren und die harmonische Wirkung aller Designelemente sicherzustellen. Das Verständnis von Brüchen ermöglicht es Künstlern und Designerinnen, visuell ansprechende Werke zu schaffen, die den Prinzipien von Ausgewogenheit und Proportion entsprechen.

Glücksspiel

Nun gut, das haben Sie nicht von mir, aber es heißt, dass Glücksspiele wie Poker, Blackjack und Würfelspiele voller Mathematik stecken.

Der Großteil dieser Mathematik befasst sich mit *Wahrscheinlichkeit*, also der Berechnung wahrscheinlicher Ergebnisse auf der Grundlage begrenzter Informationen. Die Wahrscheinlichkeit wird als Zahl zwischen 0 und 1 gemessen, entweder als Bruch oder als Dezimalzahl. Wer in Las Vegas erfolgreich sein oder zumindest nicht sein letztes Hemd verlieren möchte, sollte sich mit der Addition und Multiplikation von Brüchen auskennen. (Weitere Informationen zu diesen Themen finden Sie in den Kapiteln 5 und 6.)

Für Interessierte sei das Buch *Wahrscheinlichkeitsrechnung für Dummies* von Deborah J. Rumsey (Wiley) empfohlen.

Krankenpflege und Medizin

Die Krankenpflege erfordert eine umfangreiche Kombination von Fähigkeiten, von denen einige auf präzisen Messungen beruhen. Im Gesundheitswesen sind Brüche für die Berechnung von Medikamentendosierungen von entscheidender Bedeutung. Beispielsweise kann ein Arzt die Einnahme von

$\frac{1}{2}$ Tablette oder $\frac{3}{4}$ Teelöffel eines flüssigen Medikaments verordnen. Andere Dosierungsanforderungen in metrischen Einheiten können Dezimalstellen eines Milligramms umfassen. Eine genaue Dosierung ist für die Patientensicherheit von entscheidender Bedeutung, da die Einnahme von zu viel oder zu wenig eines Medikaments schwerwiegende Folgen haben kann. Krankenschwestern und Apotheker verwenden regelmäßig Brüche, um sicherzustellen, dass Patienten die richtige Menge an Medikamenten erhalten, die auf ihre spezifischen Bedürfnisse, ihr Gewicht und ihren Zustand abgestimmt sind.

Gesundheit und Fitness

Verbringen Sie einen Tag im örtlichen Fitnessstudio und Sie werden sehen, wie Dezimalzahlen und Prozentangaben Ihnen bei allen möglichen Aktivitäten im Fitnessstudio helfen können. Darunter fallen die folgenden:

- ✔ die Auswahl geeigneter Gewichte, die im metrischen System kalibriert sind
- ✔ die Messung Ihres Body-Mass-Index
- ✔ die Ermittlung der richtigen Nährstoffzufuhr
- ✔ die Bestimmung Ihrer Muskel- und Knochendichte

Und all diese Größen können Sie mithilfe von Brüchen, Dezimalzahlen und Prozentwerten messen.

Reisen und Benzinverbrauch

Reisende, die Distanzen kalkulieren, Reisezeiten abschätzen oder in Abschnitte unterteilen möchten, können Brüche und Dezimalzahlen gut gebrauchen. Beispiele dafür sind:

- ✔ Bei einer Strecke von 600 Kilometern und einem geplanten Stopp nach $\frac{1}{3}$ der Distanz erfolgt dieser nach 200 Kilometern.
- ✔ Die Angabe eines Kartenmaßstabs von *1 Zentimeter entspricht 50 Kilometern* ermöglicht die Verwendung von Dezimalstellen für präzise Distanzschätzungen.

Brüche sind auch bei der Berechnung der Kraftstoffeffizienz von Fahrzeugen von Bedeutung. Die Kraftstoffeffizienz wird häufig in Brüchen dargestellt. Bei einer Fahrt von 250 Kilometern mit 10 Kanistern Kraftstoff beträgt die Effizienz 25 Kilometer pro Kanister, was bei Betrachtung von Teilmengen als Bruch ausgedrückt werden kann. Ein Verständnis dieses Konzepts ermöglicht eine fundierte Planung von Tankstopps, Kraftstoffkosten und die Wahl effizienter Fahrzeuge. (Für diese Berechnungen sind Verhältnisse notwendig, siehe Kapitel 8 für weitere Informationen.)

Abbildungsverzeichnis

Stichwortverzeichnis